商管全華圖書叢書 BUSINESS MANAGEMENT

工作研究

Work Study

鄭榮郎 編著

「工作研究」對工業工程專業而言，是一門最基礎的核心課程，「工作研究」與工業工程的歷史發展有最緊密的關係，工業工程技術是由「工作研究」開始，學習工業工程的學生，都由學習「工作研究」進入工業工程專業領域，「工作研究」導入工業工程的基本目標與基本理念：『科學管理、追求效率、持續不斷的改善』。

「工作研究」所用的改善觀念，是工業工程在邁向基本目標過程，最基本面的應用技術，無論是人工作業，或現近代化工業4.0，都離不開工作的方法和人的基礎動作，在考慮體力負荷、合理的生理狀況等工作特性後，訂定標準工時，有了標準工時，產能估算、工作站分工、生產線佈置、生產排程、工資標準訂定、工作績效評價、獎工標準、人工成本等，都有了科學管理的基準！

市面上有關於「工作研究」方面的書籍，普遍偏重理論之探討與解釋，書籍內容深度與寬度不一，因缺乏臺灣本土產業實例演練說明，導致讀者無法融會貫通之學習成效，有鑑於此，作者將多年從事臺灣產業現場工作與輔導之經驗，編著為此書，使教學內容與實務應用可達到相輔相成的效果。

本書將「工作研究」相關理論去蕪存菁，配合各項技術與手法加以應用，將理論與實務結合，同時以表格條列方式說明，學生實際完成的習題演練，內容相當豐富，盡量達到適合相關工業管理學系學習程度，進一步貼近讀者，讓學習者在未來踏入職場生活時，得以將工作研究理論「學以致用」。

本書內容透過三大部份：工作研究導論、方法研究、時間研究與其他相關主題，切入學習核心。工作研究導論的基礎原理，簡單且又最實用的敘述方式，說明工作研究的發展方向，現場改善手法。方法研究中，闡述各種流程圖繪製方法及動作經濟原則之基本觀點，以實例說明如何應用實務上；時間研究中，包括直接測時法與預定標準時間系統之說明，本書最後亦包括企業再造工程觀念及工業4.0 的管理等相關主題。

鄭榮郎 謹識
正修科技大學 工管系教授
於工管大樓3502研究室
2020年11月

CHAPTER 01 工作研究序論

CHAPTER 02 工作研究的推行

CHAPTER 03 程序分析

CHAPTER 04 作業分析

CHAPTER 05 動作經濟原則與動素分析

CHAPTER 06 影片分析

CHAPTER 07 時間研究概論

CHAPTER 08 碼錶時間研究

CHAPTER 09 評比

CHAPTER 10 寬放

CHAPTER 11 工作抽查

CHAPTER 12 時間公式與標準數據法

CHAPTER 13 工作管理與獎工制度

CHAPTER 14 間接工作的時間標準

CHAPTER A 附錄

NOTE

Work Study

1

工作研究序論

標

1-1　生產力的意義

1-2　現場浪費與改善

1-3　工作研究的目的與範疇

工作研究改善架構，包括投入、生產系統與產出，最終目標是建立一套管理制度，提高品質、降低成本與準時交貨，達到顧客滿意。

現場合理化的角色

現場合理化管理即是建立一套管理制度，滿足QCDS：

- Q（Quality）：品質提高
- C（Cost）：成本降低
- D（Delivery）：準時交貨
- S（Satisfaction）：顧客滿意

作者解說架構影片

工作研究是工業工程的基本專業知識，目的在於對系統中的操作、作業流程、工作時間與效率、獎工制度等予以有系統地改善，訂定各項作業標準，提升並確保整體系統的效率。

例如，有些生產線上的工作者，每天要重複加工某一個物件數千次，因爲動作與程序不合理，每個動作可能會多花一秒，工作研究就把這秒找出來，改變其作業的方式，讓這個工作人員每次節省一秒，每天就可以省下數千秒，這個人就可以做更多的工作提升工作效率。假設工廠裡如果每一個人都省 1000 秒，100 人的工廠就省了 10 萬秒，將近 28 小時的時間是很驚人的，整個工廠效率可以大爲提升。

1-1 生產力的意義

生產力（Productivity）之概念，爲產出（Output）對所有投入（Input）資源的比值。投入包括勞動力（Labor）、資本（Capital）、物料（Materials）與能源（Energy）等資源，其產出爲一產品或服務，如圖 1-1 所示爲生產力之概念。

$$生產力 = \frac{產出}{投入} \quad \cdots\cdots (1\text{-}1)$$

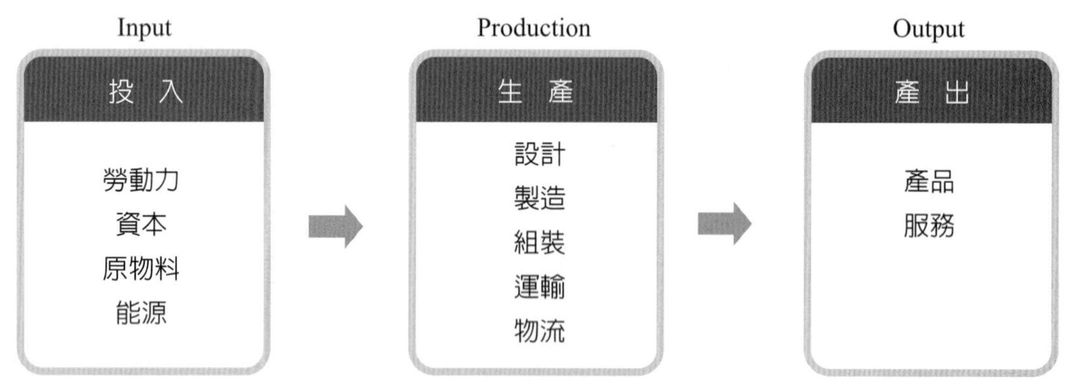

圖 1-1 生產力的概念

企業將人員、設備、資金等資源投入生產活動中，目的在於提供能滿足消費者需求之商品，賺取其中差價之利潤，維持企業資源的永續存在與發展。「利潤」（Profit），即所指的「附加價值」（Value-added）。附加價值計算公式，如表 1-1 說明。

表 1-1　附加價值計算公式

計算法	公式
減算法	銷售金額－購入成本（原材料＋外包加工＋能源＋折舊＋廣告＋房租＋維修）
加算法	淨益＋工資＋福利＋利息＋租金＋稅金＋折舊

一　生產力的因素

影響生產力的因素有很多，重要的有下列五項：

1. **資本**：資本的多寡影響到生產力，資本投入大，可達經濟規模，其生產力可較高。

2. **管理**：一家公司管理的好壞，會影響其產出，投入水準不變的情形下，管理愈佳的公司，產出愈高，生產力也較高；而管理不善的公司，其產出及生產力則相對較低。

圖 1-2　電子化作業系統有效提升生產力

3. **方法**：生產方法、作業方法之提升，可改善生產力，例如：文書處理改為視窗 Windows 軟體處理。此外，利用 Email 或 Line 也可以提升文書作業處理的生產力。

4. **技術**：利用先進科技或技術將會提高生產力，無論是簡化製程或是減少生產時間等，均可使生產力提高。

5. **品質**：公司人員素質或設備品質好，則公司生產故障較少，產品不良或報廢也會較少，生產力自然較高。

因此企業基本上，應從擴大產出（Output）與降低投入（Input）資源進行改善，如以下五種方法，便可有效地提高企業生產活動之生產力：

1. 擴大產能，提高銷售金額（擴大產出）。
2. 降低原料及外包加工費（降低投入）。
3. 提高設備運轉率（擴大產出）。
4. 做好設備保養，降低維修費（降低投入）。
5. 配合政府產業升級政策（擴大產出）。

二 提升附加價值

附加價值（Value Added）是各企業透過生產或製造所創造的價值。具體而言，附加價值乃企業從總生產值中，減除由其他企業購入耗用原材料及產品價值的餘額。

$$\text{附加價值} = (\text{市場價值}) - (\text{投入價值}) \quad \cdots\cdots \quad (1\text{-}2)$$

企業在同業間所處之實力，可將「附加價值」或其他可代表「產出」的生產數量，與人員、設備或資金等代表「投入」的各項資源之數值相比。即可求得各種生產力指標，作爲參考。其中製造業常用的有：

$$\text{每小時生產力} = \frac{\text{附加價值}}{\text{勞動時間}} \quad \text{或} \quad \frac{\text{生產數量}}{\text{勞動時間}} \quad \cdots\cdots \quad (1\text{-}3)$$

$$\text{每人生產力} = \frac{\text{附加價值}}{\text{員工人數}} \quad \text{或} \quad \frac{\text{生產數量}}{\text{員工人數}} \quad \cdots\cdots \quad (1\text{-}4)$$

$$\text{經營效率} = \frac{\text{附加價值}}{\text{人} + \text{設備} + \text{資金}} \quad \cdots\cdots \quad (1\text{-}5)$$

提高附加價值的對策有：

1. 擴大企業規模

增加企業本身的附加價值，發揮市場營銷、產品設計、固有技術、製造技術以及各種管理技術，增加設備投資以提高生產力、設計、選擇、佈置（Layout）之立案與實施。

2. 降低成本

日常工作中將成本降低，通過技術、提高效率、減少人員投入、降低人員工資或提高設備性能或批量生產等方法。工作研究是提高效率、降低成本最有效的經營管理活動之一。

透過教育訓練，以培養企業內部人力資源，工作研究中各項改善手法，有助於工作現場的改善，建立標準化制度，降低成本及提高生產力。

1-2 現場浪費與改善

一 現場浪費

現場管理是指用科學的標準和方法對生產現場各生產要素，包括**人員（作業人員和管理人員）**、**機器（設備、工具）**、**物料（原材料）**、**方法（加工、檢測方法）**、**環（環境）**、**資訊（信息）**等進行合理有效的計劃、組織、協調和控制，使其處於良好的結合狀態，達到**效率（Productivity）**、**優質（Quality）**、**低耗（Cost）**、**均衡（Delivery）**、**安全（Safety）**、**工作士氣（Morale）**的生產目的。

擴大新上市或專利保護商品的銷售量，雖是增加企業附加價值的方法。但對已成熟的商品而言，**「現場改善」卻是降低製造成本的不二法門**。因此，豐田生產系統及時化（Just In Time, JIT）生產方式的基本觀念中，明確標示「重新認識浪費」之原則，追求現場能徹底進行改善，徹底消除生產過多、等待、搬運、加工、庫存、動作、不良等七種浪費，如圖 1-3 說明。

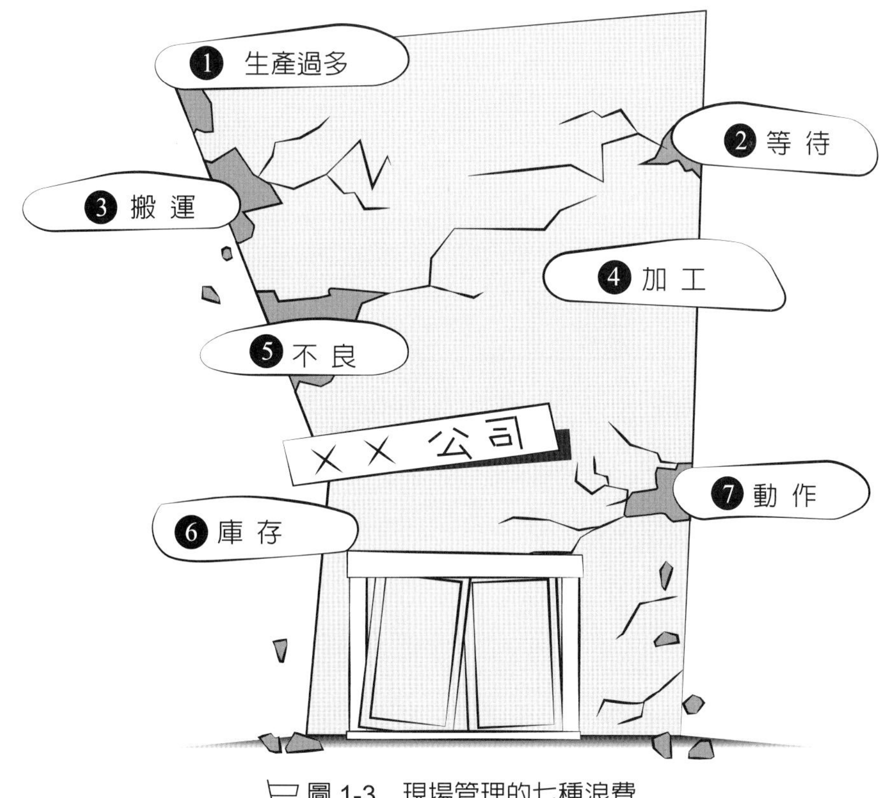

圖 1-3 現場管理的七種浪費

二 現場改善

善加運用工作研究中的基本技巧及手法，可快速準確地掌握現場作業的各種問題點。現場是藉由提供產品或服務滿足顧客，如何讓企業全體員工都能自主自願地推動改善消除浪費，成了落實工作研究成果時，必然要處理的主要業務之一。

品管圈（QCC）、小團隊及各種運用相互協商，進行腦力激盪的團體活動便因應而生，本質是在深植改善意識，進行意識革命，目的則在使每位員工都能自主自願地改善自身的工作業務。現場改善三項基礎原則：

1. **環境維持（Housekeeping）**：落實整理（Seiri）、整頓（Seiton）、清掃（Seiso）、清潔（Seiketsu）、教養（Shitsuke）5S 活動。
2. **消除浪費（Waste）**：任何不會產生附加價值的活動就是浪費。
3. **標準化（Standardization）**：確定最佳之工作方法，應使這些最佳方法標準化。工作方法有了標準化，使員工依照標準工作。

推展自主改善之各項活動中，則以「改善提案」制度的推行，最受日本企業的重視與實施，影響與成果，也已普遍地受各國學者及業界的注意與仿效。改善（KAI-ZEN）也已廣泛地為各國所使用。

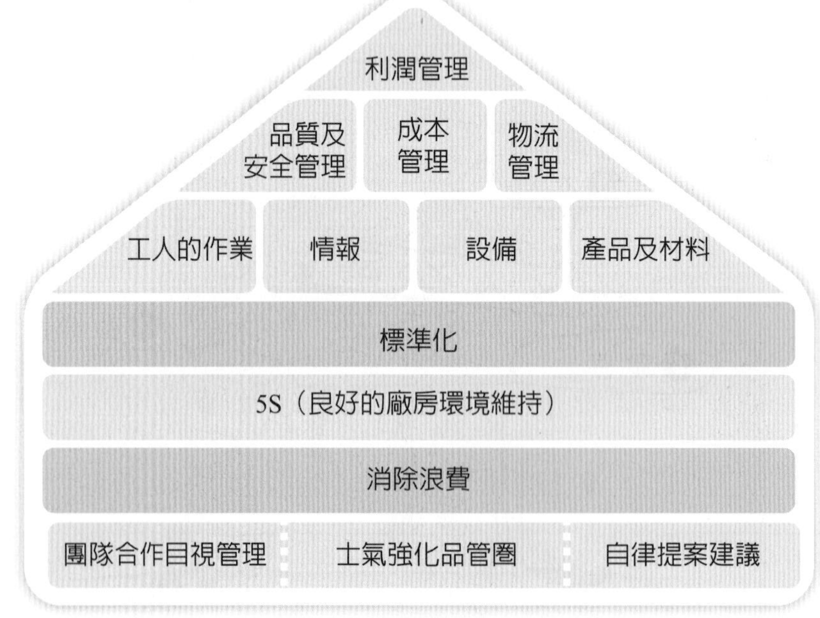

圖 1-4　現場管理之屋

1-3 工作研究的目的與範疇

工作研究主要有以下兩種含意：**方法研究（Methods Study）與工作衡量（Work Measurement）。工作研究起源於科學管理之父泰勒（Taylor）的「時間研究」及吉爾勃斯的「動作研究」**，目的均爲改善工作方法、減少時間浪費等。因此，工作研究、工作簡化、方法工程均代表相同意義，只是其應用程度不同而已。

一 泰勒（Taylor）的「時間研究」

泰勒（Frederick Winslow Taylor）1881 年，泰勒開始在米德維爾鋼鐵廠（Midvale Steel）進行作業時間和工作方法的研究，以後創建科學管理奠定基礎。1903 年，正式出版工廠管理（Shop Management）。

（一）效率提升

1898 至 1901 年間，泰勒受僱於伯利恆鋼鐵公司（Bethlehem Steel Company），取得了一種高速工具鋼的專利。從 1881 年開始，他進行了一項「金屬切削試驗」，由此研究出每個金屬切削工人工作日的合理工作量，經過兩年的初步試驗之後，制定一套作業員工作量標準。

1898 年，進行了著名的「搬運生鐵塊試驗」和「鐵鍬試驗」。

1. **搬運生鐵塊試驗：**搬運班組大約 75 名工人中進行，研究改進了操作方法，訓練工人，結果使生鐵塊的搬運量提高 3 倍。
2. **鐵鍬試驗：**系統地研究鏟上負載後，研究各種材料能夠達到標準負載的鐵鍬的形狀、規格，以及各種原料裝鍬的最好方法。此外泰勒還對每一套動作的精確時間作了研究，從而得出了「一流工人」每天應該完成的工作量。

堆料場的勞動力從 400 ～ 600 人減少爲 140 人，平均每人每天的操作量從 16 噸提高到 59 噸，每個工人的工資從 1.15 美元提高到 1.88 美元。金屬切削試驗延續 26 年，進行的各項試驗超過 3 萬次，80 萬磅的鋼鐵被試驗用的工具削成切屑。試驗結果發現能大大提高金屬切削機工產量的高速工具鋼，並取得各種機床適當的轉速和進刀量以及切削用量標準等資料。

表 1-2　泰勒新、舊改善方法效率提升比較表

	舊方法	新方法
作業員	400~600 人	140 人
每日平均工作量／人	16 噸	59 噸
每日平均工資／人	1.15 美元	1.88 美元
每噸人工成本	0.072 美元	0.033 美元

(二) 科學管理原則

1911 年，泰勒發表一部有名的著作《科學管理原則》（The Principles of Scientific Management），由於此書的出版，使得**泰勒贏得「科學管理之父」的尊稱**。泰勒提及：「科學管理之要義為用科學的原則判斷事物，代替個人隨意判斷；用科學的方法選擇、訓練工人，代替工人自由隨意工作，使其效率提高，降低成本。」，提出科學管理四大原則：

1. 個人工作的每一動作元素，均應發展一套科學，**以代替舊式的經驗法則（Science）**。
2. **應以科學方法選用工人**，然後訓練之，教導之，及發展之（Development）。
3. **應誠心與工人合作**，俾使工作的實施確能符合科學的原理（Corporation）。
4. 任何工作，在管理階層與工人之間，均有幾乎**相等的分工和相等的責任（Harmony）**。

二　吉爾勃斯的「動作研究」

吉爾勃斯（Frank Bunker Gilbreth, 1868-1924）與其夫人莉蓮．吉爾勃斯（Lillian Moller Gilbreth）善於各項工程管理方面的時間研究及動作研究，並且從中發明能改進工作效率的儀器並申請專利，對管理科學有著莫大的貢獻，動作研究（Motion Study）之創發，全歸功於吉爾勃斯夫婦，迄今動作研究之研究範圍，鮮少有超越吉氏夫婦之範圍。

以吉氏之豐富工程學造詣，加上吉夫人卓越之心理學造詣，相得益彰，使材料、工具、設備、技巧方面之知識，規劃出動作研究之完美宏旨。

1885 年，吉爾勃斯受僱於一家營造商，發現工人造屋砌磚時所用方法各異，且每一工人並不常用同樣動作，這些觀察促使吉爾勃斯開始研究，他不斷尋求一最佳之工作方法，其結果使工人之工作量大增，每砌一磚之動作由 18 次減至 4.5 次，每小時原只砌 120 塊，用新方法則可砌 350 塊，工作效率增加近 192%。

表 1-3 吉爾勃斯動作研究新、舊改善方法比較表

	舊方法	新方法
動作	18 次	4.5 次
每小時砌磚數	20 塊	350 塊
效率	100%	300%

吉氏夫婦將手部動作歸併成爲十七個基本項目，稱之爲「動素」（Therbligs），動素是組成工作的最基本動作元素。將工作劃分爲小的單元，並藉由消除、結合或重組，分析這些基本單元，並進行改善。這項分析，對時間研究而言，是一項了不起的貢獻，**吉爾勃斯被尊稱爲「動作研究之父」**。

吉爾勃斯夫婦認爲要取得作業的高效率，就必須做到：

1. 明確高標準的作業量

對企業所有員工，不論職位高低，任務必須是明確的、詳細的，非輕而易舉就能完成。

2. 標準的作業條件

提供標準的作業條件（從操作方法到材料、工具、設備），確保能夠完成標準的作業量。

3. 完成任務者付給高工資

如果完成規定的標準作業量，就應付給高工資。

4. 沒有完成任務者要承擔損失

如果作業人員不能完成給他規定的標準作業量，遲早必須承擔由此造成的損失。

三 工作研究範圍

觀察各種工作的內容時，將不難發現工作過程中，大部份的動作，除眞正有效的動作及工作內容外，還包含：

1. 產品設計或規格不佳，所引起的不必要動作及工作內容。
2. 無效率的操作方法及程序。
3. 管理不善及佈置規劃不良。
4. 作業員的疏忽及缺失。

這些無附加價值的動作與工作內容，不僅造成人員、資金及設備等資源的浪費。更阻礙交貨期及降低資金週轉率，造成財務上的負擔，對上述事項進行研究、評核、修正及改善，正是工作研究的主要目的。

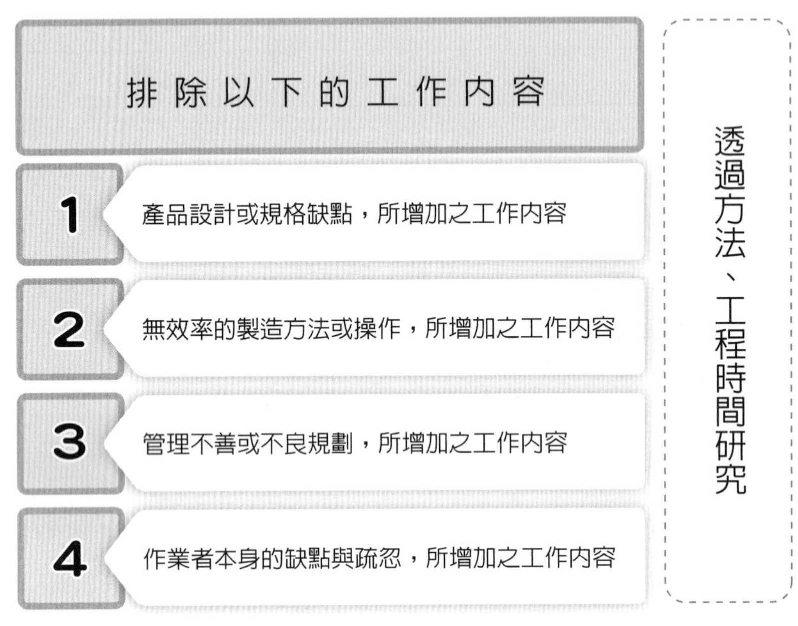

圖 1-5　工作研究改善範圍

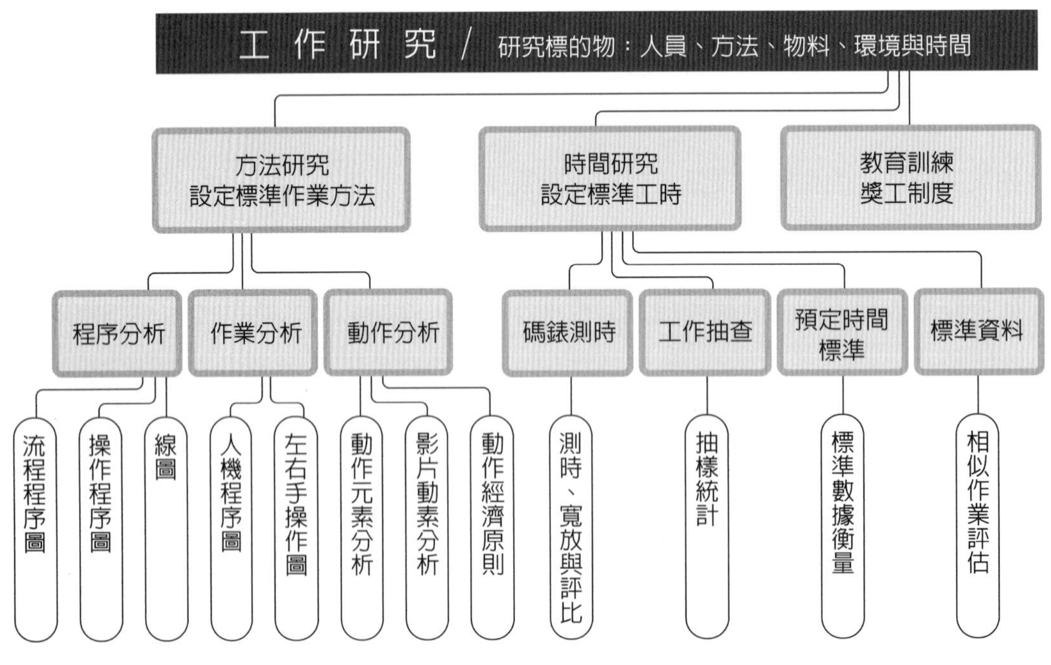

圖 1-6　工作研究結構習題

工作研究是運用方法研究及工作衡量兩技術，規劃該項研究對象所涉及的成本經濟問題，尋求最具效率的作業方法與生產程序，將該項工作細分爲個別之操作（Operations）或動作（Motions）。分析各操作，決定最經濟之製造步驟，賦予時間價值（Time value），利用適當時值資料，生產行動之前，預定標準操作程序，將其方式與時間標準化，作爲管制、評估生產力之基礎，並進行教育訓練，使之遵循標準及提高自主改善意識與能力。表 1-4 所示乃進行工作研究時，常用的各種技巧及其分類與說明。本表除簡介工作研究之範疇外，更可爲日後追查之用，在後續章節會進行解說，請多多善加利用。

表 1-4　工作研究的範疇及其技法

<table>
<tr><th colspan="3">技術區分</th><th colspan="2">方法分析圖</th><th>英文名稱</th></tr>
<tr><td rowspan="15">方法研究</td><td colspan="2" rowspan="5">程序分析（全製程）</td><td colspan="2">操作程序圖</td><td>Operation Process Chart</td></tr>
<tr><td colspan="2">多產品程序圖</td><td>Multi-Product Process Chart</td></tr>
<tr><td colspan="2">流程圖（線圖）</td><td>Flow Diagram</td></tr>
<tr><td colspan="2">組作業程序圖</td><td>Group(gang) Precess Chart</td></tr>
<tr><td colspan="2">流程程序圖</td><td>Flow Precess Chart</td></tr>
<tr><td colspan="2" rowspan="2">作業分析（工作站）</td><td colspan="2">人機程序圖</td><td>Man-Machine chart</td></tr>
<tr><td colspan="2">操作人員程序圖（左右手程序圖）</td><td>Operation process chart (Operation chart) (Left & Right Hand Process Chart)</td></tr>
<tr><td colspan="2" rowspan="8">動作分析（作業人員）</td><td colspan="2">動作經濟原則</td><td>Principle of Motion Economy</td></tr>
<tr><td colspan="2">動素程序圖
動素分析</td><td>Therbligs analysis</td></tr>
<tr><td colspan="2">目視動作</td><td>Cursory</td></tr>
<tr><td rowspan="5">影片分析</td><td>微速度動作分析</td><td>Memo-motion Study</td></tr>
<tr><td>細微動作分析</td><td>Memo-motion Study</td></tr>
<tr><td>動作軌跡影片</td><td>Cycle graphic</td></tr>
<tr><td>動作模式</td><td>Motion Modle</td></tr>
<tr><td>對動圖</td><td>Sim-Chart</td></tr>
<tr><td rowspan="6">時間研究（工作衡量）</td><td rowspan="2">直接</td><td>連續</td><td colspan="2">碼表時間研究</td><td>Step-watch Study</td></tr>
<tr><td>分散</td><td colspan="2">工作抽查</td><td>Work Sampling</td></tr>
<tr><td colspan="2" rowspan="2">合成</td><td colspan="2">預定動作標準時間</td><td>Predetermined Motion Time Standard</td></tr>
<tr><td colspan="2">標準資料法</td><td>Standard time data</td></tr>
<tr><td colspan="2" rowspan="2">時間標準比</td><td colspan="2">評比</td><td>Rating</td></tr>
<tr><td colspan="2">寬放</td><td>Allowance</td></tr>
<tr><td colspan="5">教育訓練</td><td>Training</td></tr>
</table>

本章習題

一、選擇題：

(　　) 1. 下列哪一位學者被尊稱爲「動作研究之父」？ (A) 甘特（H.Gantt） (B) 孟尼（J.Mooney） (C) 泰勒（F.W.Taylor） (D) 吉爾勃斯（F.Gilbreth）。

(　　) 2. 下列何者有科學管理之父之稱？ (A) 泰勒 (B) 費堯 (C) 甘特 (D) 道格拉斯・馬格瑞戈。

(　　) 3. 泰勒的貢獻爲何？ (A) 專業分工 (B) 例外管理 (C) 時間研究 (D) 按件計酬。

(　　) 4. 附加價値＝？ (A)（市場價値）－（投入價値） (B)（投入價値）－（市場價値） (C)（市場價値）－（產出價値） (D)（產出價値）－（投入價値）。

(　　) 5. 吉氏夫婦將手部動作歸併成爲十七個基本項目，稱之爲？ (A) 作業 (B) 步驟 (C) 流程 (D) 動素。

(　　) 6. 爲提高企業的附加價値收益，除了擴大企業規模，還有何者不是？ (A) 降低銷售金額 (B) 提高材料成本 (C) 降低成本 (D) 善用能源。

(　　) 7. 工作研究（Work Study）係由泰勒（F.W.Taylor, 1856~1915）的時間研究與吉爾伯斯（F.B.Gilbreth, 1868~1924）的 (A) 動作研究 (B) 機器運作 (C) 工作衡量 (D) 科學管理 合流而成的技術。

(　　) 8. 生產力（Productivity）之概念，產出（Output）對所有投入（Input）資源的比値，投入不包括 (A) 勞動力（Labor） (B) 資本（Capital） (C) 物料（Materials） (D) 產品（Product）。

(　　) 9. 附加價値（Value Added）是各企業透過生產或製造所創造的價値，其公式爲：(A) 市場價値－投入價値 (B) 投入價値－市場價値 (C) 投入－市場價値 (D) 投入價値－市場價値。

(　　)10. 工作現場中常見的七大浪費，下列何者不是？ (A) 生產過多 (B) 不良 (C) 搬運 (D) 動作繁複。

(　　)11. 定義生產力（Productivity）之概念？ (A) 產出 / 投入 (B) 投入 / 產出 (C) 物料 / 投入 (D) 產出 / 產品。

(　　)12. 影響生產力的因素有很多，下列何者可以提升生產力？ (A) 管理不善的公司 (B) 產品不良或報廢 (C) 生產方法、作業方法之提升 (D) 降低設備運轉率。

(　　)13. 附加價值（Value Added）是各企業透過生產或製造所創造的價值，其公式爲？ (A) 市場價值－投入價值 (B) 投入價值－市場價值 (C) 投入－市場價值 (D) 投入價值－市場價值。

(　　)14. 工作現場中常見的七大浪費，下列何者不是？ (A) 生產過多 (B) 不良 (C) 搬運 (D) 動作繁複。

(　　)15. 下列何者爲是有附加價值的工作內容，(A) 產品設計或規格不佳 (B) 標準的作業條件 (C) 管理不善及佈置規劃不良 (D) 作業員的疏忽及缺失。

(　　)16. 擴大新上市或專利保護商品的銷售量，雖是增加企業附加價值的方法。但對已成熟的商品而言，「?」卻是降低製造成本的不二法門。 (A) 降低銷售金額 (B) 現場改善成本 (C) 提高材料成本 (D) 善用能源。

(　　)17. 現場改善三項基礎原則，何者爲不是 (A) 環境維持（Housekeeping） (B) 市場價值 (C) 消除浪費（Waste） (D) 標準化（Standardization）。

(　　)18. 生產 14,080 單位，以 $1.10/ 單位銷售，人工成本：$1,000，原料成本：$520，製造費用：$2,000，總生產力爲多少？ (A) 2.20 (B) 3.20 (C) 4.40 (D) 5.20。

(　　)19. 流程產出 5,000 單位，單位效益爲 $6，資源投入包括，每小時人工成本 $6，需 200 小時，物料成本 $700 以及製造成功爲 $300，則勞動生產力（Labor Productivity）爲多少？ (A) 20 (B) 25 (C) 30 (D) 40。

二、簡答題

1. 請定義生產力（Productivity）之概念。
2. 影響生產力的因素有很多，重要的有哪五項？
3. 請說明附加價值（Value Added）之概念。
4. 提高附加價值的對策有哪些？
5. 請說明豐田生產管理的七種浪費。
6. 請說明現場改善三項基礎原則。

Work Study

2

工作研究的推行

學習目標

工作研究 5S 現場改善，除了基本的 5S 活動，另外包括服務（Service）與安全（Safety）等 7S 活動，不但可應用製造生產事業，亦可用於服務業，最終目標是提高服務品質、降低生產成本、塑造企業良好的形象，達到企業永續經營的目的。

為何推行 7S 活動的理由

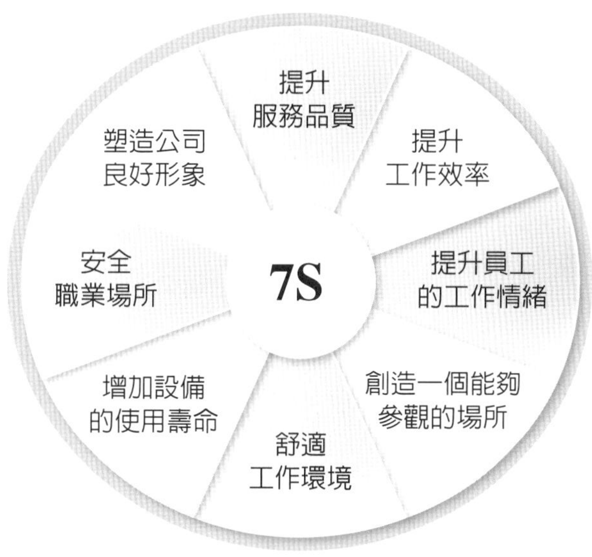

作者解說架構影片

工作研究（Work Study）係採取科學管理的方法，研究分析工作或作業的方法與流程程序，能夠增進工作效率，提高生產力之手法。工作研究是通過現場作業，完成工作的一致系統進行分析，目的是使 **4M** 資源（**Material** 材料，**Machine** 機器，**Man** 人力和 **Method** 方法）得到最佳利用，所有的技術和管理系統都與生產力有關。

2-1 工作研究的推行及其改善步驟

推行工作研究改善時，雖因問題的影響程度、解決問題的難易度及可用資源的多寡，而使推行方式及步驟因此而不盡相同。圖 2-1 所示之工作研究的實施及改善步驟，一般學者及專業的工業工程師所常用的。

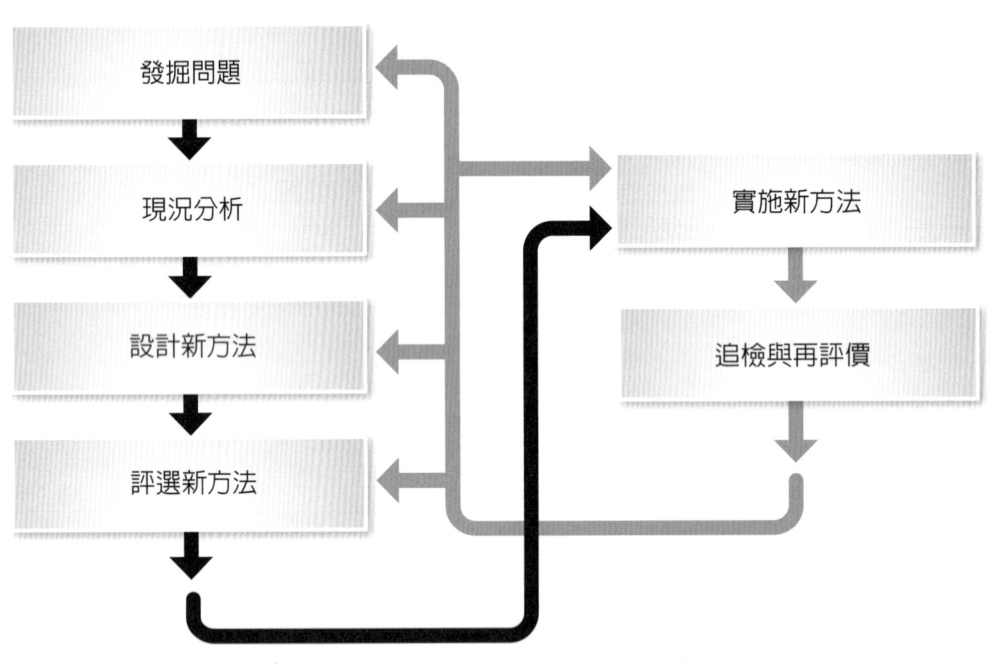

圖 2-1　工作研究的實施及改善步驟

瞭解問題發生之現象與事實，深入研究與問題相關的專業知識，善用累積的工作研究知識，蒐集相關的數據資料，設計新方法，條列出有關於此問題的限制因素，實施新方法並加以評價，發達成目標並取得時效性。

發現問題

工作研究改善的第一步驟，是發現問題（**Problems**）的存在，問題的定義表示是實際績效（**Actual Performance**）與預期目標（**Expected Goal**）存在之間的落差，如圖 2-2 說明，落差愈大，代表實際績效與預期目標可能愈有需要改善的空間。

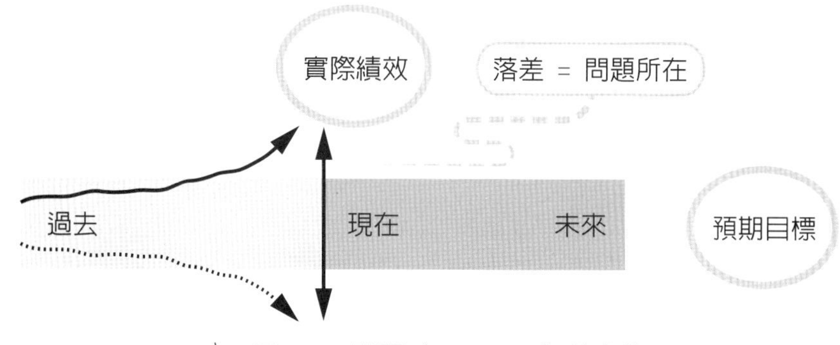

圖 2-2　問題（Problems）的定義

問題的分類有許多種，從時間角度來分類，有以下三種：

1. **發生型問題**：指過去到現在已經發生的問題，看得見的問題，有必要進行立即化的改善，製程品質良率的降低，問題重心在「品質良率爲何持續降低？」，找出問題的核心。
2. **探索型問題**：指過去跨越至未來的問題，需要尋找的問題，需要做到更好的問題，問題重心在「產線可以更好嗎？」，尋找探索的問題，需要做到更好的問題，強化合理化改善。
3. **預測類問題**：指從現在到未來的問題，未來應該如何的問題，預判危機，趨吉避兇的問題，問題重心在「產線未來應該如何轉型？」。

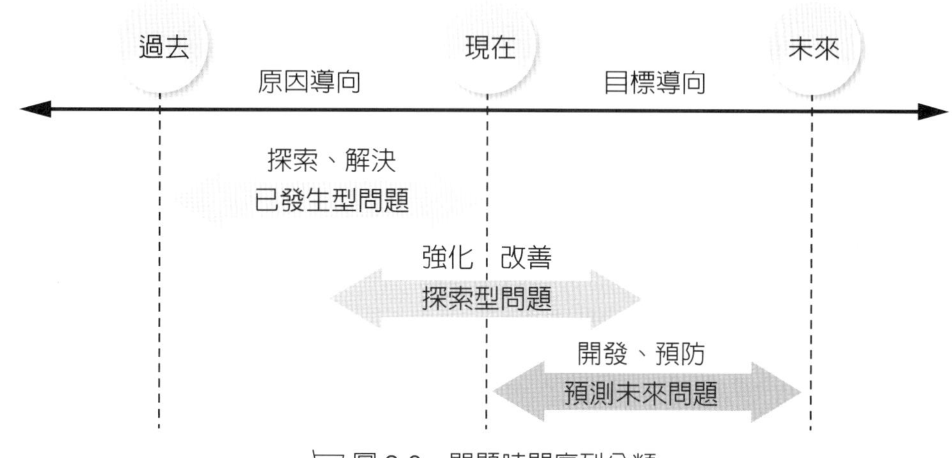

圖 2-3　問題時間序列分類

工業工程強調凡事總有更好的方法（**There is always a better way**），持續進行改善（Continuous Improvement），了解改善對策可能產生的正、負面影響，明確決策的評估標準，針對發現問題，發現問題，有以下的三個步驟程序（2W1H）：

步驟 1. 問題的本質（**What：問題內容**）－具備分析數據與證據能力。搜集問題，確認定義問題、明確定義問題的改善目標。

步驟 2. 問題的要因（**Why：問題原因**）－追根究底的能力。分析發生原因、了解「原因與問題」的關聯性，探討分析問題的深層結構。

步驟 3. 問題的解決（**How：方法技術**）－創意思考的能力。研擬改善對策、「目的與手段」展開。

二 現況分析

工作研究改善是關於人員、方法、物材及設備等整體系統的設計、改良、與裝置的一門科學。以 IE 改善合理化、環境舒適化的途徑，改善工作的品質與排除浪費，提升公司生產力與工作效率，增進公司之經營績效（P：生產力、Q：品質、C：成本、D：交期、S：安全，M：士氣），進而使企業能夠永續的生存與發展。現況分析可以採用工業工程分析包括程序分析、流程分析與應用動作經濟原則。

圖 2-4　工作研究改善目的

三 設計新方法

發現問題與現況分析後，若立即教導有關人員工作研究的技法，就能早日掌握工作研究一些基礎原理及手法。解決問題的過程（Problem Solving Process）的改善過程中，整合性的串連及安排，運用創意思考解決問題的所有方案。

採取腦力激盪術（**Brain Storming**）方式，以創造有價值的觀念，利用集體思考的方式，透過個別成員間不同的想法相互激盪，因而引發出連鎖反應。在短暫的時間裡，獲得大量構想方案的方法，腦力激盪必須遵守的事項：

1. **意見自由的原則**：腦力激盪法基於意見自由的原則，進行腦力激盪的過程，組織成員對於任何意見、想法，嚴禁任何有關優缺點的評價，例如：「這根本就行不通」、「這個方法真蠢！」，會讓腦力激盪無法發揮功能，任何人的意見應該在自由無礙的情況下表達出來，批評部分則是待討論結束之後，再進行評價。
2. **多多益善爲原則**：觀念與意見愈多愈好，愈多則愈有可能獲得有價值創意，應該盡可能的鼓勵與會者提出新的創見。
3. **大膽地提出新奇的創思或構想**：拋開所有障礙與禁忌，讓腦力針對問題盡量發揮創意的想像空間，歡迎自由奔放、大膽思考及容許異想天開之意見。

四 評選新方法

從所有可能的方案中，評選出最適合的方案，評選方案時必須考量的因素：

1. **經濟價值**：新方法能夠有改善價值的提升，改善四要素（**4M**）包括人（**Man**），設備（**Machine**），材料（**Material**）與方法（**Method**）達到平衡，移動距離與材料搬運的時間愈短，流程越順暢，提升改善與經濟價值。

圖 2-5 職業安全問題不容忽視

2. **安全性**：職業安全是不可忽視的問題，安全是工作職場首要的考量，作業人員在安全狀況下的作業，能減輕疲勞。各種意外災害的發生，會造成機器設備及工時的損失。
3. **心理因素**：相對於工作條件改善，人員的社會需求更應受到關注。往往主管的關心、肯定、讓員工參與決策等，會讓員工感覺受重視，更能提振士氣。

五 實施新方法

新方案已獲得接納，立即試行。在試行時，倘若效果較爲明顯，就應通過**標準化（Standard Operational Procedures, SOP）**加以維持，制訂新的作業標準書、現場整理佈置規範、安全操作規程、工程巡視要點等檔並正式發布實施，完成一個工作改善的循環，進入下一個循環。標準化（SOP）考慮其彈性，投合人類天生厭惡束縛之性格。

六 追蹤與再評價

改善的最後步驟，觀察實施新方案之後的種種影響，注意是否有因改善而滿足現狀的情形，確認是否有再評改善的空間？標準作業程序是否改善？與實際執行程序有差異？是否有需要檢討調整？有必要以導入新方法進行教育訓練？

2-2 工作設計─工作豐富化與工作擴大化

在自動化及多樣化的趨勢中，即使是生產現場上的第一線人員，也會逐漸因操作複雜性的升高，愈須具有獨立自主及應對變化的能力。工作設計是以「人的工作意願」爲主，亦即要使作業員在工作中，能夠感到「做得有意義、有價值」，將提升員工素質及全廠的體質，工作擴大化透過水平的工作負荷，增加職務多樣化，而工作豐富化則是透過垂直的工作負荷，增加工作的責任量。

圖 2-6　工作豐富化更能激勵人心

一 工作豐富化（Job Enrichment）

為扭轉從業員對工作的單調感（Monotony），而進行工作的為豐富化（Enrichment），以及減輕管理者壓力。工作豐富化增加工作者之內在意義，對工作者具有較強烈的激勵作用，可以採取下列作法。

1. **參與規劃、組織及控制**：工作者對於所擔任工作具有較多機會決策空間。
2. **參與和決定機會**：執行步驟、工作方法及品質控制，有較大的參與機會。
3. 工作人員「垂直性」工作特質：增進工作人員，給予更多自主權與責任、更廣泛的工作內容知識與技術，提供員工成長與發展機會。

二 工作擴大化（Job Enlargement）

透過工作設計（Job Design）時，藉由展開「水平」方向的工作。增加工作範疇，就增加工作中不同任務的種類及發生的次數，讓工作者擴大其工作領域和範疇。

如營業單位業務人員，除了主體銷售服務外，還要加上市場開發和管理、商情蒐集及資訊投遞、新產品推廣及示範、客訴處理等，提升個人及團隊競爭戰力，獲得更工作者多學習與成長機會。工作擴大化的結果，有助於提高員工自信心、工作認同度、服務品質的滿意度。

2-3 工作改善的步驟

工作改善可依圖 2-7，五個步驟進行。

圖 2-7　工作改善的步驟流程

一 設定改善目標（量化指標）

設定改善目標的 PQCDSM 量化指標，並與改善對象（4M）進行結合。不管是生產事業第一線上的從業員或該部門最高主管，基本上所面對的人、機械、材料及作業方法等四個 M（Man，Machine，Material，Method）的因素是一致的。

表 2-1　PQCDSM 改善指標

PQCDSM 指標	檢查重點
生產效率（P, Productivity）	生產效率有沒有提高的空間？ 動作是否有浪費？ 作業時間還能否縮短？
品質目標（Q, Quality）	製程品質是否穩定？ 不良率是否可以再降低？ 消費者有沒有抱怨？
成本與浪費（C, Cost）	材料有沒有浪費現象？ 機械運轉率是否穩定？ 間接人員效率品質？ 非作業時間是否不合理？
交期與前置時間（D, Delivery）	交貨期是否準時？ 計畫的準確度有達到目標？
工作安全（S, Safety）	是否有不安全的動作？ 是否有 5S 安全環境？ 設備是否正常操作？
士氣（M, Morale）	員工精神狀態是否正常？ 員工人際關係有沒有問題？ 工作紀律遵守程度？

表 2-2　整合 PQCDSM 改善與改善對象（4M）指標

改善目標		改善對象（4M）			
		人 （Man）	機 （machine）	物 （Material）	法 （Method）
生產量	Productivity	○	○	○	○
品質	Quality			○	
成本	Cost			○	○
交期	Delivery	○	○	○	
安全	Safety		○		○
士氣	Morale	○	○		

二 分析現況

5W1H 思維程序，設計成表 2-3，具有系統性及循序漸進的邏輯性，進而提高個人在問題解決的具體能力，就每一個細目作自我檢討，客觀與具體化。明確掌握問題的所在，掌握現狀的所有事實，就每一個細目作自問檢討：

第一：爲什麼需要這樣（**Why**）？

第二：工作內容是什麼（**What**）？

第三：在什麼地方進行最好（**Where**）？

第四：應該在什麼時候（**When**）？

第五：什麼人最適當（**Who**）？

第六：用什麼方法最好（**How**）？

表 2-3　5W1H 原則

Why（為何）－目的	為何要做？不做行不行？是真的有必要做？
What（做什麼）－內容	完成什麼？方向是否有偏差？
Where（何處）－地點	何處做？為什麼要在這裡做？別處做是否更好？
When（何時）－時間	何時做？為什麼要在這時做？換個時間做是否更經濟？
Who（何人）－人員	由何人做？為什麼要這樣做？換別人做是否更理想？
How（如何）－方法	如何做？為什麼要這樣做？

三 對策擬定

進行 5W1H 分析的基礎上，尋找工序流程的改善方向，構思新的工作方法，取代現行的工作方法。**運用 ECRS 四原則，即刪除（Eliminate）、合併（Combine）、重排（Rearrange）、簡化（Simplify）。透過取消、合併、重組和簡化的原則，能找到更好的效能和更佳的工序方法。**

1. **刪除（Eliminate）**：研究的工作、流程、操作是否取消，又不影響半成品的品質和組裝進度，便是最有效果的改善。例如，取消所有多餘的步驟或動作（包括身體、四肢、手和眼的動作）；減少工作中的不規 則性，將工具存放地點固定，形成習慣性機械動作。

2. **合併（Combine）**：工作或動作不能取消，考慮能否可與其他工作合併。合併就是將兩個或兩個以上的對象變成一個，如流程或步驟的合併、工具的合併等。如合併多個方向突變的動作，則形成單一方向的連續動作。
3. **重排（Rearrange）**：工作的順序進行重新排列。重組也稱爲替換，通過改變工作流程或步驟，使工作的先後順序重新組合，達到改善工作的目的。例如，前後流程的對換、手的動作改換爲腳的動作、生產現場機器設備位置的調整等。
4. **簡化（Simplify）**：工作內容和步驟的簡化，簡化就是一種流程的改善，亦指動作的簡化。經過取消、合併、重組之後，再對工作作進一步更深入的分析，使現行方法儘量地簡化，最大限度縮短作業時間，提高工作效率。

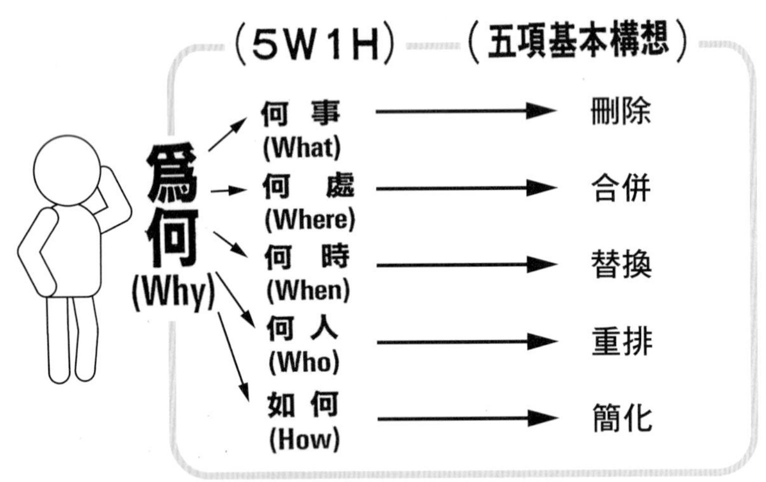

圖 2-8　5W1H 分析運用 ECRS 四原則

四 實施對策

改善方案確定以後，集中相關人員進行說明與教育訓練，將任務分配與指派，並對改善過程進行追蹤監控。一旦有不理想的地方，還應及時進行調整，選擇「最佳」的工作方法，製定標準，賦予特定的標準時間。選擇「最佳」的工作方法，實施對策研究可分成下列兩部分。

1. **程序分析**：製程進行全盤性之分析，將某特定工作的整個過程，以操作程序與流程分析，描述並繪製成圖，然後運用剔除、合併、重排與簡化之改善技巧，同時分析製程的的作業站，合理化每一項操作，達到提高製程效率之目的。
2. **動作分析**：對作業動作進行細緻的分解研究，以動作經濟原則，消除動作不合理現象，使動作更爲簡化、合理化，從而提升作業效率的方法。

五 效果評估

收集各方面資料，改善方案實施完成後，與改善之前的資料進行比較，確認 **P**（效率）、**Q**（品質）、**C**（成本）、**D**（交期）、**S**（安全）、**M**（士氣）改善，是否達成預想的目標。

2-4 5S 是工作改善的原點

任何改善活動前，務必完全徹底執行的 5S 整理工作。工作環境的優劣，將對現場從業員的生理及心理有直接而明顯的影響，工作研究的改善過程，視爲衡量因子之一，爲使工作研究的推行及其改善效果顯而易見，理應先行 5S 改善環境及人的教養，雜亂不堪的作業環境裡，很難要求員工遵守標準及規定，提升生產力與排除各種浪費。

5S 被視爲是工作改善的工具，台灣從早期在製造業發光發熱，現場管理「5S」已經成爲企業轉型升級的必要改善活動，5S 開頭都是發音爲「S」的 5 種工作，簡稱爲「5S」，將日常管理透過 5S，讓管理活動看的見：**1. 整理**（**SEIRI**）；**2. 整頓**（**SEITON**）；**3.** 清掃（**SEISOU**）；**4.** 清潔（**SEIKETSU**）；**5.** 身美（教養）（**SITSUKE**）等五個單詞的發音之第一個字母。

表 2-4　5S 活動的意義

5S 項目	定義	說明	效果	目的
整理 SEIRI	清理雜亂	物品分為要與不要的物品，不要的予以撤除處理。	作業現場沒有放置任何妨礙工作或有礙觀瞻的物品。	降低作業成本
整頓 SEITON	定位管理	規劃安置，將要留用的物品進行定位管理。	物件各安定位，並且可以快速、正確安全的取得所要的物品。	提高工作效率
清掃 SEISO	清除汙塵	清掃工作場所，把物品、設備、工作等弄乾淨，並去除汙染源。	公共場所無垃圾、無汙穢、無塵垢。	提高產品品質
清潔 SEIKETSU	保持乾淨	保持工作現場無汙無塵的狀態，並防止汙染源的產生。	明亮清爽安全的工作環境。	激勵工作士氣
紀律 SHITSUKE	遵守規範	使大家養成遵守規定、自動自發習慣。	全員主動參與，養成習慣。	防止工作災害

一 5S 活動推行步驟

5S 活動分三個階段實行：

1. **啓蒙階段**：5S 教育訓練、辦法與啓動儀式。
2. **導入階段**：工作區域劃分、不要品整理。
3. **實踐階段**：宣導、實施與教養養成。

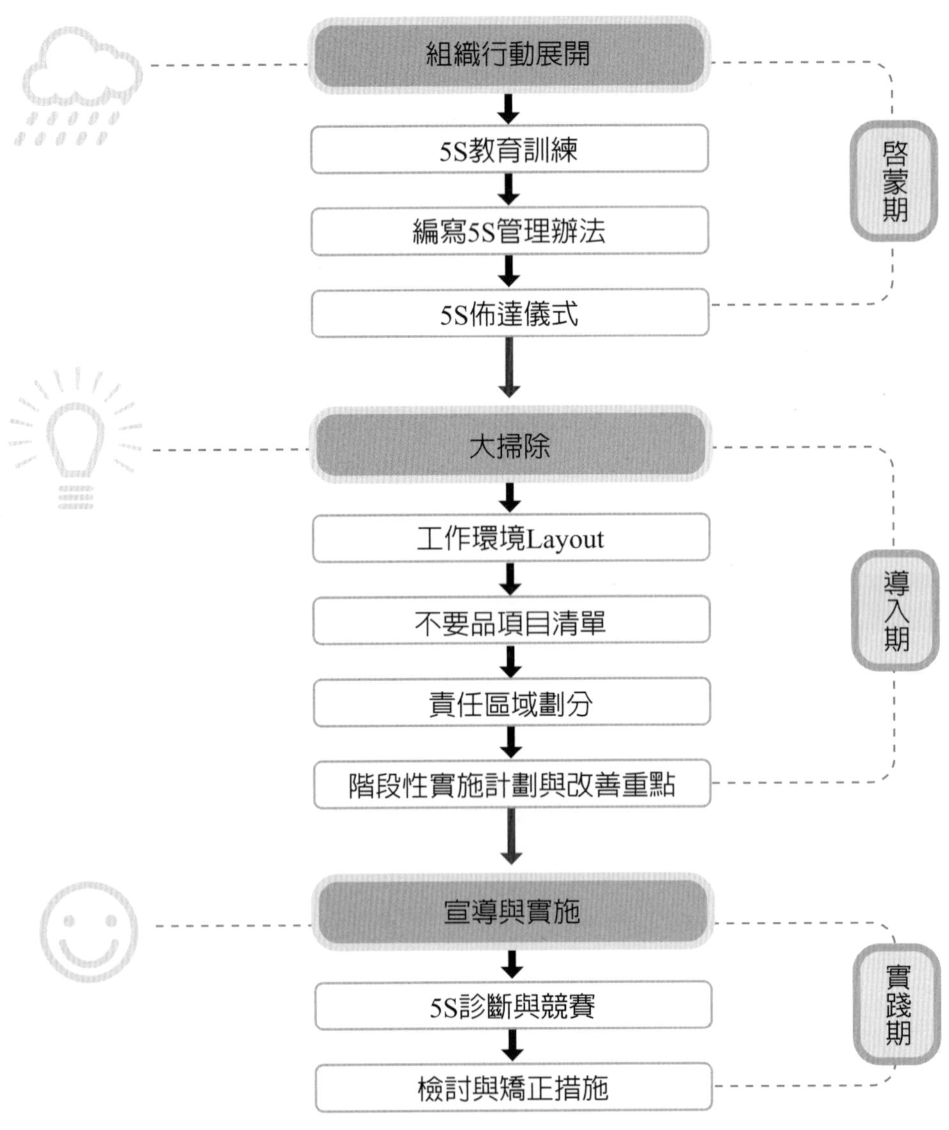

圖 2-9　5S 活動推行步驟

二 紅牌作戰、看板作戰及目視管理

「紅牌作戰」、「看板管理」及「目視管理」是構成現場管理合理化重要的一環，透過紅單作戰、看板作戰與目視管理手法的運用，掌握工廠現物的動態，如原物料、配件、半成品、成品等，了解現場生產過程的品名、放置場所、數量，不僅能夠一目瞭然，維持在最適「管理狀況」之下，可取得事半功倍的效果。

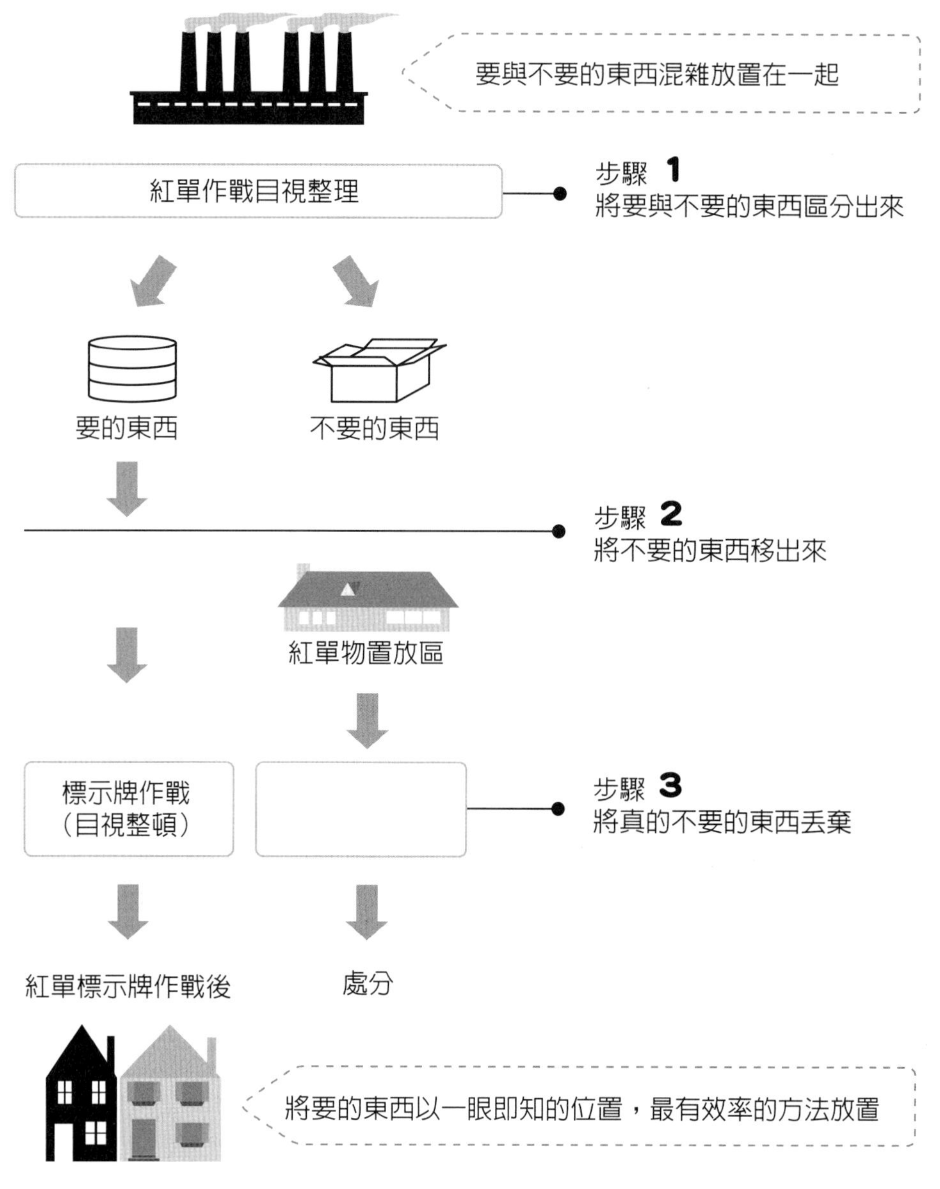
要與不要的東西混雜放置在一起
紅單作戰目視整理
步驟 1
將要與不要的東西區分出來
要的東西
不要的東西
步驟 2
將不要的東西移出來
紅單物置放區
標示牌作戰
(目視整頓)
步驟 3
將真的不要的東西丟棄
紅單標示牌作戰後
處分
將要的東西以一眼即知的位置，最有效率的方法放置

圖 2-10　紅牌作戰

看板作戰

將必要的物品放在何地、何種品目、多少數量，使任何人一看就明白的一種整頓方法。

步驟1：徹底實行的整理工作

- 不要的東西，不能整頓
- 要點：現場只能放置最低限度必要量的東西

步驟2：放置場所的決定

- 現場配置圖 物品定位的考量
- 要點：經常使用的東西放置於容易取放處

步驟3：決定放置方法

- 置放架的放置方式
- 要點：確認機能別或製品別方式

步驟4：放置場所整備

- 考量彈性的放置場所
- 要點：物品要採取先進先出的方式

步驟5：放置場所表示

- 何物放在何處用標示板標示出來，讓任何人一看就明白
- 要點：場所表示場地與地號出來

步驟6：品目的表示

- 用標示板標示出放置何物與品目
- 要點：品目的標示達到一體化

步驟7：數量的表示

- 不庫存量要表示出來
- 要點：最大與最小的庫存量與顏色標示

步驟8：整頓的習慣化

- 要使整頓能夠達到習慣化
- 要點：容易歸位的整頓、徹底的教養與5S習慣化

圖 2-11　看板作戰

本章習題

一、選擇題：

(　　) 1. 某部部長將謝君自九等專員調任九等科長以增加職務歷練，這最主要是屬於下列何種工作設計之精神？ (A) 工作輪替化 (B) 工作彈性化 (C) 工作豐富化 (D) 工作擴大化。

(　　) 2. 工作擴大化具備下列那一項工作特性？ (A) 多樣性 (B) 回饋性 (C) 自主性 (D) 重要性。

(　　) 3. 5W1H 的方法是指？ (A) When (B) Who (C) Which (D) Where (E) How。

(　　) 4. 下列何者不適合？ (A) Man（員工） (B) Machine（機械設備） (C) Management（管理） (D) Method（方法） (E) Method（管理）。

(　　) 5. 5S，下列何者不適合？ (A) 整理 (B) 整齊 (C) 3 整頓 (D) 清潔 (E) 身美（教養）。

(　　) 6. ECRS，下列何者不適合？ (A) 刪除 (B) 合併 (C) 重排 (D) 顛倒 (E) 簡化。

(　　) 7. 腦力激盪術（Brain Storming），下列何者不適合？ (A) 應以主持人或主管之意見爲主 (B) 參加人數在 10 人以內 (C) 應相互尊重 (D) 結論在自由言論之下，不需作具體化說明。

(　　) 8. 手的動作改換爲腳的動作、生產現場機器設備位置的調整，是指？ (A) 刪除 (B) 合併 (C) 重排 (D) 簡化。

(　　) 9. 不良率、合格率、客戶抱怨件數是： (A) P：生產力 (B) Q：品質 (C) C：成本 (D) D：決策。

(　　) 10. 5W1H 原則，Why（爲何）？ (A) 目的 (B) 內容 (C) 搬運 (D) 時間。

二、簡答題

1. 問題的分類有許多種，從時間角度來分類，有哪三種？
2. 請說明問題的定義。
3. 採取腦力激盪術（Brain Storming）方式，必須遵守的事項有哪些？
4. 請說明從所有可能的方案中，評選出最適合的方案，評選方案時必須考量的因素。
5. 請說明工作擴大化與工作豐富化差異。
6. 工作改善可依哪 5 個步驟進行？
7. 請說明 PQCDSM 改善指標。
8. 請說明 5W1H 原則。

Work Study

3

程序分析

學習目標

3-1 程序分析的意義與目的

3-2 程序分析圖的符號及型式

3-3 操作程序圖

3-4 流程程序圖

3-5 線圖

3-6 組作業程序圖

工作研究包括方法研究與工作衡量，方法研究又分為：

- 大處著眼：程序分析、操作分析與小處著手：動作分析。
- 本章程序分析從大處著眼，如製程流程作業之整體分析。

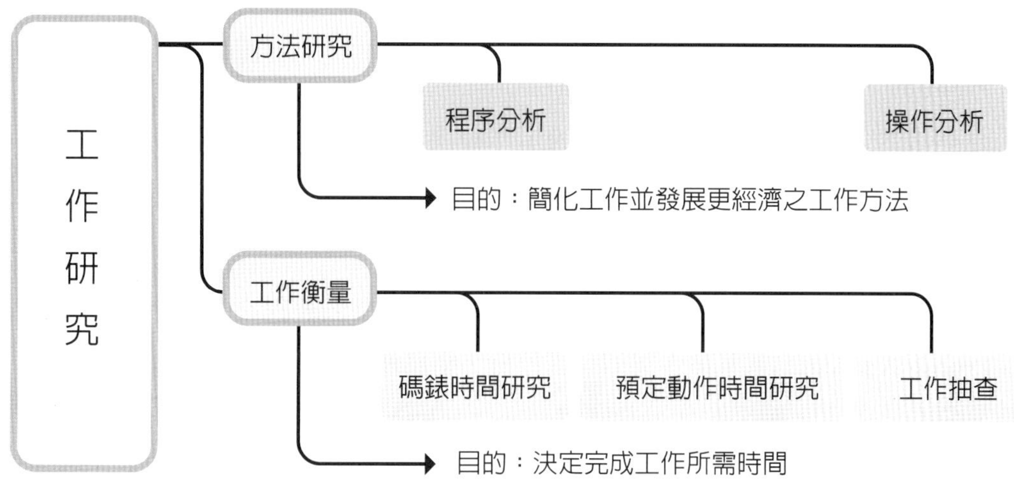

作者解說架構影片

程序分析針對現有的工作流程，進行分析與改善，尋找增加產量和降低成本的新方法，以達到資源的最佳利用。程序分析包含以下程序：選擇要研究的作業、記錄原本方法、考察作業現況、導入經濟有效的新方法。

3-1 程序分析的意義與目的

一 方法研究之目的及範圍

方法研究的主要目的在於制定最佳的工作程序及方法，以提高生產力，因此，4M因素（人、機、料及法）之數量、製程能力、工器具、作業條件等資料，應都予以記錄、收集、分析、檢討。否則就無法掌握現狀問題點，評估新法效果。

方法研究可從兩方面著手：一種是從大處著眼，如整個製程之大體分析，稱爲程序分析（**Process Analysis**）或某個作業的詳細分析，稱爲作業分析（**Operation Analysis**）；另一種則從小處著手，稱爲動作分析（**Motion Analysis**）。基本上，方法研究的研究領域，可分爲以下三種類：

1. 程序分析：以分析製品的整體製程爲主。
2. 作業分析：針對工作站中，人與機械間作業的協調進行分析。
3. 動作分析：是吉爾勃斯夫婦所研創的，主要是在分析作業員，在作業時各種動作的有效性，以提高作業效率及減輕疲勞爲主要依據。

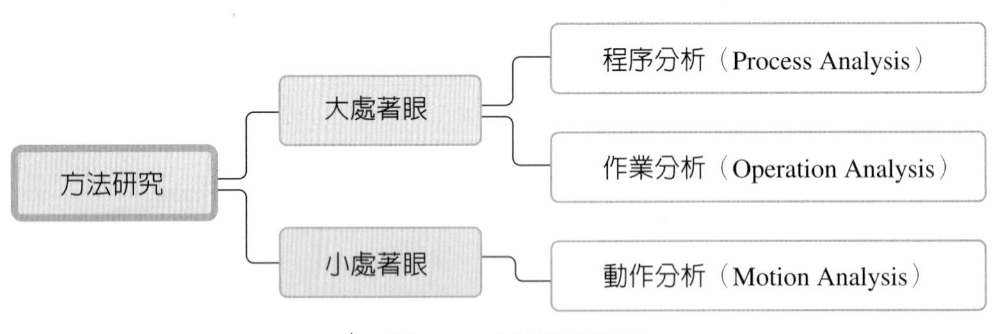

圖 3-1　方法研究範圍

二 程序分析的技法及其目的

程序分析（Process Analysis），將針對特定工作的整體作業的過程，清晰地描述各作業狀況，繪製成程序圖，運用剔除、合併、重排與簡化之改善技巧，分析整體製程的每一項操作，進行合理化，達到提高效率之目的。

程序分析圖之形式主要有「**操作程序圖**」（**Operation Process Chart**）及「**流程程序圖**」（**Flow Process Chart**）兩種，分析製品的整個製程時所用的各項技法。

1. **操作程序圖：**「鳥瞰」整個程序，記錄整個製程，以求通盤概況之瞭解，依「裝配圖」之組裝程序，說明各加工及檢驗等作業之詳細過程，製作之程序圖。
2. **流程程序圖：**用於細部作業改善之最佳分析工具，運用五大作業要素，逐步記載製品被處理的過程。
3. **裝配圖**：取自物料需求表（Bill of Materials, BOM）資料，製作的是最簡單而清楚地表現出製品內各零件組裝時的先後關係。
4. **線圖**：依流程程序圖上所記錄之過程，在實際平面圖上，依序以直線或點線來表現零件及人員的眞實流經路徑。
5. **生產途程表與多產品程序圖**：應用操作程序圖或流程程序圖上所記載的各種機械、工作站或作業名稱，依序將其順序塡入，方便掌握多種而類似的產品之作業程序。
6. **組作業程序圖**：適用在比較一組人員，同時完成一件具反覆性作業時，人員間的差異及效率。

程序分析各種技法雖有獨特的使用時機。不過在了解整個製程及分析以得到最佳程序之目的上，卻是一致的，推動程序分析時，以下列 5 步驟進行：

1. 依目的及需要，選用程序分析方法。
2. 程序、步驟順序記錄。
3. 分析各程序、步驟的性質及目的。
4. 刪除、合併、重排、簡化爲基礎，研討選出可以進行改善的項目。
5. 提出改善案。

圖 3-2 程序分析範圍

3-2 程序分析圖的符號及型式

不管何種產業或製程，作業方式皆可分爲**操作**（○），**檢驗**（□），**搬運**（⇨），**延遲**（D），**及儲存**（▽）等五種形式及狀態，在對此作業方式，作爲有效的設計及分析，並進行判定及標準化，確實掌握時間值及品質，滿足客戶對 QCD（品質、成本、交期）的要求。

圖 3-3 QCD 為顧客的基本要求

記錄製品的整個製造程序時，可直接使用文字來記載其間的現象及目的，但若能將所記載的作業內容加以分類符號，不僅可一目了然各步驟之現象及目的，更能提高作業分析時的效率。

1. **操作或加工作業（Operation）**（○）：加工方法、加工時間、準備作業時間、作業人員、機器設備、工具、加工條件、批量，「操作」具有附加價值。檢討各製程目的與其他製程的關聯，使加工方法更爲容易。
2. **搬運（Transportation）**（⇨）：搬運距離、搬運數量、搬運次數、搬運方法與容器，「搬運」多次及費時的搬運，甚至採用自動倉儲系統，市場售價也不會因此而提高，獲取更多的利潤。檢討現況下最適當的搬運方法及制度或減輕搬運勞力的設備或佈置的改善。「搬運」的改善效果是較顯而易見的，也是一般 IE 人員較爲重視的改善項目。
3. **檢驗（Inspection）**（□）：檢驗方法、檢驗項目、作業員、檢驗時間、規格、不良率。再多次再費時、精確的「檢驗」，並無法提昇產品的品質，檢討檢驗項目、品質及加工程序的關聯性，以決定最適當的檢驗時期與方法。

4. **延遲或等待（Delay）**（D）：加工完成之物件等待運送至下一工作站之情況，或文件放於桌上等待發送，改善方式是縮短停滯期間、減少在製品。

5. **儲存（Storage）**（▽）：儲存數量、保管場所、面積、放置方法、保管責任。改善方式是防止保管中物品變質、破損、混亂及作業現場的整理整頓。

「搬運」與「檢驗」不會增加產品的附加價值，卻對生產活動有所助益，很難完全抹滅掉的。前三者「操作，檢驗及搬運」如有非效率性作業，會所引起「遲延」及「儲存」兩項因素。「遲延」及「儲存」兩項，不僅不具附加價值，更對生產活動有嚴重的不良影響。

圖 3-4　五種符號及型式構成

繪製操作程序圖之前，必須掌握充分操作程序的相關資料，如原料或半製品之材料編號、工程圖編號、說明操作程序，同時填入現行方法或建議方法、工作日期、製表人姓名，操作程序圖表之編號、所屬部門代號或工場編號等。

繪製操作程序圖，以垂直線表示操作程序之流動，而以水平線代表材料之流動，無論是自製材料或外購之物料，以水平線導引入垂直線，加入工作行列，如下說明。

記錄現狀製程繪製成「程序分析圖」，或對新開發的產品進行設計，製作出「程序計畫圖」。由於製作過程中，所涉及之零件數的不一，會有組裝及多樣零件併裝，或暫時性拆卸後再混合等現象，故有四種程序圖的形式。

1. **直線單列型**：描述單一零件或材料的製程。

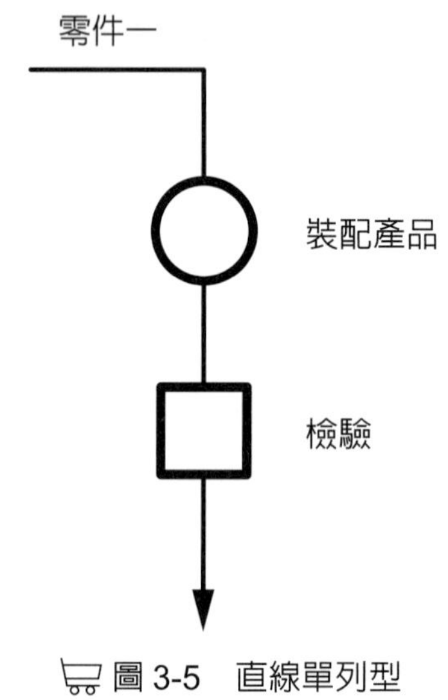

圖 3-5　直線單列型

2. **匯流或合流型**：是用在二個或二個以上零件或材料，合流成一半成品或產品的情況。

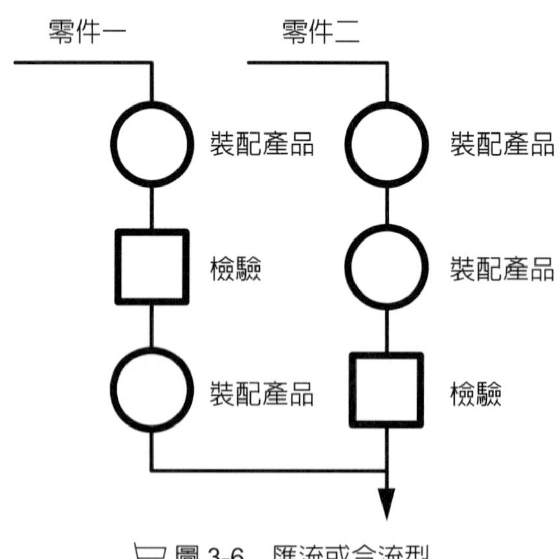

圖 3-6　匯流或合流型

3. 分流型：因加工製程有別，精度、規格或安全上之要求，需將製程分別作業處理，再予以合成一製程。

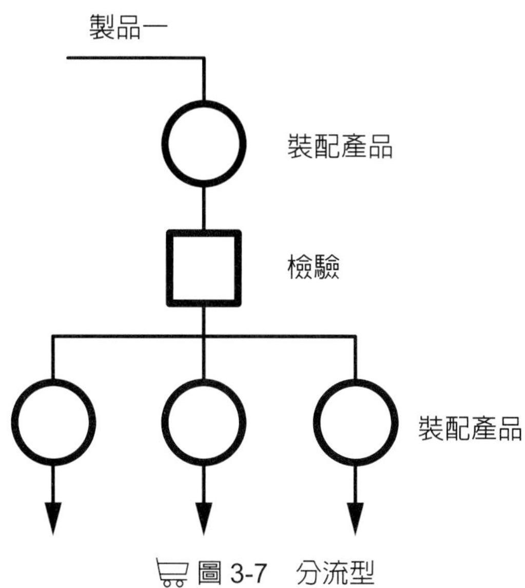

圖 3-7 分流型

4. 複合型：加工重複進行某些作業後，方能持續進行次作業之製程。

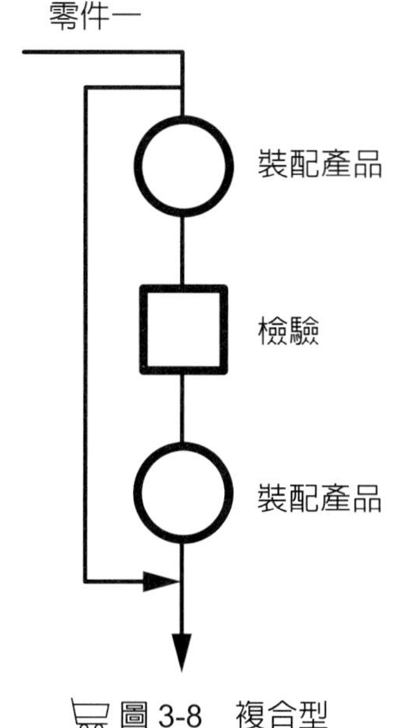

圖 3-8 複合型

3-3 操作程序圖

操作程序圖（Operation Process Chart, OPC）表示材料及零件進入製程的時點，以及各種操作與檢驗間之執行的操作順序。操作程序圖對特定材料及零件中所有組件依次執行的各種操作和檢驗的鳥瞰圖，掌握從原物料到產品中所有製程之間的相互關係，分析人員容易從 OPC 中發掘問題，並對問題有較適切的判斷。

操作程序圖，構成事象僅爲操作（○）與檢驗（□）兩符號，詳細記錄各作業之先後關係，並附註其他資料以作說明及分析之用，對整體製造程序做一鳥瞰式通盤概況之瞭解。在新產品開發階段，必然會先依零件的設計圖面製作操作程序圖，但在已銷售的產品之製程改善中，也常會爲進行改善而重新製作或檢討操作程序圖。

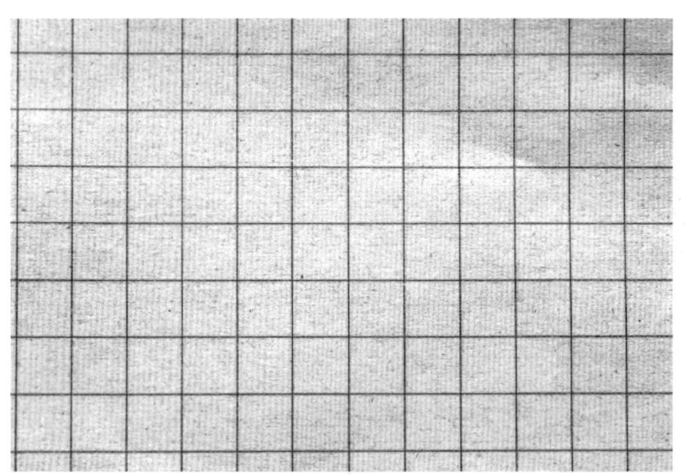

圖 3-9　水平線和垂直線分別有不同的功能

操作程序圖中，除操作（○）與檢驗（□）之符號外，使用垂直線來表示「流程順序」，用水平線來表「物料及零件流動」。並依循以下 8 個原則，製作操作程序圖的主體。

1. 將操作次數及與其他物料零件關係最多的主要零件，當作主流程。
2. 製程中，若有「拆卸」性質之操作時，應將主流程放在圖中央。若無「拆卸」，則可置於圖的最右方。
3. 水平物料線的上方，記載①料號②料名③數量。下方，則填寫其規格、圖號、材質及其他資料等，以標示該物料之特徵。

4. 水平物料線與垂直流程序交叉時，應使用輔助記號表示。
5. 在○及□符號左邊，應記入該項作業之時間（秒 / 作或件 / 小時）。右邊，則以「用（機器設備工具）（操作或檢驗）（位置）（數量）（規格）（對象物）」之格式，來敘述該項作業的內容。
6. 公司的內製品之水平物料線，其起頭應在同一高度。外購品則只記載物料特徵，不必標示其製程。除主體內容之外，在包括操作程序圖在內的一般程序圖中，再加入下列 11 項補述資料，方便公司及工廠內之建檔及日後的分析。
   (1) 公司或工廠的名稱。
   (2) 部門或單位名稱。
   (3) 製表日期。
   (4) 製表人。
   (5) 審閱者。
   (6) 工作物件名稱。
   (7) 零件料號（Parts Number）。
   (8) 程序圖編號（Drawing Number）。
   (9) 現行方法之程序說明（Process Description）。
   (10) 表格編號或頁號（第幾頁 / 共幾頁）。
   (11) 總結表：①作業名稱（操作與檢驗）②次數③週程時間。
7. 編號時，操作與檢驗應分別記錄。並都從 1 號編起。Operation（操作）是 O-1 ，O-2 ，…。I（檢驗）則爲 I-1 ，I-2 ，…。編號時，應①由右而左②由上而下③前後零件需連續編號。也就是說，後零件之第一號連續在前零件之最後一號。
8. 製作操作程序圖在「現場標準化」之目標，確實的製作本圖。而這可從圖 3-10「條形恆溫器之操作程序圖」之操作程序圖的範例，可確實地掌握到下列 6 項資訊。作爲其他研究及改善時之參考資料。
   (1) 材料的名稱及特徵：有助採購之購入期限的控制。
   (2) 材料及作業所需時間：有助概算材料成本及人工費用。
   (3) 機械設備工具之數量：有助投資金額之預估。
   (4) 作業方法及順序：有助檢視問題及 ECRS 的改善，更可進一步作爲自動化重點製程之參考。

(5) 零件規格及公差：有助品質標準的合理化。

(6) 每項作業時間及順序：可作設計生產線時之參考。

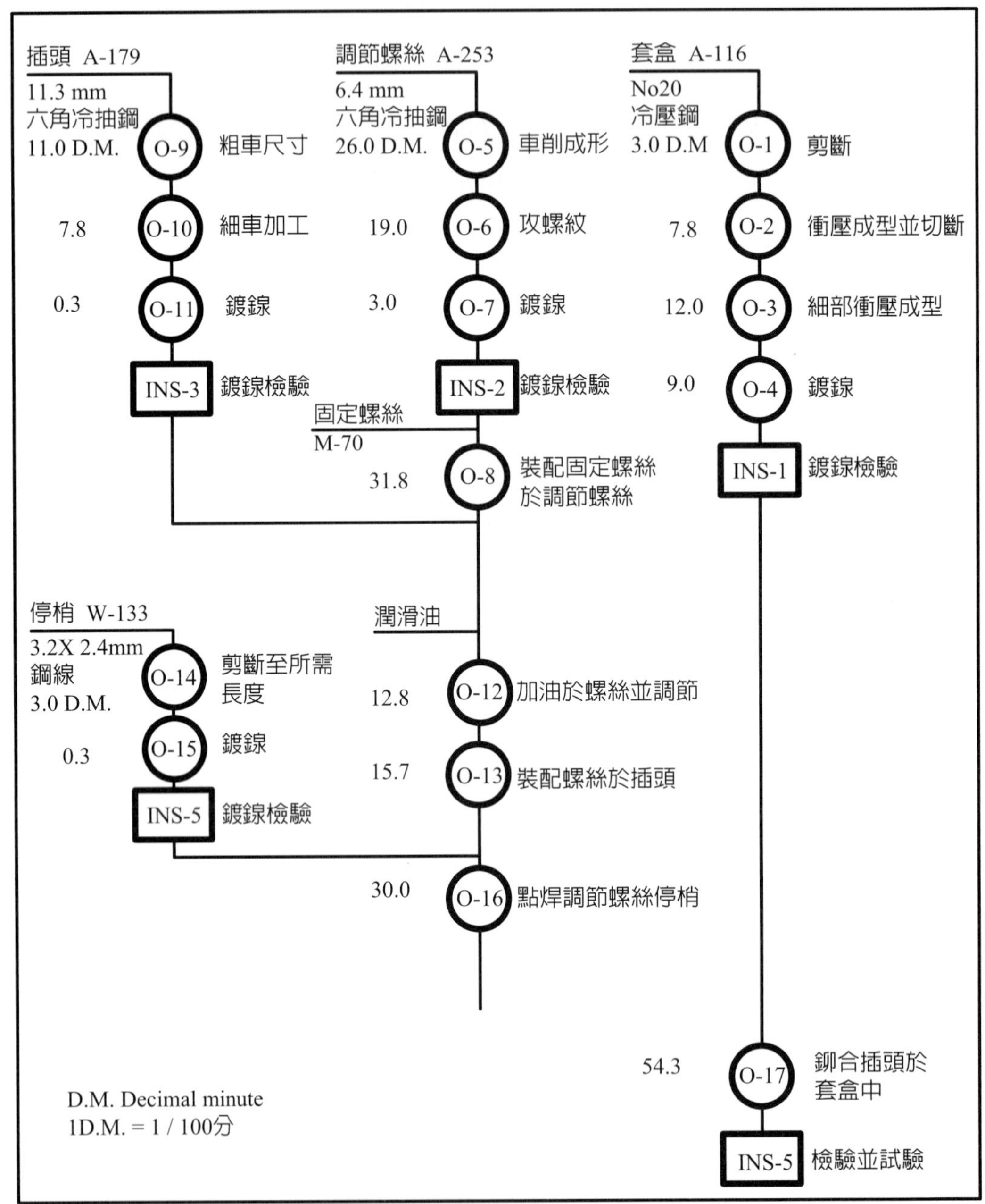

圖 3-10　條形恆溫器之操作流程圖

條形恆溫器之操作流程圖，包括 3 條直線單列型制程，套盒 A-116 經過 4 個操作，經檢驗後，進行調節螺絲 A-253 操作與後續插頭 A-179 操作，最後再 O-17 進行最後的組裝與檢驗，如圖 3-10。

3-4 流程程序圖

流程程序圖（Flow Process Chart, FPC）詳細記錄製品在實際製造過程中的流動狀況，如果只有操作程序圖中的操作（○）及檢驗（□），仍無法確實描繪出其間的搬運、遲延及儲存等現象，這些現象，卻正是影響人工成本的最大浪費因素及隱藏成本（Hidden Cost）。**流程程序圖爲 IE 改善之最基本、最重要的技術，降低「隱藏成本」分析解決的最有力的工具，可清楚地標示所有的操作、搬運、檢驗與遲延等事項。**

圖 3-11　流程會影響隱藏成本的高低

流程程序圖描述一個製品的完整製造程序，以符號來圖示的方法，它標示製程中所發生之作、搬運、檢驗、等待和儲存等五種符號動作之順序，並記載所需時間、移動距離等事實，以供分析其搬運距離、延遲、儲存等時間，俾瞭解這些隱藏成本浪費的情形而達到改善之目的。

1. 「**人員流程程序圖**」：針對操作員的一連串作業，指出操作人員之所有一連串的動作。
2. 「**物料流程程序圖**」：針對材料、零件之被處理過程，說明製程或零件被處理的步驟。

流程程序清楚地標示出所有的操作、搬運、檢驗、遲延等事項，這些資訊可以在協助評估關鍵性能指標，進行流程程序研究分析，如流程總時間、附加價值時間和非附加價值時間比例與移動距離，設法減少各種事項的次數、所需流程總時間及移動距離，降低隱藏成本。圖 3-12 爲流程程序圖空白樣本改善圖，改善前的流程程序圖，則如圖 3-13 流程程序圖（自動鉛筆）所示。

流程程序圖

表格編號＿＿＿＿＿＿

工作物名稱＿＿＿＿＿＿＿＿＿＿＿＿　時　間＿＿＿＿＿＿

工作物件號＿＿＿＿＿＿　參考圖號＿＿＿＿＿＿　方法（現行）或（建議）

工作部門（開始）＿＿＿＿＿＿＿＿＿＿　終　止＿＿＿＿＿＿

研 究 者＿＿＿＿＿＿＿＿＿＿＿＿　審閱者＿＿＿＿＿＿

距　離（呎）	時　間（分）	符　　號	說　　明	改善要點			
				剔除	合併	重排	簡化
		○ ⇨ □ D ▽					
		○ ⇨ □ D ▽					
		○ ⇨ □ D ▽					
		○ ⇨ □ D ▽					
		○ ⇨ □ D ▽					
		○ ⇨ □ D ▽					
		○ ⇨ □ D ▽					
		○ ⇨ □ D ▽					
		○ ⇨ □ D ▽					
		○ ⇨ □ D ▽					
		○ ⇨ □ D ▽					
		○ ⇨ □ D ▽					
		○ ⇨ □ D ▽					
		○ ⇨ □ D ▽					
		○ ⇨ □ D ▽					
		○ ⇨ □ D ▽					
		○ ⇨ □ D ▽					
		○ ⇨ □ D ▽	總計				

圖 3-12　流程程序圖空白樣本改善圖

產品：	項目	現行	建議	節省
動作： 方法：	操作 ○	9		
	搬運 ⇨	18		
	等待 D	0		
	檢驗 □	0		
	儲存 ▽	4		
	距離（公尺）	275		
地點：PENTEL工廠	時間（人-分）	54.9		
繪圖：______ 日期：6/5 審定：______ 日期：6/5	總計			

說明	距離（公尺）	時間（分）	○	⇨	D	□	▽	附記
開機（第一台）		0.5	●					
移動至第二台機器	15	0.35		●				
開機（第二台）		0.05	●					
移動至第三台機器	15	0.35		●				
開機（第三台）		0.05	●					
移動至第四台機器	15	0.35		●				
開機（第四台）		0.05	●					
移動至第五台機器	15	0.35		●				
開機（第五台）		0.05	●					
移動至零件倉庫	15	0.25		●				
把零件放在手推車上		0.5		●				
搬運零件至第五機器棧板	10	0.2		●				
存放在棧板上		0.5					●	
移動至零件倉庫	40	0.7		●				
把零件放在手推車上		0.5		●				
搬運至第二機器棧板	15	0.3		●				
存放於棧板上		0.5					●	
移動至零件倉庫	15	0.3		●				
把零件放在手推車上		0.5		●				
搬運至第一機器棧板	15	0.3		●				
存放於棧板上		0.5					●	
搬運零件至機器一		0.1	●					
移動至機器二	15	0.3		●				
搬運零件至機器二		0.1	●					
移動至機器五	40	0.7		●				

圖 3-13 流程程序圖（自動鉛筆）

從流程程序圖可確實掌握單一產品製程中，檢驗、搬運、遲延、儲存等不具附加價值的作業之時間比率高低，進而選擇改善標的，達成繪製流程程序圖的主要目的。

3-5 線圖

利用以五種基本作業繪製而成的流程程序圖，明確描繪出單一產品之製造程序。不過單純的直橫式表格及文字敘述，很難立即看出工程站間的相對位置關係及流程動線的合理性。

圖 3-14　繪製線圖可了解流程與位置的合理性

因此，將流程程序依序繪入等比例縮尺圖上，**線圖（Flow Diagram）不僅是搬運及佈置上之基礎資料，更是 5S 活動時之依據，更可針對搬運「⇨」，儲存「▽」作業進行重佈置之改善。操作「○」、檢驗「□」及遲延「D」等基本作業之流程、空間大小、安全性及位置，討論的議題中。**

1. 繪製研究對象區域之等比例縮尺圖。
2. 標明機械設備名稱、通道與柱子。
3. 依流程線（Flow Lines），位置逐步標繪出物料或人員移動的狀態。
4. 不同機種、流程或搬運方式時流程線。
5. 流動方向以→表示，五種基本作業符號，標示實際發生該項，呈現眞實的製作程序。
6. 搬運距離。
7. 若有樓層間的立體移動，除分別繪出各樓層上之移動狀態外，繪製集合各層樓面的簡圖，了解樓層間移動之關係。

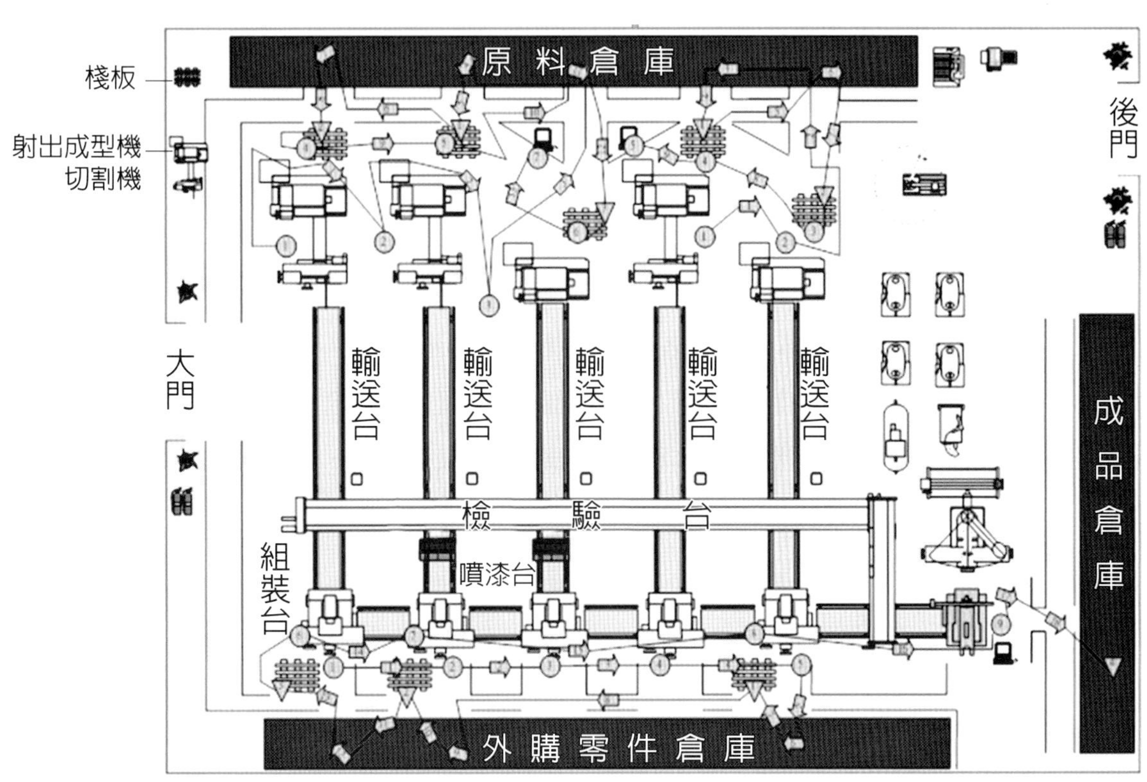

圖 3-15 工廠線圖之範例

3-6 組作業程序圖

電線桿的架設、公寓水塔的清洗或搬家貨物的裝卸等，都需由一群人共同合作才能完成一件工作，每個人的工作，固定成某一方式的工作循環。爲使每位參與者的工作量能夠平衡，避免特定人員過分的疲累，以及作業的週程時間能縮短。

將各參與者的操作過程，依序並排在一起，製成如圖 3-16 所示之「組作業程序圖」（Group Process Chart），組作業程序圖的作用在於研究一些人共同從事的作業。它是由個別操作員的程序圖所合併而成，換言之，就是把同時發生的動作並排在一起，以利分析必將對分析、比較及改善中、短週程時間的群組工作，有很大的助益。組作業程序圖之目的，係透過反覆多次的觀察而分析出組群的作業，然後重新編排工作組，使等待時間和遲延時間降至最低。

「組作業程序圖」中，確實已能明白表示該組工作人員之作業狀況，製作程序大都會依循下列原則來進行：

1. 可用五種基本作業符號來表示，各符號均表同一單位時間。
2. 圖中所記載的都是週期性作業。若循環中偶會發生的非週期性作業，則予以省略不記入。
3. 儘量依操作項目的多寡及彼工作的相關性，由左向右排列，以方便比較及分析。
4. 分析之前，應多做幾次觀察和記錄。否則，分析的準確性將會降低。

在觀察組作業時，大都會針對各人員之搬運、遲延、儲存等浪費性現象，進行刪除、合併、重排及簡化等特性之改善，使人員的作業程序能夠合理化，進而使整組工作更有效率。最重要的，還是應掌握本程序圖之使用時機與目的，以及其製圖時的原則。如此，方能善加利用，達成提升生產力之目的。

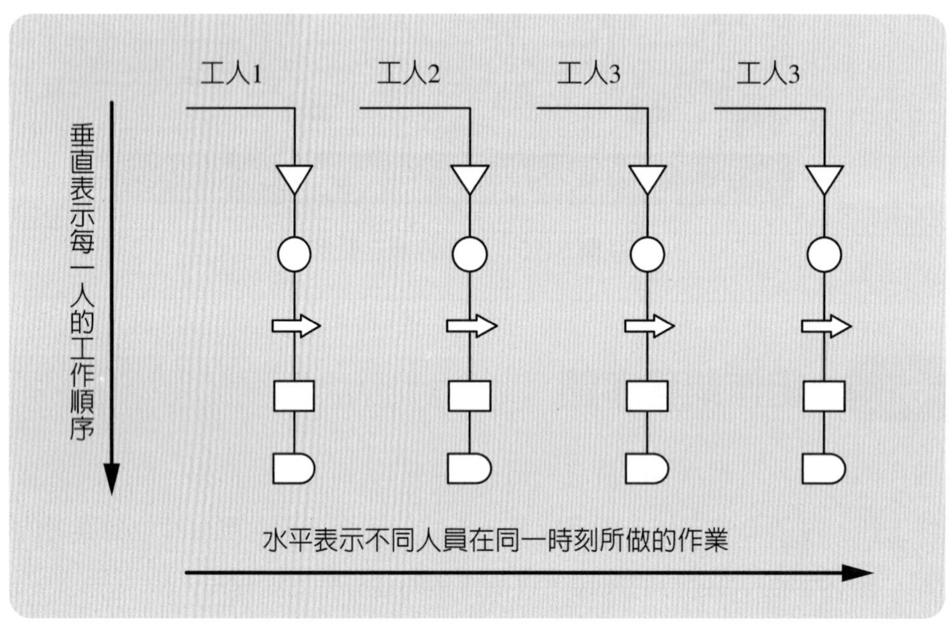

圖 3-16　組作業程序圖

本章習題

一、選擇題：

(　　) 1. 下列有關記錄與分析工具，下列敘述何者正確？ (A) 操作程序圖可用來說明作業細節 (B) 流程程序圖提供宏觀角度檢視整體作業 (C) 動線圖可找出動線壅塞的區域 (D) 人機程序圖可找出延遲發生的相關原因。

【107 年第一次工業工程師考試—工作研究】

(　　) 2. 工作研究之程序分析圖中，用來研究一群人共同從事的作業，把同時發生的動作並排在一起，以利分析，應採用何種分析圖？ (A) 操作人程序圖（Operator Process Chart） (B) 組作業程序圖（Gang Process Chart） (C) 操作程序圖（Operation Process Chart） (D) 人機程序圖（Man-Machine Chart）。

【107 年第一次工業工程師考試—工作研究】

(　　) 3. 操作程序圖係將操作程序作一鳥瞰式的通盤描述，爲求精簡製作時僅包含哪兩種作業符號？ (A) 搬運、儲存 (B) 操作、搬運 (C) 搬運、檢驗 (D) 檢驗、操作。

【106 年第一次工業工程師考試—工作研究】

(　　) 4. 紀錄與分析工具中的操作程序圖（Operation Process Chart） (A) 只顯示所有零組件進入，而不顯示裝配線及主裝配線 (B) 直徑 3/8 吋之小型圓圈代表檢驗；邊長 3/8 吋的小正方形代表操作 (C) 水平線通常表示製程的流程 (D) 水平線表示外購或該製程自製的材料之進入。

【106 年第一次工業工程師考試—工作研究】

(　　) 5. 從事物料流程分析時，如果欲瞭解流程是否有迂迴（Backtracking）與交叉（Cross Traffic）現象，不常用下列哪一個圖表： (A) 產品程序圖（Multiproducts Process Chart） (B) 操作程序圖（Operation Process Chart） (C) 從至圖（From to Chart） (D) 線圖（String Diagram）。

【105 年第一次工業工程師考試—工作研究】

(　　) 6. 在做流程程序圖（Flow Process Chart）時，正方形符號「□」代表？ (A) 操作 (B) 搬運 (C) 儲存 (D) 檢驗。

【105 年第一次工業工程師考試—工作研究】

(　　) 7. 流程程序圖常被用來描述一個製品的完整製造程序，程序圖中最重要之因素爲？ (A) 距離 (B) 時間 (C) 流程 (D) 方法。

【105 年第一次工業工程師考試—工作研究】

本章習題

(　　) 8. 以下有關程序分析技術之敘述，何者正確？ (A) 分析整個製程採用流程程序圖（Flow Process Chart）(B) 分析物料或人員的程序採操作程序圖（Operation Process Chart）(C) 分析一群人共同作某項工作採操作人程序圖（Operator Process Chart）(D) 析工作流程與工廠佈置及搬運採用線圖（Flow Diagram）。

【105 年第一次工業工程師考試—工作研究】

(　　) 9. 隱藏成本的降低最容易由何種分析工具顯現出來？ (A) 操作程序圖 (B) 人機程序圖 (C) 流程程序圖（Flow Process Chart） (D) 操作人程序圖。

(　　) 10.在做流程程序圖（Flow Process Chart）時，正方形符號「□」代表？在程序分析技術之程序圖中，「○」符號是代表？ (A) 操作、搬運 (B) 搬運、操作 (C) 儲存、檢驗 (D) 檢驗、儲存。

(　　) 11.流程程序圖比操作程序圖多使用 (A) ⇨ (B) D (C) ▽ (D) ○ (E) □ 等符號。

(　　) 12.線圖之行徑大都依哪個程序圖？ (A) 操作程序圖 (B) 多產品程序圖 (C) 流程程序圖 (D) 組作業程序圖 (E) 流程程序圖。

(　　) 13.描述一個製品的完整製造程序，以符號來圖示的方法，它標示製程中所發生之作、搬運、檢驗、等待和儲存等五種符號動作之順序？ (A) 流程程序圖 (B) 組作業程序圖 (C) 操作程序圖 (D) 人機程序圖。

(　　) 14.什麼圖取自物料需求表（Bill of Materials, BOM）資料，製作的是最簡單而清楚地表現出製品內各零件組裝時的先後關係？ (A) 流程程序圖 (B) 裝配圖 (C) 操作程序圖 (D) 人機程序圖。

二、簡答題

1. 方法研究的研究領域，可分爲以下哪三類？
2. 分析製品的整個製程時所用的各項技法中，程序分析圖之形式主要有哪兩種？
3. 方法研究可從哪兩方面著手？
4. 程序分析圖之主要有哪些形式？
5. 請說明程序分析圖的符號。
6. 請說明四種程序圖的形式。
7. 請說明操作程序圖，構成事象兩符號爲？
8. 流程程序圖描述一個製品的完整製造程序，包括哪兩程序圖？

NOTE

Work Study

4

作業分析

標

4-1 作業分析的技法及其目的

4-2 人機程序圖

4-3 操作人程序圖

4-4 多動作程序圖

4-5 追求工作的標準化

作業分析針對工作流程中選取某工作站，研究分析其效率和有效性，改善操作方法。作業分析改善目標：

- 提高生產效率
- 降低作業時間和生產成本
- 提高作業安全性和品質

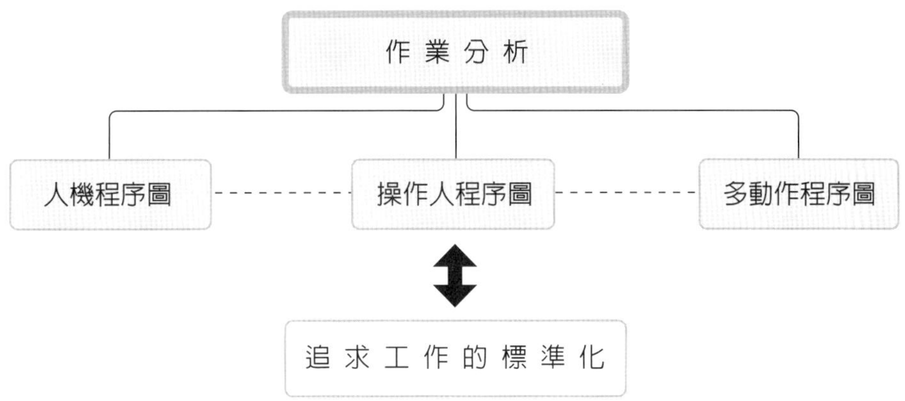

作者解說架構影片

程序分析主要在於依照工作流程，研究分析完整的製造程序，從第一個工作站到最後一個工作站，全盤考慮一系列的操作。整體性的製程分析，可以改善整體製造流程，有條理與系統性的工作流程，減少人員、材料、工具與作業的移動距離，但是對於同一工作站上的詳細作業，就必須導入作業分析手法。

4-1 作業分析的技法及其目的

作業分析主要是工作程序中選取某工作站，詳細研究一工作站上的作業，分析作業者操作方法、作業者與機械之間各種關係，改善操作方法，降低工時消耗、提高機器利用率。

作業分析主要研究工作站中各項作業時間的協調度、順暢度及減少空間與工作不均，使非生產性時間能生產性化，將具生產性的作業提昇至更高的效率。五種基本作業中，應儘量使「遲延」及「儲存」越少越好，減少「搬運」、「檢驗」的次數，只剩下具附加價值的「操作」。

1. **人機程序圖（Man and Machine Chart）**：又稱多人機程序圖（Multi-Man Machine Chart），分析若是與機器有關的作業，降低機器的閒置時間（Idle Time），改善操作人員與機器的平衡關係。
2. **操作人程序圖（Operator Process Chart）**：手工操作的作業，為一種特殊之工作程序圖，又稱為左右手程序圖，刪除所有不必要的動作，並把剩餘的必要動作，安排在最佳的工作順序。
3. **多動作程序圖（Multi-Activity Process Chart）**：紀錄多數操作人及機器之相關工作程，將各操作人及機器之操作並列，以粗體或斜線表示操作， 空白處即表示人或機器空閒情形及無效時間。

4-2 人機程序圖

一 人機程序圖之意義

生產作業現場中，經常因等待機械的加工，造成人員的作業率低落，或因等待忙碌中的作業人員，而降低機械設備的運轉率。**人機程序圖分析同一操作週期內、同一工作**

地點之各種動作，清楚地表示機器操作週期與操作員操作週期間之相互關係，了解作業員或機器之能量閒餘，消除閒置浪費，增進人機整合效率。

人機程序圖中，操作者之工作週期時間往往比機械設備行之週期時間爲短，改善現場的過程中，人機程序圖發現問題後，利用閒餘時間，改善作法有以下三個方向：

1. 空閒時間操作另一部機器，利用作業員的等待另一部機器時間，增加機器使用的比率。
2. 利用空閒時間，進行與工作站相關的檢測、清潔、加工處理、搬運等多能工作業。
3. 運用動作經濟原則之手法，進行分析及改善。刪除不必要的步驟與動作，使每一步驟容易進行，進而提高各工作站的生產力。

人機程序圖之製作過程的可以有 8 項步驟，可供參考：

1. 觀察現狀作業，確立作業員及機器的週程作業內容。
2. 排除非週程性作業，明確作業員及機器週程作業內容，依序記錄人及機器的作業內容。
3. 確認作業員及機器週程作業的標準時間。
4. 作業員與機械的作業週程之最佳共同起迄點，作業員與機器的作業在何處同時開始或同時完成。
5. 繪製人機程序圖，作業員與機械欄下方，及相對於時間座標的位置上，註記作業的實線、虛線記號或機器空閒、作業員等待的空白。
   (1) 實線「——」表示，作業員作業中或機械正運轉著。
   (2) 虛線「-----」表示，作業員在搬運或機械停止，裝卸物料中。
   (3) 空白「　　」表示，作業員或機械，等待之空閒。
6. 直線記號或空白處的左方，記錄作業員作業或機械運轉的內容。右方欄記入作業的相對時間。
7. 求出作業員的作業時間及等待的空閒時間。同時，算出機械運轉時間小計及等待空閒時間，作業員與機械的週程時間和必須相等。
8. 計算出
   (1) 人的作業率 $= \dfrac{\text{操作（作業）時間}}{\text{週程時間}} \times 100\%$
   (2) 機械的運轉率 $= \dfrac{\Sigma\text{（週程時間} - \text{等待空閒時間} \times \text{台數）}}{\text{（週程時間} \times \text{總台數）}} \times 100\%$

(3) 單位時間生產力變動率 $=\dfrac{\Sigma\text{（改善後台數}\times\text{改善後週程時間）}}{\Sigma\text{（改善前台數}\times\text{改善前週程時間）}}\times 100\%$

進行「人機程序圖」之改善工作時，可從下列 4 個具體方向著手。

1. 進行合併及重排不必要的作業步驟，作業內容及順序合理化。
2. 刪除無附加價作業，提升操作人員的作業率。
3. 簡化治具、夾具，適當的工件、器具及合理化輸送設備，降低作業疲勞度，人性化作業。
4. 考量總成本因素，一人配合多部機器操作的可能性及操作方法。

產品名稱：固定座	工作名稱：射出成型	現行方法統計		
		項目		時間
機器：射出成型機	機器編號：001	工作時間	人	95
			機	101
操作	操作編號：	空閒時間	人	54
			機	48
操作人：	工號：	裝卸時間	機	
日期：	時間單位：秒	過程時間		149
		每件時間		

作　業　員		機　器	
作業步驟	時間	時間	作業步驟
放模具	15	15	放模具
開機	12	12	開動
閒置	54	31	射出模型
停機	7	23	冷卻
取模具	13	7	停止
取成品	18	13	取模具
將塑膠材料自漏斗加入	30	48	閒置

圖 4-1　改善前人機程序圖

茲就圖 4-1 改善前人機程序圖，進行「人機程序」之分析，因機器的閒置時間過長，應減少機器的閒置時間來提高機器作業率：

1. 機器作業率 =（過程時間 - 機器的閒置時間）/ 週程時間 =149-48/149=67.8%
2. 人員作業率 =（過程時間 - 人員的閒置時間）/ 週程時間 =149-54/149=63.7%

計算人機程序圖中，作業員或機械的作業率或運轉率時，同時對加工物之「裝機」作業及加工完成品之「卸機」作業，機械加工時間及作業員的操作時間的一部份，因爲裝、卸機同時增長機械加工與操作員的作業時間。

改善說明：在機器射出成型及冷卻的加工時間中，人員可利用此空閒時間，放塑膠材料，以減少機器閒置時間，提高機器作業率。

產品名稱：固定座	工作名稱：射出成型	現行方法統計		
		項目		時間
機器：射出成型機	機器編號：001	工作時間	人	95
			機	101
操作	操作編號：	空閒時間	人	24
			機	18
操作人：	工號：	裝卸時間	機	
日期：	時間單位：秒	過程時間		119
		每件時間		

作業員		機器	
作業步驟	時間	時間	作業步驟
放模具	15	15	放模具
開機	12	12	開動
閒置 //////////////	30	31	射出模型
停機	24	23	冷卻
取模具	7	7	停止
取成品	13	13	取模具
將塑膠材料自漏斗加入	18	18	閒置 //////////////

圖 4-2　改善後人機程序圖

機器作業率 =（過程時間－機器的閒置時間）/ 週程時間 =119 – 18/119 = 84.8%，提高 84.8% – 67.8% = 17% 的作業率。

人員的作業率 =（過程時間－人員的閒置時間）/ 過程時間 =119 – 24/119 = 79.8%，提高 79.8% – 82% = 16.1% 作業率。

二 閒置效率之分析與改善

人員閒置效率消極作法可以利用空閒時間，實施一人多機或推動 5S 活動，清掃、清潔作業區周圍之作法。積極作法確實地從「人機程序圖」分析中，掌握人與機械的空閒時間，引用 **ECRS** 等原則進行改善，經由腦力激盪術的運作，作業予以重排（**R**），**是簡單而且立即可行的辦法，進一步做到合併（C），刪除（E）及簡化（S），掌握其各個作業的目的，得到適切可行的方案。**

表 4-1 人機程序圖檢核表，探討這些要因及其解決方案，有助於深化全員改善意識及累積改善技術，進而縮短空閒時間，提高生產力。

表 4-1　人機程序圖檢核表

基本原則	1. 平衡小組之工作量。 2. 增加機器使用的比率。 3. 減輕負擔瓶頸作業之工作負荷。 4. 刪除不必要的步驟。 5. 合併各步驟。 6. 步驟容易進行操作。	
ECRS 改善	刪除	1. 附屬操作能否刪除？ 2. 移物能否刪除？ 3. 遲延能否刪除？ 4. 檢驗能否刪除？ 5. 新人員之影響所產生之遲延，能否刪除？
	合併	6. 操作能否合併？ 7. 移物能否合併？ 8. 遲延能否合併？ 9. 檢驗能否合併？
	簡化	10. 操作能否簡易行之？ 11. 移物能否簡易行之？

4-3 操作人程序圖

工作階次概可分爲表 4-2 七個等級。

表 4-2 工作階次等級

NO.	工作階次		定義
1.	動素	Motion（Therblig）	人類的基本動作。
2.	單元	Element	幾個動素集合而成。
3.	作業	Operation	集合 2、3 單元而成。
4.	「製程」或「工作站」	Process 或 Work Station	串連幾個某種特性作業。
5.	活動	Activity	數個工作站彙整成，亦即「生產線」或「生產區」。
6.	機能	Function	活動構成，即部門。
7.	產品	Product	整合多個部門。

一 操作人程序圖之意義

操作人程序圖（**Operator Process Chart**）爲一種特殊之工作程序圖，又稱爲左右手程序圖（**Left and Right-Hand Process Chart**），因爲操作人程序圖分別將左右手之所有動作與空間都加以記錄，並將左右手之動作，依其正確之相互關係配合時間標尺（**Time Scale**）記錄下來。

目的：

1. 將各項操作更詳細的記錄，便分析並改進各項操作之動作。
2. 深入了解工作細節，研究操作的每個要素。
3. 建立兩個不同活動之間的關係。
4. 消除或減少不必要的動作。
5. 提出改進意見，安排最佳動作順序。

圖 4-3 時間標尺能輔助衡量動作程序

二 操作人程序圖分析與應用

操作人程序圖因以分操作員之左右手動作，製作步驟可歸納如下：

1. 研究整個操作週期數次。
2. 繪製各項硬體設備及工器具、材料的相關位置之簡圖與加工對象物之裝置完成圖。
3. 將左、右手動作欄細分成「符號」、「時間」及「動作說明」等三欄。「符號」欄內之符號，可以三項作業外，亦可對週程時間較短的工作站，應用動素之象形符號及英文字作代號。

編號　　　　　　　　　　　　　　　　　　　　　　　　　共　　頁 第　　頁

（工作域）

左手動作			右手動作		
說明	時間	符號	符號	時間	說明
		○ ⇨ D	○ ⇨ D		
		○ ⇨ D	○ ⇨ D		
		○ ⇨ D	○ ⇨ D		
		○ ⇨ D	○ ⇨ D		
		○ ⇨ D	○ ⇨ D		
		○ ⇨ D	○ ⇨ D		
		○ ⇨ D	○ ⇨ D		
		○ ⇨ D	○ ⇨ D		
		○ ⇨ D	○ ⇨ D		
		○ ⇨ D	○ ⇨ D		
		○ ⇨ D	○ ⇨ D		
		○ ⇨ D	○ ⇨ D		
		○ ⇨ D	○ ⇨ D		
		○ ⇨ D	○ ⇨ D		
		○ ⇨ D	○ ⇨ D		
		○ ⇨ D	○ ⇨ D		
		○ ⇨ D	○ ⇨ D		

圖 4-4　操作人程序圖

4. 一次觀察並記錄一隻手的活動，依序記錄手之動作單元內容與時間。
5. 記錄時應注意不要遺留任何活動，同一水平線上，同時發生之兩手動作之順序。除非實際同時發生，否則應避免操作和搬運相結合。
6. 記錄應在易於區分的時間點開始，以放下（Release）、持住（Hold）物件或遲延（Delay）之動作，週程之起點。
7. 計算其平均週程時間。
8. 方便比較新舊兩法的時間及作業內容之差異，「現行方法」旁，另設「新方法改善欄」。

「操作人程序圖」之製作過程應用加工操作（○）、搬運（⇨）及遲延（D）等三種作業符號，塡入○與 ⇨ 符號時，應視本身的技術能力及改善的可能性分別清楚。

儲存作業，因未涉及手的作業及動作，而不列入考慮及使用。參考「動作分析」之內容可知：○、⇨ 及D等四者，事實上也就是多個「動素」或「單元」組合而成之結果。

以「伸手」、「握取」、「移物」、「對準」、「應用」、「放手」、「遲延」及「持住」、「檢驗」等9個常用「動素」觀察分析。

表 4-3　動素符號與意義

活動	符號	意義
加工（操作）	○	手的作業、「握取」、「放手」、「組合」
搬運	⇨	手的作業從一定點至另一定點
遲延	D	手的作業閒置或沒有績效產生
持住（儲存）	▽	儲存作業，因未涉及手的作業及動作，而不列入考慮及使用

本節則以○、⇨ 及D等「作業」之工作階次爲範圍。改善操作人程序圖亦可用以下的方法，繼續深入進行改善，確實減少作業上的疲勞，提高作業效率，員工訓練容易及開創新加工法，達成高生產力之總合目標。

1. 應用 ECRS 改善方法。
2. 治具、夾具（Fixture）改善。
3. 應用動作經濟原則。
4. 建立檢核表進行確認。
5. 動素分析等方法及原則。

圖 4-5 爲某一影印過程中，資料影印裝訂的研究，流程裡最主要的有四個動作，分別是影印、貼膠膜、裝訂及修剪。進行影印工程時之操作人程序分析圖，改善前是用右手打開影印蓋後，把手伸回後再伸出左手拿資料，這些過程浪費許多時間。且用左手對準效率較差、較費時。

編號：　　　現行方法：　　　☑ 改良方法：

工作部門
編號
工作名稱：影印
編號
機具名稱：影印機
圖開始
圖結束
研究者：91 年 12 月 12 日
審核者：　年　月　日

符號	統計表								
	現行法			改良法			差別		
	左	右	雙	左	右	雙	左	右	雙
□	4	4	1						
⇨	6	6	2						
D	7	7	0						
合計	17	17	3						
效果									

佈置圖

修剪機　封面架　影印紙
A　B　C　D
（影印機）
門口
成品置物桌　裝訂機　膠膜機　辦公桌

左手動作 說明	符號	符號	右手動作 說明
閒置	○ ⇨ D	○ ⇨ D	伸手
閒置	○ ⇨ D	○ ⇨ D	打開影印蓋
閒置	○ ⇨ D	○ ⇨ D	將手伸回
伸手	○ ⇨ D	○ ⇨ D	閒置
拿要影印的資料放置在A4格式	○ ⇨ D	○ ⇨ D	閒置
對準	○ ⇨ D	○ ⇨ D	閒置
將手伸回	○ ⇨ D	○ ⇨ D	閒置
閒置	○ ⇨ D	○ ⇨ D	伸手
閒置	○ ⇨ D	○ ⇨ D	將影印蓋蓋下
閒置	○ ⇨ D	○ ⇨ D	按開始鍵開始影印
閒置	○ ⇨ D	○ ⇨ D	將手伸回
伸手	○ ⇨ D	○ ⇨ D	閒置
拿印好的資料	○ ⇨ D	○ ⇨ D	閒置
將手伸回	○ ⇨ D	○ ⇨ D	閒置
伸手	○ ⇨ D	○ ⇨ D	伸手
整理資料	○ ⇨ D	○ ⇨ D	整理資料
將資料送至左方裝訂機桌上	○ ⇨ D	○ ⇨ D	將資料送至左方裝訂機桌上

圖 4-5　改善前雙手程序圖

改用雙手操作，當用右手打開影印蓋的同時，左手可以先拿要影印的資料，然後直接放置於 A4 格式裡，節省時間。因爲大部分的人左手都比較遲鈍，所以改用雙手對準能幫助在作業上的精確度。

編號：　　現行方法：　　改良方法：☑

工作部門
編號
工作名稱：影印
編號
機具名稱：影印機
圖開始
圖結束
研究者：91年 12月 12日
審核者：　年　月　日

統　計　表

符號	現行法			改良法			差別		
	左	右	雙	左	右	雙	左	右	雙
□	4	4	1	4	5	3	0	1	1
⇨	6	6	2	6	4	4	0	2	2
D	7	7	0	2	3	0	5	4	0
合計	17	17	3	12	12	7	5	7	4
效果									

佈　置　圖

修剪機　封面架　影印紙
A　B　C　D
（影印機）
門口
成品置物桌　裝訂機　膠膜機　辦公桌

左手動作 說明	符號	符號	右手動作 說明
伸手	○ ⇨ D	○ ⇨ D	伸手
拿要影印的資料放置在A4格式	○ ⇨ D	○ ⇨ D	打開影印蓋
對準	○ ⇨ D	○ ⇨ D	對準
閒置	○ ⇨ D	○ ⇨ D	將影印蓋蓋下
閒置	○ ⇨ D	○ ⇨ D	按開始鍵開始影印
將手伸回	○ ⇨ D	○ ⇨ D	將手伸回
伸手	○ ⇨ D	○ ⇨ D	閒置
拿印好的資料	○ ⇨ D	○ ⇨ D	閒置
將手伸回	○ ⇨ D	○ ⇨ D	閒置
伸手	○ ⇨ D	○ ⇨ D	伸手
整理資料	○ ⇨ D	○ ⇨ D	整理資料
將資料送至左方裝訂機桌上	○ ⇨ D	○ ⇨ D	將資料送至左方裝訂機桌上

圖 4-6　改善後雙手程序圖

表 4-4　操作人程序圖檢核表

基本原則	1. 步驟減至最低。 2. 安排最好的作業順序。 3. 步驟精簡。 4. 盡量簡單每一步驟。 5. 平衡雙手作業。 6. 避免用手持住的浪費。 7. 考慮人體工學之作業場所。	
ECRS 改善	刪除	1. 能否刪除步驟 2. 能否刪除附屬操作？ 3. 能否刪除「移物」？ 4. 能否刪除「持住」動作？
	合併	5. 能否消除或縮短「遲延」？
	簡化	6. 能否簡化附屬操作？ (1) 工具之改善。 (2) 工具放置位置的調整。 (3) 材料容器之改善。 (4) 應用槓桿原理（Leverage）。 (5) 應用慣性原理（Inertia）。 (6) 應用重力原理（Gravity）。 (7) 減少使用視覺的需要。 (8) 改善工作場所高度。 7. 能否簡化「移物」？ 8. 能否簡化「持住」？

4-4 多動作程序圖

一 多動作程序圖之目的

多動作程序圖（**Multi-Activity Process Chart**）是使用時間刻度的流程圖。當工作研究人員想要將一個主題相對於另一個主題的活動記錄在一張圖表上時，通常會以圖片形式出現，將多位人員共同完成一項工作之各別作業內容，記錄在同一圖表內，對象可能是工人、機器或設備。

多動作程序圖使用時間刻度的流程圖，用來記錄多位操作者及多部機器之間相關的工作程序，如多人共同組裝汽車上的引擎時，當工作研究人員想要將一個組裝引擎相對於另一個引擎的活動記錄在一張圖表上，通常會以多動作程序圖形式，對象可能是人員、機器或設備。多動作程序圖之目的：

1. 便於研究及比較各人員間的工作量，從而重新安排工作週期以減少工作時間。
2. 確定操作員可以方便操作的機器數量，提昇人員的工作效率。
3. 進一步以 ECRS 改善的技法，重新分配作業員之間活動，實現最佳的工作分配。
4. 用以程序分析中製品的全製程，也可只針對特定製程中的單項工作。

二 多動作程序圖分析

「多動作程序圖」的時間座標軸在左方，右方則為各人員之作業內容。

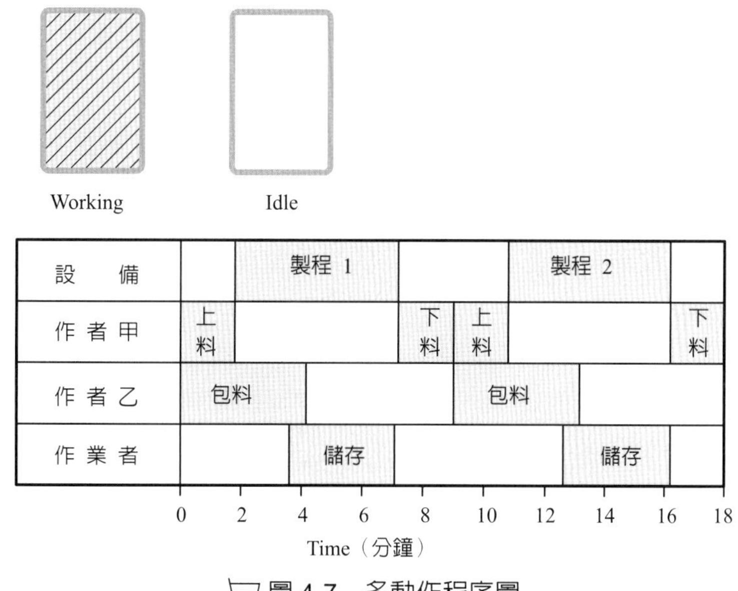

圖 4-7 多動作程序圖

4-5 追求工作的標準化

標準化（Standardization），人人朗朗上口，制定 SOP 提升企業的品質，達到強化企業整體體質。標準化在一定的作業範疇內針對現或潛在流程，建立共同性、經常使用的作業程序，達成最適宜的有秩序的作業活動。

作業活動是由各種操作、檢驗、作業流程組合而成，標準化作業的意義在於制定、發行及實施過程中，使作業程序能夠一致化，詳細描寫執行過程之一種書面文件。

工作的標準化，在不同時段、不同地點之工作加以串聯，工作流程有起始點、有終點，並且可以清楚的定義輸入與輸出，是一種行動的結構，標準化主要優點改善作業技術，使產品、加工過程及服務流程，能夠達成既定工作目標之適合性與符合性，建立高品質保證的管理制度（Quality Assurance）。

「標準作業程序」（Standard Operating Procedure, SOP）是企業界常用的一種作業方法，目的在使每一項作業流程均能清楚呈現，制訂出一套明確界定或標準化的步驟及程序，透過將作業程序標準化的過程，任何人只要看到流程圖，便能一目了然，有助於相關作業人員對整體工作流程的掌握讓作業流程達到穩定狀態。

SOP 是 Standard（標準）Operating（運行）Procedure（步驟），對於經常性或重複性工作，例如各種檢驗、操作、作業等，為使程序一致化，將其執行過程予以詳細描寫之一種書面文件，企業界常用的一種作業方法，目的：

1. 每一項作業流程均能清楚呈現，任何人只要看到流程圖，便能一目了然，有助於相關作業人員對整體工作流程的掌握。
2. 建立高品質保證的管理制度（Quality Assurance），降低作業不良率，減少人為錯誤，提升流程的透明化。
3. 提升員工的工作效率與品質，節省人工與文件整理的成本，傳承經驗與知識，加快文件收集的效率。

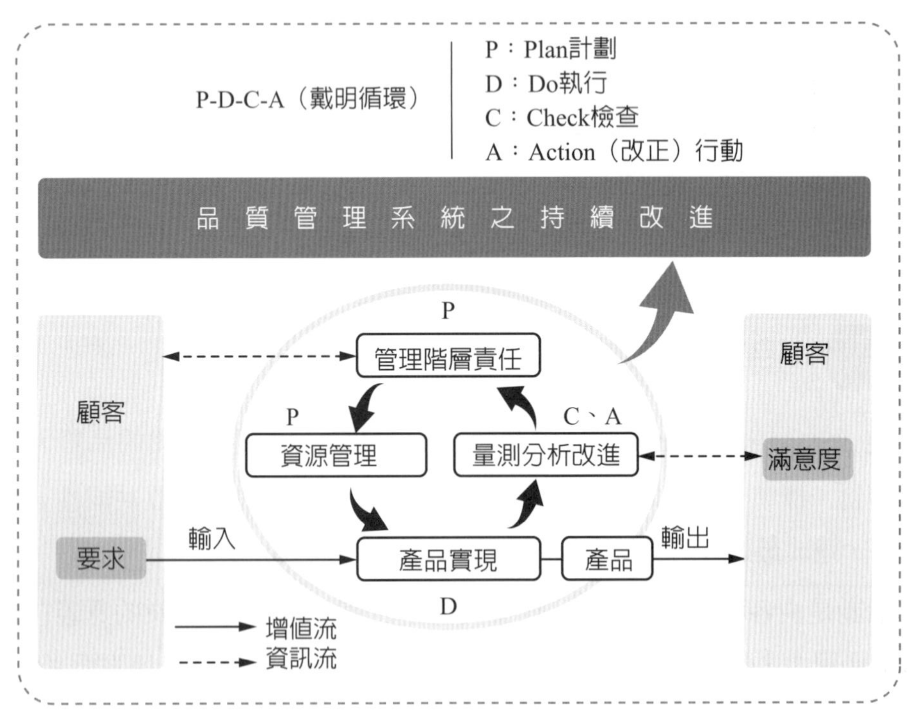

圖 4-8　以 PDCA 循環之標準化作業習題

本章習題

一、選擇題

(　　) 1. 工作研究之分析圖中，主要於分析在同一時間（或同一操作週期）內，同一工作地點之各種動作，將機器與作業員在操作週期間之相互時間關係正確表示出來，爲下列何者分析圖？ (A) 操作人程序圖（Operator Process Chart） (B) 組作業程序圖（Gang Process Chart） (C) 多動作程序圖（Multiple Activity Process Chart） (D) 人機程序圖（Man-machine Chart）。

【107 年第一次工業工程師考試－工作研究】

(　　) 2. 紀錄與分析工具中的人機程序圖（Worker and Machine Process Chart）？ (A) 能顯示人的工作週程與機器操作週程之間的確切時間關係 (B) 實務上有多人操作一機的情形，稱作機器連結（Machine Coupling） (C) 能顯示機器裝 / 卸期間的時間稱爲閒置時間 (D) 不需有精確的工作單元時間值。

【106 年第一次工業工程師考試－工作研究】

(　　) 3. 工作研究之分析圖中，分析一群人共同作某項工作應採用何種分析圖？ (A) 操作人程序圖（Operator Process Chart） (B) 組作業程序圖（Gang Process Chart） (C) 操作程序圖（Operation Process Chart） (D) 人機程序圖（Man-Machine Chart）。

【105 年第一次工業工程師考試－工作研究】

(　　) 4. 以下操作人程序圖之動作符號中？請選出不正確的： (A) □ (B) D (C) ⇨ (D) ∇。

(　　) 5. 作業分析有四種圖，請選正確的 (A) 線圖 (B) 人機程序圖 (C) 組作業程序圖 (D) 操作人程序圖。

(　　) 6. 將多位人員共同完成一項工作之各別作業內容，記錄在同一圖表內，對象可能是工人、機器或設備。可從 (A) 線圖 (B) 多動作程序圖（Multi-man-machine Chart） (C) 組作業程序圖 (D) 操作人程序圖 之配合著手。

(　　) 7. 純粹手工操作的作業，使用 (A) 操作人程序圖（Operator Process Chart） (B) 組作業程序圖（Gang Process Chart） (C) 操作程序圖（Operation Process Chart） (D) 人機程序圖（Man-MachineChart） 可刪除不必要的動作，並把剩餘的必要動作，安排在最佳的順序。

(　　) 8. 工作單位階次，爲人類的基本動作之何者？ (A) 動素 (B) 單元 (C) 業務 (D) 作業 (E) 商品。

(　　) 9. 工作單位階次，數個工作站，彙整成 (A) 動素 (B) 單元 (C) 業務 (D)「活動」（Activity）。

(　　) 10.主要以研究工作站中各項作業時間的協調度、順暢度及減少空間與工作不均，以提昇工作站的作業效率。 (A) 作業分析 (B) 程序分析 (C) 業務分析 (D) 商品分析。

二、簡答題

1. 請說明作業分析之概念。
2. 請說明人機程序圖之概念。
3. 請說明操作人程序圖之概念。
4. 請說明多動作程序圖（Multi-man-machine Chart）之概念。
5. 請說明人機程序圖改善作法有哪兩方向？
6. 請說明利用 ECRS 等原則進行改善爲何？

NOTE

Work Study

5

動作經濟原則與動素分析

學習目標

5-1 動作分析之意義

5-2 動作經濟原則

5-3 動素分析

動作經濟性原則制定一套規則，改善製造過程中的體力勞動，減少作業人員的疲勞和多餘不必要的動作，從而可以減少與工作有關的職業傷害。並提升工作效率。動作經濟原則，分為以下三個改善的方向：

- 人體運用
- 工作場所的安排
- 工具和設備設計

基本動作

排除不必要動作

作者解說架構影片

動作經濟原則，是爲了以最低限度的勞動疲勞，透過發現作業中不符合動作經濟原則之處，獲取最高的作業效率，尋求最合理的動作應遵循的原則。掌握動作經濟原則，提高動作意識、問題意識和改善意識，構思和運用動作經濟原則，根據這些原則，任何人都能分析作業動作是否合理性。

5-1 動作分析之意義

工作站進行各種作業分析時，除了將人機作業及操作程序進行合理化，刪除閒餘作業時間，最終目的於在重新設計及改善工作站。而對於週程時間較短的工作站，則需要精確的動作分析。

一 動作分析之分類

「動作分析」之發展，可溯自 1885 年至 1912 年，吉爾勃斯夫婦陸續發表有關手部動作的研究、細微動作研究（Micro-Motion Study）及動作軌跡影片（Cycle-graphic），依動作精細程序的不同，可分爲下列三種：

1. 目視動作研究（**Visual Motion Study**）

目視動作研究是以目視觀測的方法，針對產量少而週程時間較長的製品，探究製程中各工作站的動作，運用操作人程序等作業分析的技法，或借助於「動作經濟原則」，即可進行動作的改善。

2. 動素（**Therbligs**）分析

吉爾勃斯夫婦在對手部動作進行研究時，發現在作業過程中可歸納分類成 17 種動作的基本要素。所有的手作業操作，17 種動素已是人類動作中的基本型態。週程時間較短的製品之作業，進行「動素程序圖」的分析。

3. 影片分析（**Film Analysis**）

產量多而週程時間短的生產線現場，雖然可以動素分析予以重新設計及對現狀的分析，但目測觀察時卻是非常不容易。因此，使用高價的攝影設備用拍攝，分析工作站的動作是否合理化，一般來說，可依拍攝速度將此分析技術分爲細微動作研究（Micro-motion Study）及微速度動作研究（Memo-motion Study）兩類。

二 動作分析之檢討

動作分析之意義，是針對工作站進行各種作業分析，進行精細的分解動作研究，詳細分析工作站各種作業中的細微身體動作（Micro motions），透過刪除（Elimination）、降低（Reduce）各種作業無效之動作，促進具有效率之動作，消除操作過程不合理現象，使動作更爲精簡與合理化，提升生產效率的方法，達成工作完成率（Rate of output），增高產品生產之數量與服務水準。

生產活動各種作業實際上是由4M，亦就是人員（Man）和機械、設備（Machine），材料或零件（Materials）進行加工，進行作業方法（Method），進行檢驗所組成，檢驗或加工過程是由一系列的動作所組成，檢驗過程或加工作業速度的快慢、加工數量多少、有效品質標準與否，直接影響生產效率的高低。動作分析檢討主要目的：

1. **訂定標準操作方法（Standard Operation Procedure, SOP）：**檢討作業人員在動作方面是否無效義或有無浪費現象，透過簡化操作方法，減少作業人員疲勞，提升工作效率。
2. **建立預定動作時間標準（Predetermined time standard, PTS）：**當發現作業有閒置與空閒時間，刪除不必要之動作，增加作業的密度，提升作業的透明度。

表 5-1　動作分析確認重點表

項　目	確認重點
作業難易度	是否有較困難執行的動作？
	是否有作業的姿勢，導致容易疲倦？
	作業環境工作現場，是否方便作業進行？
	動作有更輕鬆方式？
	人員的配置是否合理，沒有浪費的現象？
	有否考慮安全隱患的狀況？
合理化作業	作業是否有忙碌與閒置不平均的現象？
	熟練度是否足夠應付作業的現象？
	作業者之間的是否完整配合？
	工作現場是否有顯得散亂的場所？
作業浪費現象	作業有沒有等待、停滯浪費現象？
	檢查標準是否過於嚴格，導致作業不順暢的現象？
	人員配備是否不合理化？
	是否有重複多餘的動作，需要進行排除？
	作業次序安排，是否不合理的動作？

5-2 動作經濟原則

程序分析和作業分析目的，在於研究分析作業流程及生產線上各工作站作業，尋求一種經濟性、有效性（經濟有效）的操作方式，進而尋求最佳改善效率之道。經濟有效是工作研究一種以用力最少、疲勞最少而又能達到最高效率或產能的途徑或方法。

動作經濟原則（Principles of Motion Economy）研究的範圍，在於尋找作業員舒適的工作場所佈置，省時的工作方法，設法將作業員的疲勞減低至最低限度。

動作改善過程，不管是應用各種程序分析、作業分析或單純的 ECRS 原則，各種改善意見與作業描述，都與作業員的習慣及周邊的治夾工具有很深入的關係，同時實存在某一相關的模式關係。

根據對於「程序分析」和「作業分析改善」的經驗模式，伯恩斯博士（Ralph M. Barnes）彙總提出的「動作經濟原則」21 條之整理內容。動作經濟原則的運用，在於改善無增加產品價值（Non-value adding）之作業條件，特別注意「增加產品價值（Value-adding）的操作，排除或減少不具附加價值的作業，相對提高具附加價值的作業，改善作業疲勞、縮短作業員的操作時間及減少作業員的疲勞。伯恩斯博士的原著中，列出 22 項原則，並分成：

1. **身體使用原則（Use of human body），共 8 項。**
2. **操作場所佈置（Workplace arrangement），共 7 項。**
3. **工具設備（Design of tools and equipment），共 6 項。**

圖 5-1　有效的動作經濟行為可改善作業疲勞

一 關於身體使用原則

表 5-2　關於人體的運用

No.	原則
1.	雙手應該同時開始，同時完成其動作，不讓雙手有空閒的現象。
2.	除規定休息外，雙手不應同時空閒，讓作業發揮最大的效益。
3.	雙臂之動作應對稱，並反向同時為之，作業更加順暢。
4.	手之動作應用最適化，作業能夠達到平均。
5.	物體之運動量應儘可能利用之，借助外來力量運用之。
6.	連續之曲線運動之考量，連續之曲線作業最順暢。
7.	彈道式的運動路線，比受限制、受控制的運動輕快、確實。
8.	建立輕鬆自然的動作節奏，使動作流利自發。

案例 1

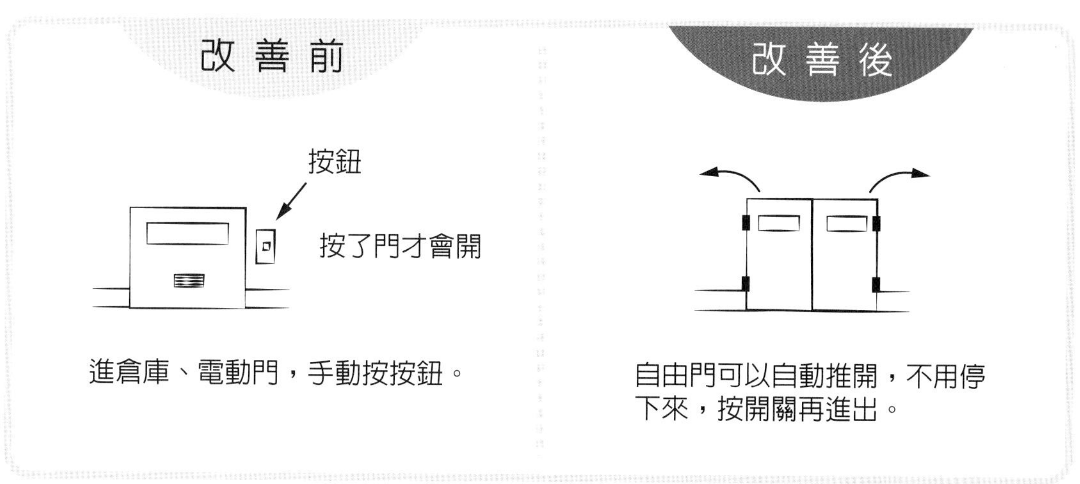

圖 5-2　案例 1 改善前 vs 改善後

案例 2

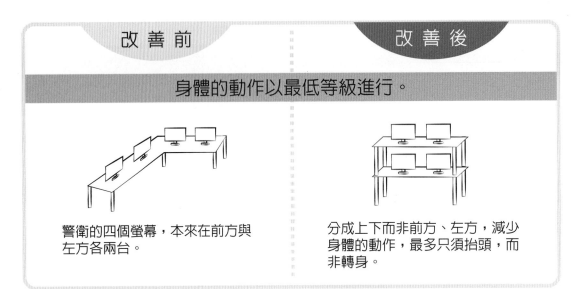

改善前

改善後

身體的動作以最低等級進行。

警衛的四個螢幕，本來在前方與左方各兩台。

分成上下而非前方、左方，減少身體的動作，最多只須抬頭，而非轉身。

圖 5-3　案例 2 改善前 vs 改善後

案例 3

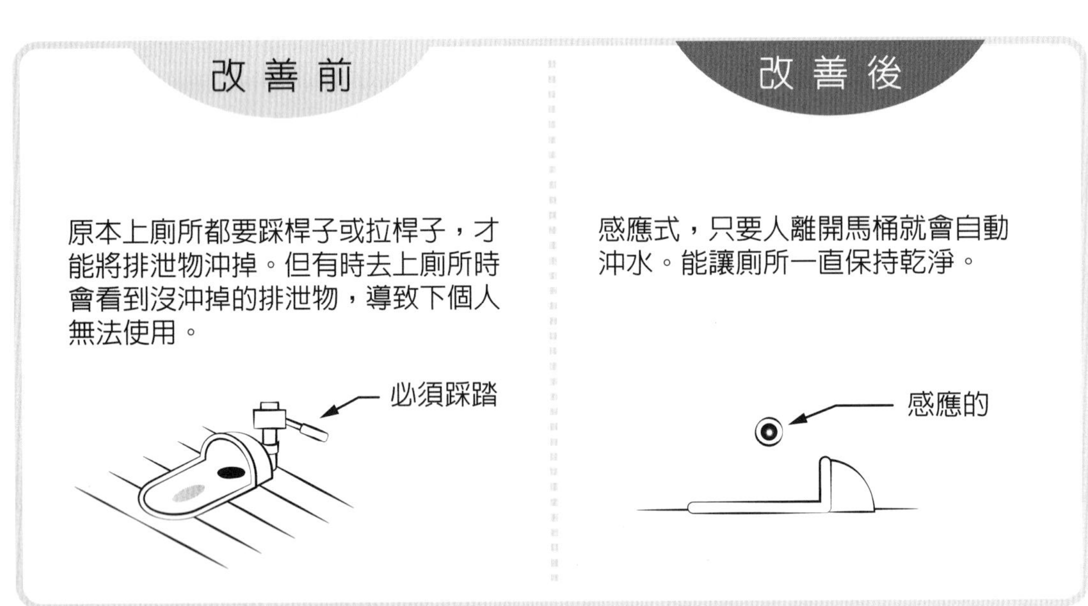

改善前
改善後
原本上廁所都要踩桿子或拉桿子，才能將排泄物沖掉。但有時去上廁所時會看到沒沖掉的排泄物，導致下個人無法使用。
必須踩踏
感應式，只要人離開馬桶就會自動沖水。能讓廁所一直保持乾淨。
感應的

圖 5-4　案例 3 改善前 vs 改善後

二 關於工作場所佈置原則

表 5-3 關於工作場所佈置

No.	原　則
1.	工具物料應放在固定位置，作業者養成習慣，利用較短時間自動拿到身邊。
2.	工具物料應放置工作者之前面近處，方便取放。
3.	零件物料之供應，利用到外立之工作者。
4.	墮送方法儘可能利用之，使物料自動到達作業者身邊。
5.	工具、物料應按最佳次序排列組合。
6.	適當的照明設備，使視覺滿意、舒適，減少錯誤的產生。
7.	工作台和坐椅的高度要適宜，使工作者保持良好姿勢。

案例 4

改善前

舊式馬桶要手動掀馬桶蓋，男生還要多按一個。

改善後

感應系統，廁所門一開或靠近馬桶會自動掀蓋，男生也可以按按鈕，掀一個蓋子。

圖 5-5　案例 4 改善前 vs 改善後

案例 5

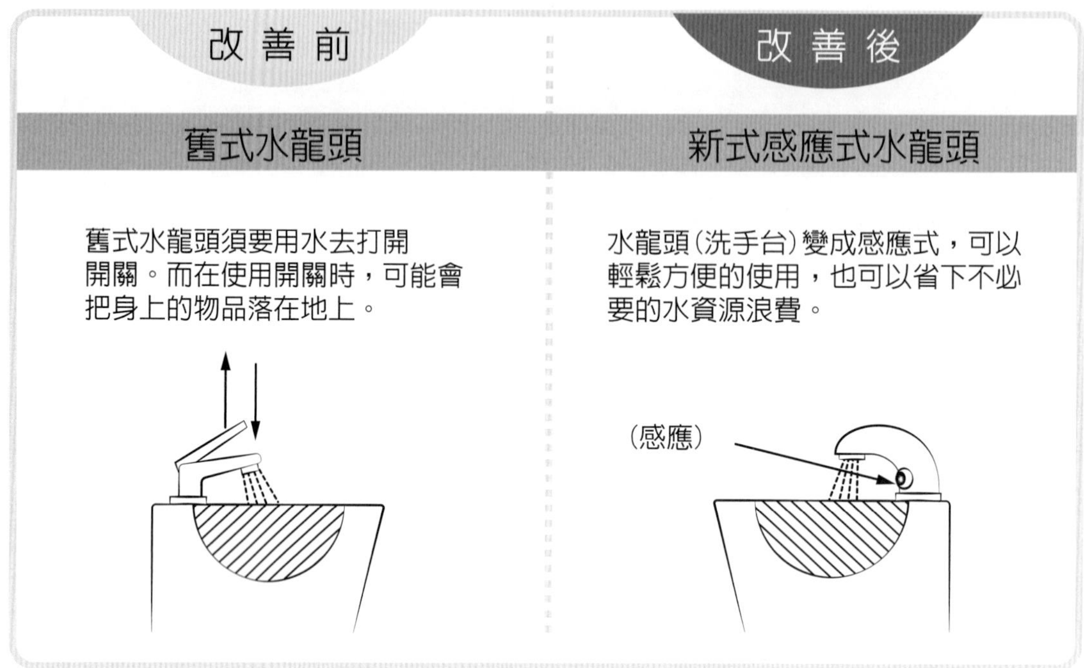

改善前
改善後
舊式水龍頭
新式感應式水龍頭
舊式水龍頭須要用水去打開
開關。而在使用開關時，可能會
把身上的物品落在地上。
水龍頭(洗手台)變成感應式，可以
輕鬆方便的使用，也可以省下不必
要的水資源浪費。
(感應)

圖 5-6　案例 5 改善前 vs 改善後

表 5-4　關於操作場所佈置

No.	原　則
1.	儘量使用治工具代替之。
2.	工具可能的合併為之。
3.	工具物料儘可能預放在工作位置。
4.	手指工作負荷的考慮。
5.	手柄之設計。
6.	槓桿原理之運用。

案例 6

改善前	改善後
工具放於固定處	
工具設備雜亂放置於不固定處，需使用時不易尋找。	工具應分類整齊放好。

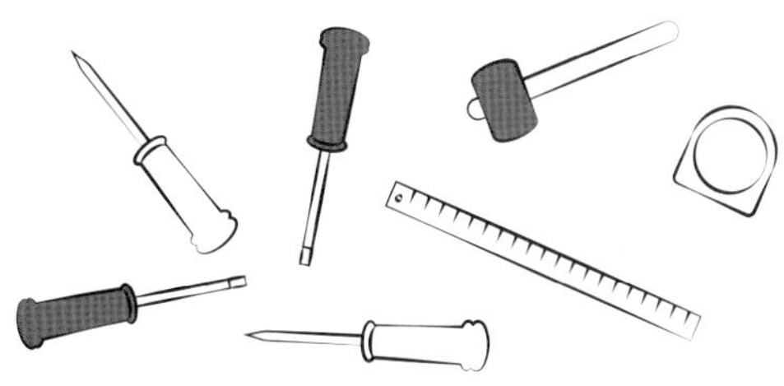

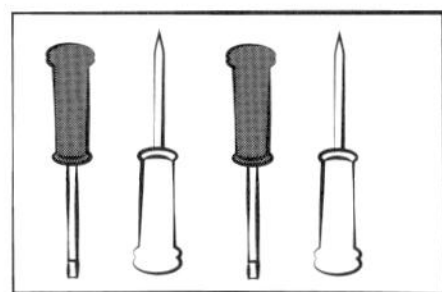

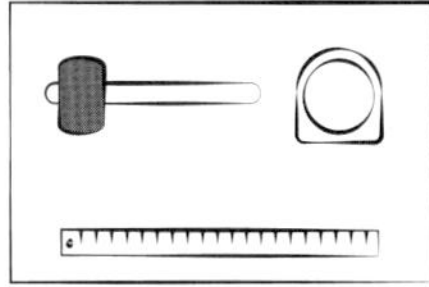

圖 5-7　案例 6 改善前 vs 改善後

案例 7

改善前	改善後
將多種工具合併	
螺絲起子很多種，每一個都買，要買很多枝，很繁瑣。	合併於同一支板手，可快速拆換，工具合併且節省空間。

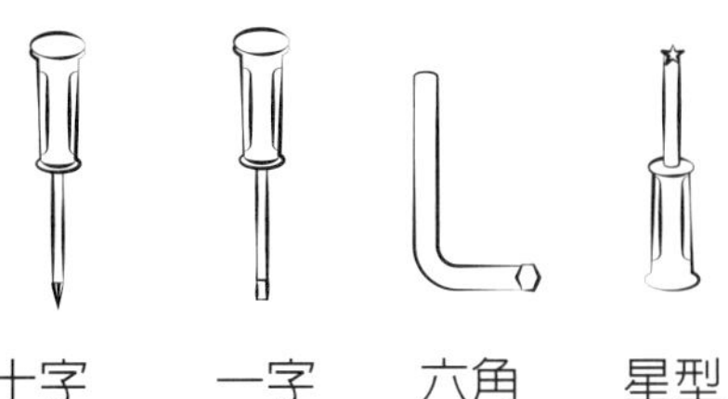

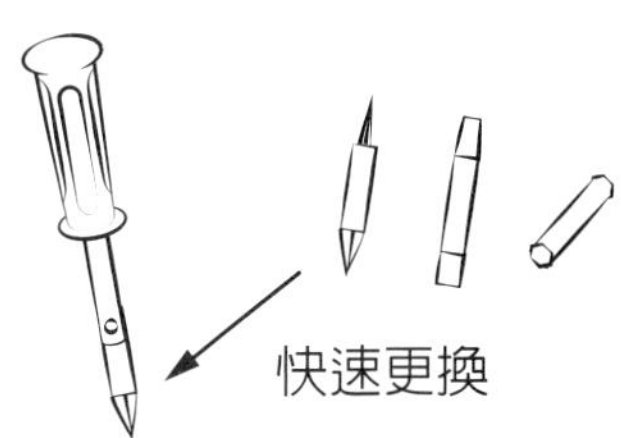

圖 5-8　案例 7 改善前 vs 改善後

案例 8

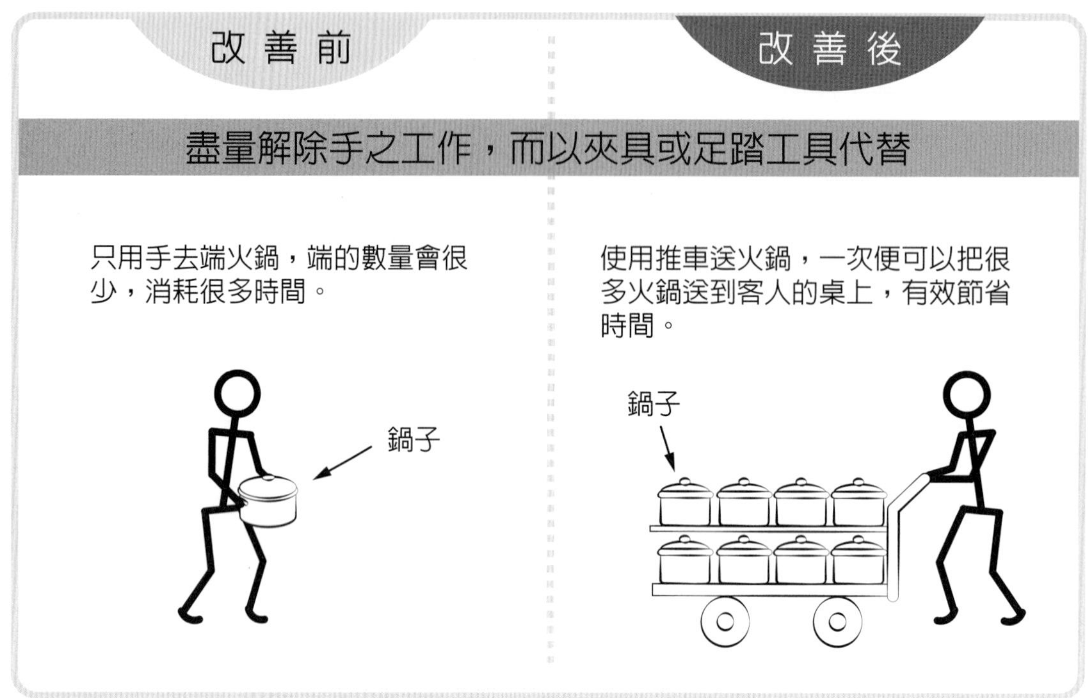

圖 5-9　案例 8 改善前 vs 改善後

六　動作經濟原則之檢討

動作經濟原則，是由下列四項基本原則之延伸：

1. **動作經濟原則第一基本原則：**兩手同時使用，發揮最大的功效

   兩手同時使用之目的，在於發揮最大的功效，避免單手負荷過多，而另一手產生空閒浪費。

   工作範圍之作業設計以及零件物料之擺放與位置分配，左右手負荷與工作量之有密切關係，依作業人員的工作習性，通常右手負擔比較困難之工作，左手的作業則操作簡單，兩手同時在使用上，有其難易之程度狀況，視各項操作與作業之性質而異。

2. **動作經濟第二基本原則：**動作單元力求精簡，減少不必要的浪費

   動作單元之精簡，首先必須刪除不必要的動作，設法將兩種或兩種以上之動作單元結合，精簡同一作業；同理，兩種以上之治工具可設法合併或加以簡化。

   謹慎評估刪除或精簡某一動作單元，對擬刪除、減少之動作單元，評估整個製造程序之是否受影響，於作業程序之重要性，適當衡量與評價。

3. 動作經濟第三基本原則：動作距離力求縮短，提升作業功效

欲求縮短動作距離，考慮身體部位之最小使用範圍。工作時，人體之動作可分爲下列五級：

(1) 手指動作

(2) 手指及手腕動作

(3) 手指、手腕及前臂動作

  (a) 肋處爲移動之軸心

  (b) 肋處手臂旋轉之轉軸

  (c) 扭轉移動

(4) 手指、手腕、手臂及上臂動作

  (a) 肩部爲移動之軸心

  (b) 扭轉移動

(5) 手指、手腕、前臂、上臂及身體之動作

  (a) 軀幹動作：臂部爲移動之軸心

  (b) 軀幹動作：膝蓋爲移動之軸心

  (c) 腿部動作：①前進或後退，②旁移

  (d) 膝部動

  (e) 足踝動作

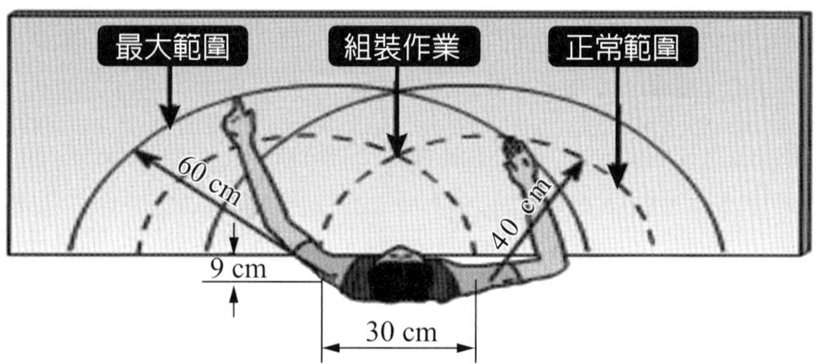

1. 正常範圍：左右手肘為中心，臂肘至手指之長度為半徑，所畫圓弧之面積。
2. 最大範圍：肩肘為中心，全臂肘至手指之長度為半徑，所畫圓弧之面積。
3. 工具物料配置：正常工作範圍為佳，不超出最大工作範圍為原則。

圖 5-10 左右手操作分析圖

4. **動作經濟第四基本原則：**舒適的工作環境，提升人員之工作效率

提供一個安全的作業場所與舒適的工作環境，工作場所乾淨而整潔，提高員工對於工作效率的提升，增加機器設備的使用壽命，減少維修費用。

同時材料、零件以及工具，應按操作之順序排列於適當位置，達到可及時使用之工作狀態，尤其是工具，若因尋找或抓取而花費時間及注意力，將增加工作時間，因此，原料與零件應有固定的安裝容器、紙箱，容器之設計應注意下列三點：

(1) 安裝容器，不可大於必要之尺寸，以免佔用空間。

(2) 安裝容器底部，應有適當之傾斜，零件可藉由重力，墮至工作者手邊。

(3) 容器，開口處要適當，零件往下墮時，能順利達到容器、紙箱。

表 5-5　動作經濟四項基本原則

基本原則	改善重點	「人體的運用」之改善	「操作工作場所」之改善	「工具設備」之改善
1. 雙手同時開始	檢討「不可避免遲延」與「持住」之動素。	(1) 同時完成動作，不讓雙手有空閒的現象。 (2) 雙臂之動作應對稱，反向並同時為之。	(1) 工作範圍適當的配置。 (2) 零件物料位置分配。	(1) 長久持住的工作物，使用治工具代替。 (2) 輔助腳踏的工具。
2. 動作單元，盡量減少	檢討「尋找」、「選擇」、「計劃」、「預對」之動素，簡化「握取」、「裝配」之動素。	(1) 刪除不必要之動作。 (2) 動作單元力求簡化或合併。	(1) 工具物料按順序，放在固定位置。 (2) 工具物料使其達到可運用的狀況。	(1) 原料與零件應有固定的容器安裝。 (2) 槓桿原理之運用，產生最大的作用力。 (3) 工具盡量合併使用。
3. 動作距離，盡量所縮短	檢討手腕動作之距離，減少全身依移動之動作。	(1) 工作時，人體之動作最小級數。 (2) 身體最適部位之運用。	工具物料應放置正常工作範圍，方便取放。	利用物體之動力方法，物料自動到達作業區。
4. 舒適的工作環境	減少動作之「困難性」，避免工作姿勢之改變，減少用力的動作。	(1) 避免使用限制性之動作。 (2) 採用連續之曲線運動，避免改變方向。 (3) 慣性、重力與自然力量。	工作台和坐椅要適宜高度。	(1) 動作路徑有一定的規範。 (2) 應用動力工具。

5-3 動素分析

一 動作意識與動素

操作內容雖然千變萬化，從作業者手動作之研究，**所有手動作之操作是由一連串之基本動作（Fundamental Motion），組合出不同的作業方式與順序。**

為了探求從事某項作業的最合理動作系列，研究整個作業過程中人的動作，按動作要素加以分解，對每一項動素進行分析探討，排除其中多餘浪費的動素，發現不合理的動素，達到最佳的動素組合。

吉爾勃斯夫婦（Frank B. Gilbreth, 1868-1924）的動作研究是研究和確定組成人的動作的最基本單元，被公認為動作研究之父。

統計人體動作之基本動作，是由基本動作動素（Therbligs）構成，動素可細分為十七種動素，歸納三大類：

1. **第一類：**進行工作中之要素（1~8 項）。
2. **第二類：**阻礙第一類工作要素之進行（9~13 項）。
3. **第三類：**對工作無效益之要素（14~17 項）。

二 動素之檢討

(一) 進行工作中之要素

1. 伸手（**Reach, RE**）

   要素定義：空手移動，伸向目標。

   要素起點：當手開始朝向目的物之瞬間。

   要素終點：當手抵達目的物之瞬間。

圖 5-11　伸手也是動素的一種

表 5-6　伸手要素特性與改善

要素特性	改善重點
1. 當伸手朝向目的物或某一動素完成，手須伸回時所發生伸手 (RE) 動素。	縮短要素之間距離，作業距離之測量應實際路徑為準，而不是以兩端之直線距離基準。
2. 伸手 (RE) 途中，發生有預對 (PP) 動素。	減少伸手時之方向所必須之意識 (Sense) 心理狀態。依伸手 (RE) 難易可分為下列數類： A. 伸手至固定位置。 B. 伸手至位置略有變動之目的工作物。 C. 伸手至一堆中之特定目的物。 D. 伸手至甚小目的工作物，必須精確握取工作物。
3. 伸手常在放手 (RL) 之後，而在握取 (G) 之前發生。	使工具物件移向手邊，縮短伸手距離。

2.　移動（Move, M）

要素定義：或稱搬運負荷（Transport loaded）。手或身體之某一部位將物件由一地點移至另一地點。

要素起點：手有所負荷物，開始朝向目的地點之瞬間。

要素終點：手有所負荷物，抵達目的地點之瞬間。

表 5-7　移動要素特性與改善

要素特性	改善重點
1. 移動 (M) 過程有空間移動、推動、拉動、滑動、拖動、旋轉移動之現象。	縮短移動物件由一地點移至另一地點距離。
2. 移動 (M) 途中突然停止持住 (H)。	減少每次移動物件之重量。
3. 移動 (M) 途中，有預對 (PP) 之要素發生。	檢討移動之方法，分析有無其他可替代工具。
4. 移動 (G) 後，發生移動 (M) 要素，放手 (RL) 或對準 (PP) 之前發生。	減少移動時之方向意識。移動 (M) 依其困難程度可分類如下： A. 移動物件至固定處停靠。 B. 移動物件至大約位置。 C. 移動物件至精確位置。 A. 移動物件至不固定位置。

3. 握取（Grasp, G）

要素定義：利用手指或手掌，充分控制物件。

要素起點：當手指環繞一物件，開始控制該物體之瞬間。

要素終點：當物件已充分被控制之瞬間。

表 5-8 握取要素特性與改善

<table>
<tr><th>要素特性</th><th>改善重點</th></tr>
<tr><td>1. 物體已被充分控制後，連續產生握取 [持住] 要素。</td><td>握取 (G) 物件次數之減少。</td></tr>
<tr><td>2. 器具握取物件，應視為應用 (U) 而非握取 (G)。</td><td rowspan="2">盡量以接觸面代替拾取面。
A. 拾取面：物件確實被拿取，取之於手，充分控制物件，方能移動。
B. 接觸面：手指按住物件，將物件移行或滑行。</td></tr>
<tr><td>3. 因手套之目的在於保護手，戴手套握取物件時，則為握取 (G) 而非應用 (U)。</td></tr>
<tr><td>4. 廣義解釋：除手外，身體之某一部分如足，用以控制物件時，皆可稱為握取 (G)。</td><td>檢討有無替代工具。</td></tr>
</table>

4. 對準（Position, P）

要素定義：將物體擺置於特定之方位。

要素起點：操縱之手開始擺動，將物體扭轉或滑動至一定方位之瞬間。

要素終點：物體已被安置在正確方向之瞬間。

表 5-9 對準要素特性與改善

要素特性	改善重點
1. 對準 (P) 有下列之各處情形： A. 按照一定之方向對準。 B. 數種方向均可對準 (P)。 C. 任何方向均可對準 (P)。	是否有必要對準 (P)？
2. 對準 (P) 常在移動 (M) 之後。	是否有特定量具，以利對準？

5.　裝配（Assemble, A）

要素定義：兩個物件結合在一起。

要素起點：兩個物件，開始接觸之瞬間。

要素終點：兩個物件，完全會合之瞬間。

表 5-10　裝配要素特性與改善

要素特性	改善重點
1. 簡單之裝配 (A) 幾乎與對準 (PP) 無區別之狀況，應以對準 (PP) 視之。	盡量使用工具進行裝配 (A)，達到省力效果。
2. 與其他動素組合發生。	使用動力工具，減少裝配 (A) 時間。
3. 裝配 (A) 常在 對準 (PP) 或移動 (M) 之後，而在放手 (RL) 之前發生。	同時 裝配 (A) 數種物件。

6.　拆卸（Disassemble, DA）

要素定義：使物體脫離其他物體。

要素起點：物件被控制（握取），而達到可拆除狀態之瞬間。

要素終點：物件完全被拆除之瞬間。

表 5-11　拆卸要素特性與改善

要素特性	改善重點
1. 拆卸 (DA) 視難易程度： A. 鬆動。 B. 稍緊。 C. 緊合。	儘量使用工具，減少拆卸拆卸 (DA) 時間。
2. 與其他動素復合發生。	使用動力工具，減少拆卸 (DA) 時間。

7.　應用（Use, U）

要素定義：因操作之目的使用工具或設備。當以手或手指代替工具使用時，可視之應用 (U)。

要素起點：控制工具進行工作之瞬間。

要素終點：工具使用完畢之瞬間。

表 5-12　應用要素特性與改善

要素特性	改善重點
與其他動素同時復合發生。	檢討工具或設備，是否可合併或改善。

8. 放手（**Release, RL**）

要素定義：放開所持之物件。

要素起點：手指開始離開物件之瞬間。

要素終點：手指完全離開物件之瞬間。

表 5-13　放手要素特性與改善

要素特性	改善重點
1. 放手 (RL) 為握取 (G) 與持住 (H) 之相反動素，是所有動素中費時最少者。	檢討放手 (RL) 之終點，是否為下一次動素開始之最佳位置。
2. 放手 (RL) 有下列諸形式： A. 拾取之手： (1) 物件放置後再鬆手。 (2) 半空中讓物件自由落下。 (3) 投放物件。 B. 觸取後放手。	
3. 解除身體之某部位控制物件之狀態，可視為放手 (RL)。	

(二) 阻礙第一類工作要素之進行（9~13 項）

9. 尋找（**Search, SH**）

要素定義:眼睛或手摸索物件之位置。

要素起點：眼睛開始致力於尋找物件之瞬間。

要素終點：發現物件之瞬間。

圖 5-12　有些動素會阻礙工作的進行

表 5-14　尋找要素特性與改善

要素特性	改善重點
1. 著重於心理活動之動素。	物件與工具預放於固定位置，正常作業範圍之內。
2. 尋找費時最多。	物件放置於特殊設計之工作盒。
3. 物體愈小，尋找費時愈多。	訓練作業員熟悉工作方法，操作方向自然而習慣。

10. 選擇（Select, ST）

要素定義：從兩個以上相類似的物件中選取其一，物件愈小，選擇愈費時。

要素起點：尋找 (SH) 之終點，即爲選擇 (ST) 之起點。

要素終點：選出物件。

表 5-15　選擇要素特性與改善

要素特性	改善重點
1. 發生在伸手 (RE) 與握取 (G) 之間。	1. 物件、工具預放於固定位置，正常作業領域之內。 2. 物件放置於特殊設計之工作盒。 3. 作業員熟悉工作方法，操作方向自然而習慣。
2. 常與握取 (G) 連接發生。	物件、零件規格統一，彼此可相互代替。

11. 檢驗（Inspect, I）

要素定義：檢驗物件是否合乎作業標準，檢驗時間之長短，視標準品質之要求、規格是否嚴格以及與檢驗人員心理反應之快慢而定。

要素起點：開始檢查，試驗物件之瞬間。

要素終點：是否可接受與決定品質優劣之瞬間。

圖 5-13　透過檢驗得知產品的優劣

表 5-16　檢驗要素特性與改善

要素特性	改善重點
1. 檢驗之標準包括：大小，數量，品質，性能，色澤等。	品質要求之規格，是否過於嚴格。
2. 檢驗時，應用到視覺、聽覺、觸覺、嗅覺、味覺等官能。	盡量減少檢驗次數。

12. 計劃（Plan, PN）

要素定義：計劃是一種心理活動，表現在外爲猶豫之時間耽擱，操作進行中，決定下一步驟所產生的考慮因素。

要素起點：開始考慮之瞬間。

要素終點：決定行動之瞬間。

表 5-17　計劃要素特性與改善

要素特性	改善重點
1. 比較難正確地，操作中觀測出來。	訓練作業員正確的判斷。
2. 與其他動素連接復合發生。	簡化作業程序。

13. 預對（Preposition, PP）

要素定義：將物體在對準之前，先放置於預備對準之位置。

要素起點與終點：與對準 (P) 之起終點同。

表 5-18　預對要素特性與改善

要素特性	改善重點
1. 與其他動素，如與移物 (M) 連接復合發生。	盡量使用工具，減少預對 (PP) 之位置。
2. 起終點難正確區分，難以測定所費時間。	是否可以改變，檢討品質之容差（Tolerances）。

(三) 對工作無益之要素

14. 持住（Hold, H）

要素定義：手指或手掌連續握取物件，並保持靜止狀態。

要素起點：手開始將物件，定置於物件某一方位上之瞬間。

要素終點：物件不再定置於某一方位，開始次一動素之瞬間。

表 5-19　持住要素特性與改善

要素特性	改善重點
1. 握取 (G) 或移物 (M) 動素中途突然停止，可視為持住 (H)。	力求使用工具，設備，減少連續握取物件。
2. 廣義解釋，手以外身體之某部位亦可有持住 (H) 發生。	
3. 保持身體與對角之不平衡狀態，亦可視為持住。	

15. 遲延（Unavoidable Delay, UD）

要素定義：操作程序過程，因無法控制之因素，發生不可避免之遲延，工作中斷。

要素起點：開始等候之瞬間。

要素終點：等候結束，繼續恢復作業之瞬間。

表 5-20　遲延要素特性與改善

要素特性	改善重點
1. 因現行作業程序所需，如等候機器設備工作或身體之其他部位（如另一只手）工作，所發生不可避免之遲延 (UD)。	作業員無法改善此類遲延，改善作業程序或改變生產計劃。
2. 作業人員因未熟練、不符合作業標準，所引起遲延 (UD)。	1. 調整作業員工作量，透過人機程序圖及操作人程序圖，分析作業人員之閒餘時間，並善加利用。 2. 訓練作業員對作業的熟練度。

16. 故延（Avoidable Delay, AD）

要素定義：操作程序中，因作業員之事故（故意或疏忽），導致工作中斷。

要素起點：作業程序無效益之工作開始之瞬間。

要素終點：無益之工作停止之瞬間。

表 5-21　故延要素特性與改善

要素特性	改善重點
1. 故延 (AD) 發生時，因為作業員之事故，不必變更作業程序。	加強對作業人員之督導工作。
2. 故延 (AD) 通常由於作業人員之工作方法錯誤、不注意或怠慢所致。	

17. 休息（Rest, RT）

要素定義：作業人員因過度疲勞，停止工作。

要素起點：作業人員停止工作之瞬間。

要素終點：作業人員恢復工作之瞬間。

表 5-22　休息要素特性與改善

要素特性	改善重點
1. 發生在操作周期與周期之間。	檢討作業人員之工作域是否正常。
2. 休息 (RT) 時間之長短，是視工作之性質、工作之程度以及作業者之體力而定。	1. 應用動作經濟原則，使用較低級之動作。 2. 工作環境之溫度、濕度、通風，音響、光線等。

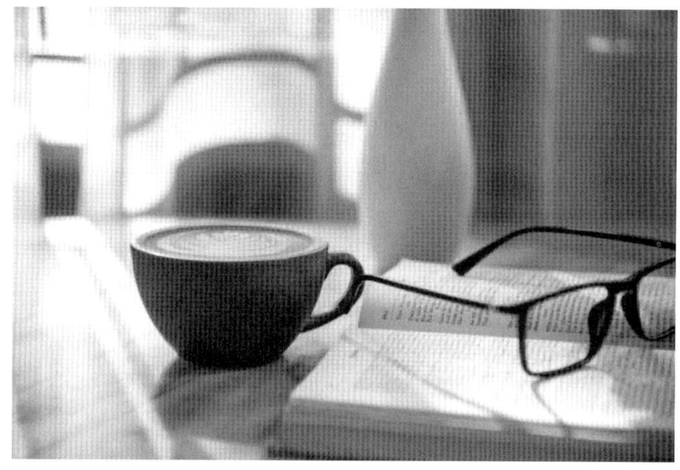

圖 5-14　適度的休息能加強工作效率

表 5-23 動素表

類別	動素名稱	文字符號	形象符號	定義
1.	伸手 (Reach)	RE		接近或離開目的物之動作
2.	握取 (Grash)	G		為保持目的物之動作
3.	移物 (Move)	M		保持目的物由某位置移至定一位置之動作
4.	裝配 (Assemble)	A		結合兩個以上目的物之動作
5.	應用 (Use)	U		器具或設備改變目的物之動作
6.	拆卸 (Disassemble)	DA		分解兩個以上目的物之動作
7.	放手 (Release)	RL		放下目的物之動作
8.	檢驗 (I)	I		目的物與規定標準比較之動作
9.	尋找 (Search)	SH		確定目的物位置之動作
10.	選擇 (Select)	ST		選定欲抓起目的物之動作
11.	計劃 (Plan)	PN		計畫作業方法而延遲之動作
12.	對準 (Position)	P		便利使用目的物而校正位置之動作
13.	預對 (Preposition)	PP		使用目的物後為避免對準動作而放置目的物之動作
14.	持住 (Hold)	G		保持目的物之狀態
15.	休息 (Rest)	RT		不含有用的動作而以修養為目的之動作
16.	遲延 (Unavoidable Delay)	UD		不含有用的動作，作業者本身無法控制之動作
17.	故延 (Avoidable Delay)	AD		不含有用的動作，作業者本身可以控制之動作

檢討十七種動素，詳加分類有效動素與無效動素，一項操作是由實體性和目標性兩種動素群之組合。可再分為四類：

1. **實體性或生理性（Physical）動素。**
2. **心智性（Mental）或半心智性（Semi-mental）動素。**
3. **目標性（Objective）動素。**
4. **遲延（Delay）動素。**

表 5-24　動素表分類

有效動素		無效動素	
實體或生理動素	目標動素	心智或半心智動素	遲延動素
(a) 伸手 (RE) (b) 移物 (M) (c) 握取 (G) (d) 放手 (RL) (e) 預對 (PP)	(a) 應用 (U) (b) 裝配 (A) (c) 拆卸 (DA)	(a) 尋找 (SH) (b) 選擇 (ST) (c) 對準 (P) (d) 檢驗 (I) (e) 計劃 (PN)	(a) 遲延 (UD) (b) 故延 (AD) (c) 休息 (RT) (d) 持住 (G)

三　動素之應用－動素程序圖（對動圖）

動作分析方法是對作業進行細微的運作，對每一個連續動作進行分解與觀察分析，將右手、左手、眼睜三種動作分開觀察，並進行記錄，進而尋求改善的過程，使用的分析圖形就是對動圖 SIMO（Simultaneous-Motion Cycle Chart）。

對動圖 SIMO 是由吉爾勃斯夫婦設計的微運動研究之一，以圖形方式呈現研究操作者的每個相關肢體動作的可分解的步驟，是一個非常詳細的左右手操作分析圖表。

對動圖 SIMO 同時記錄由另一個操作員的身體的不同部分，共同的時間尺度上執行的不同的動素。

根據「眨眼（Winks）」（1 眨眼 = 1/2000 分鐘）測量的單位時間記錄，透過眨眼記錄器（Wink Counter）記錄下來的，透過影片分析，可以不受干擾實際工作站環境的進行研究，輕鬆完成的工作循環。仔細分析 SIMO 圖表，便能夠工作細節中掌握完整週期的圖像，組合並幫助更好所需的動作。

SIMO 圖表因爲非常準確和詳細動素的分析，對於改善有絕對的助益，透過對動圖探討下列的問題：

1. 重新檢查工作站中非生產性動素的動作，如尋找、選擇位置和計劃等，盡可能消除這些基本要素。
2. 把注意力集中在生產性的動素上，如搬運裝載，拆卸，組裝和使用等，重新排序，減少作業者的循環時間和疲勞。
3. 應用動作經濟原則，有助於改進現有操作績效。

動素程序如圖 5-10 左右手操作分析圖說明：

操作：完成手工銼銅工件。

尋找：舉起和握住工件虎鉗。

左手尋找與舉起時間 = 0.2 分鐘（12 秒）

右手打開虎鉗的時間 = 0.2 分鐘（12 秒）

雙手握住虎鉗保持工件 = 0.4 分鐘（24 秒）

右手抬起和握住工件所需的時間 = 0.2 分鐘

雙手歸檔的時間 = 1.00 分鐘

右手取微米量測的時間 = 0.2 分鐘

雙手檢查尺寸所花費的時間 = 0.8 分鐘

建構 SIMO 圖表：

左右手分析表的 SIMO 圖顯示知雙手的操作參與程度。記錄在 SIMO 圖分析表上的每個動素時間按比例顯示。每一 SIMO 圖表可以單獨表列，也可以根據分析表中的數據構建 SIMO 圖。

圖 5-15　SIMO 圖記錄雙手的動素時間

表 5-25　動素程序表

部門		編號：			
作業名稱	手工銼銅工作				
分析者					
日期					
作業者					

N0.	左手	動素	時間（秒）	動素	右手
1.	尋找與舉起	SH，H	12		
2.			12	U	打開虎鉗
3.	握住虎鉗保持工件	PP	24	PP	握住虎鉗保持工件
4.			12	TL	抬起和握住工件
5.	歸檔	U	60	U	歸檔
6.			12		取量測微米
7.	檢查尺寸	I	48	I	檢查尺寸
8.			12		打開虎鉗
9.	移動工件	TL	12		

四　動素檢核表

表 5-26　伸手 (RE) 和移物 (M) 動素檢核表

1. 動作是否可刪除？
2. 有無可刪除之身體移動？
3. 距離是否最適當，是否可刪除或縮短？
4. 有否應用適當的手，鑷子及輸送器等媒介工具，可供應用？
5. 是否應用如手指，前臂和上臂等正確的身體部位。
6. 能否使用滑道或輸送器，減少伸手和移物動素？
7. 是否可增大輸送單位，比較有效率？
8. 能否用腳操作之裝置，進行輸送？

9. 輸送與對準相互連接？
10. 工具於使用處之附近是否能夠減少輸送？
11. 較常使用之零件，是否置於使用位置附近？
12. 操作是否經過正確地排列？
13. 是否使用適當之輔助工具？
14. 能否避免突然之轉變方向？能否去除障礙物？
15. 動作之間是否能互相關連？
16. 手臂之移動能否同時，對稱而依相反方向行之？
17. 能否以滑動代替拾取？
18. 眼球之移動，是否配合與手之動作？

表 5-27　握取 (G) 動素檢核表

1. 是否握住多件以上之物件？
2. 能否以觸取面代替拾取面？
3. 能否減化儲物箱之前緣，握取之動素？
4. 工具或零件能否先行預對，以便握取容易？
5. 能否使用特殊的螺絲起子等其他工具？
6. 能否使用真空，磁鐵，橡皮指尖等輔助工具？
7. 物件是否由一隻手移至另一隻手？
8. 是否設計工具和夾具，使用零件移動之握取能較為容易？

表 5-28　關於對準 (P) 動素檢核表

1. 是否有必要對準？
2. 能否再增大容差？
3. 能否避免方形邊？
4. 能否使用導路、螺絲等之排障工具？
5. 能否使用手臂扶架穩定手臂，減少對準之時間？
6. 握取之物件，是否易於對準？
7. 能否應用腳操作之簡單夾具？

表 5-29 裝配 (A)、拆裝 (DA) 與應用 (U) 動素檢核表

1. 能否使用輔助工具或夾具?
2. 能否使用輔助自動認儀器或機器?
3. 作業程序或裝配能否交互進行
4. 是否能夠使用更有效率的工具?
5. 能否使用止楔工具?
6. 能否同時進行當機器在削與其他工作並行?
7. 能否使用動力工具?
8. 能否使用凸輪或空氣操作之輔助工具?

表 5-30 放手 (RL) 動素檢核表

1. 動作能否刪除?
2. 能否使物件自由墮落?
3. 能否於移動過程放手?
4. 是否避免需要小心地放開物件?
5. 材料盒是否經過適當之設計?
6. 放手之末端能否順利進行次一動作?
7. 能否使用輔助輸送器之功能?

表 5-31 尋找 (SH) 動素檢核表

1. 是否佈置得當，減少尋找物體之浪費?
2. 工具和材料是否能標準化?
3. 零件和材料，是否適當之標記?
4. 物件排列是否良好，以便易於選擇?
5. 零件之排列是否有互損性?
6. 零件和材料是否混在一起?
7. 作業現場亮度是否良好?
8. 在同一操作作業，是否可以同時把零件預對好?
9. 能否利用顏色管理，使物件易於選擇?

表 5-32　檢驗 (I) 動素檢核表

1. 檢驗能否刪除。
2. 能否使用多功能量規或檢驗工具？
3. 能否增加照明強度或重新安排光源，減少檢驗時間？
4. 能否目視檢驗代替機器檢驗？
5. 操作者使用眼鏡是否有益？

表 5-33　關於預對 (PP) 動素檢核表

1. 能否於運送中預對物件？
2. 能否使工具平衡，把柄處於直立位置？
3 是否使工具把柄處於適當位置？
4. 工具能否懸掛？
5. 工具能否存放於工作之適當位置？
6. 能否使物件之設計，各邊相同？

表 5-34　持住 (H) 動素檢核表

1. 能否使用夾鉗等工具裝置？
2. 能否應用粘性或摩擦，進行持住？
3. 能否用止楔，就可以免持住？
4. 如持住不能避免，能否提供手臂扶架？

本章習題

一、選擇題

( ) 1. 設計理想加工物料，應或放置的工作站時，則必須考慮工作者的，才最能符合動作經濟原則 (A) 人員年資資料 (B) 人體健康資料 (C) 人員測驗資料 (D) 人體計測資料。

【109 年第一次工業工程師考試－工作研究】

( )2. 動作意識（Motion Mind）指亦指工作改善感覺、能力與習慣等所有的作業皆由幾個動作組合而成動作，以下哪項非動作意識： (A) 可即時發現工作方法的浪費 (B) 有能力即時提出改善浪費的方法 (C) 有浪費習慣的人員 (D) 養成依照改善程序思考的習慣。

【109 年第一次工業工程師考試－工作研究】

( ) 3. 下列何者不是動作分析採用的方法？ (A) 影片分析 (B) 動素分析 (C) 歸零法 (D) 雙手程序圖。

【108 年第一次工業工程師考試－工作研究】

( )4. 動素的分類中，下列何者爲無效動素，可能的話應予以消除？ (A) Position (P) (B) Pre-position (PP) (C)Disassemble (DA) (D) Release (RL)。

【108 年第一次工業工程師考試－工作研究】

( )5. 預定動作時間標準系統 (Predetermined Time Standards System, PTSS) 當已完成方法跟成本的方式時，爲尋求更好的最佳解，工程師會試下列動作，何者爲非？ (A) 刪除動作 (B) 合併動作 (C) 改變動作的順序 (D) 降級動作成較多時間的動作。

【108 年第一次工業工程師考試－工作研究】

( ) 6. 吉爾勃斯夫婦在對手部動作進行研究時，發布在作業過程中。可歸納分類成幾種動作的基本要素？ (A) 16 (B) 17 (C) 18 (D) 19。

( ) 7. 手之動作應用最適化，作業能夠達到平均爲？ (A) 關於人體的運用 (B) 關於操作場所佈置 (C) 關於工具設備 (D) 以上皆是。

( ) 8. 進行工作中之要素，何者爲非？ (A) 伸手 (RE) (B) 移動 (M) (C) 握取 (G) (D) 尋找 (SH)。

(　　)9. 何者阻礙第一類工作要素之進行？ (A) 應用 (U) (B) 選擇 (ST) (C) 拆卸 (DA) (D) 裝配 (A)。

(　　)10. 何者對工作無益之要素： (A) 伸手 (RE) (B) 持住 (H) (C) 拆卸 (DA) (D) 裝配 (A)。

(　　)11. 伸手（Reach），其指標符號？ (A)  (B)  (C) 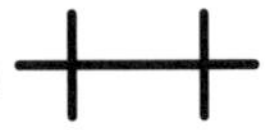 (D)  。

(　　)12. 動作分析方法是對作業進行細微的運作，對每一個連續動作進行分解與觀察分析，將右手、左手、眼睜三種動作分開觀察，並進行記錄，尋求改善的過程，使用的分析圖形就是？ (A) 操作程序圖 (B) 流程程序圖 (C) 對動圖 (D) 裝配圖。

(　　)13. 動作經濟原則研究的範圍，列出幾項原則？ (A) 21 (B) 22 (C) 23 (D) 24。

(　　)14. 工具物料儘可能預放在工作位置？ (A) 關於人體的運用 (B) 關於操作場所佈置 (C) 關於工具設備 (D) 以上皆是。

(　　)15. 欲求縮短動作距離，考慮身體部位之最小使用範圍。工作時，人體之動作可分爲下列五級，第一級爲？ (A) 手指及手腕動作 (B) 手指動作 (C) 手指、手腕及前臂動作 (D) 手指、手腕、手臂及上臂動作。

二、簡答題

1. 「動作分析」之發展，依動作精細程序的不同，可分爲下列哪三種？
2. 動作分析檢討主要目的爲何？
3. 動作經濟原則的運用，列出 22 項原則，並分成哪三種？

NOTE

Work Study

6

影片分析

學習目標

6-1 影片分析的目的

6-2 相關設備及拍攝方法

6-3 影片拍攝作的實施步驟

6-4 對動圖的製作與分析

6-5 影帶研討（VTD）方式

6-6 選用適宜的分析方法

細微動作研究，適合持續時間短且重複數次的操作或活動，需要非常短時間的操作或動作，很難準確地測量這些動作的時間；由於重複的操作，故不能忽略這些動作所需的時間。透過影片分析，找出哪些動作和勞力可以避免，進而開發出最佳的動作方式，操作員能夠以最小的努力和疲勞度，重複執行細微操作。

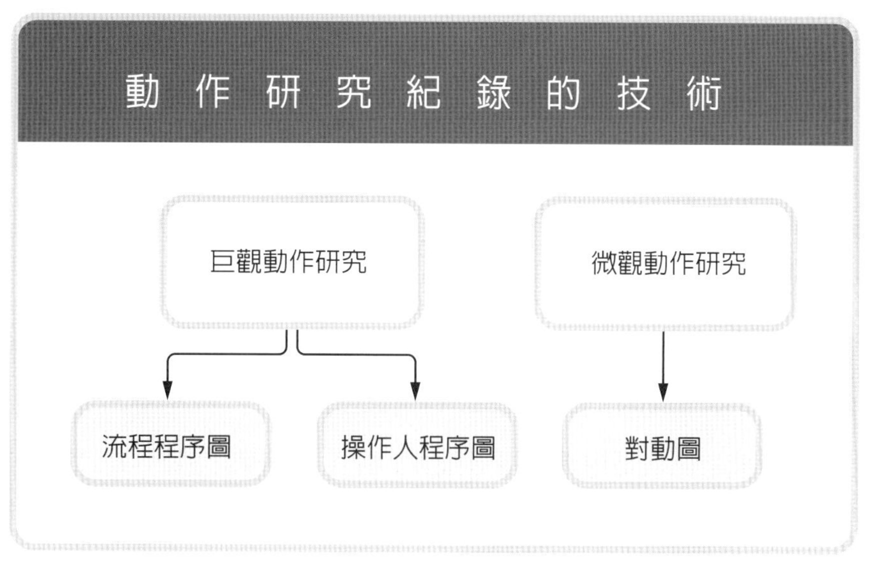

作者解說架構影片

影片分析主要是一項研究技術，適用於可以輕鬆拍攝的現場作業，正常條件下完成的動態影像永久記錄，可以對其進行分析和繪製圖表，顯示作業中所用的手或身體其他部位的工作情況，借助計時裝置，可以準確記錄作業每次動作的時間。

6-1 影片分析的目的

動作經濟原則讓分析人員掌握動作合理化的尺度，作業員減少疲勞程度，是動作合理化分析的原點。但是，動作經濟原則都只能原則上規範，無法對更細微動作進行分析的能力，就必須借助影片分析（Film Analysis），目的如下：

1. **動素以補動作經濟原則不足：**因在「目視」過程中，僅能記錄各動作單元（Motion Elements）中所含的動素內容，無法計測動素之時間值，分析人員借重設備，發展出影片分析，彌補人類視覺能力上之不足。
2. **教育訓練員工：**工作研究中的最佳工具之一，應用於工作抽查（Work Sampling）與評比（Performance Rating）訓練員工。

影片分析，廣義上而言是用電影攝影機及影片，或是家用攝影機及錄影帶，拍攝觀測對象人員之動作。

影片分析，利用放映機逐框分析研究，或是以攝影機對各操作拍攝成影片，慢速放影分式進行工作研究檢討，在以「影片」逐框分析之方式中，依其拍攝速度與所用設備的不同，分成 **(1) 細微動作研究（Micro-motion Study）**及 **(2) 微速度動作研究（Memo-motion Study）**。一般對於附加價值及重覆性高的作業，仍是以影片設備及方法進行研究。優點以下：

(1) 記錄周詳。

(2) 重覆觀測。

(3) 避免錯誤。

(4) 隨時可作分析。

(5) 可逐框研究。

(6) 容易消除與作業目的不符之部份，而只對相關部分作分析。

(7) 精密（確）度甚高。

第 (5) ～ (7) 是「影片」方式有之特點，在多種少量、產品壽命週期漸短、自動化及 MTM 的快速發展之下，影片分析雖不致於完全成爲昨日黃花而被停用，卻也確實已漸被忽視。

6-2 相關設備及拍攝方法

「影片分析」所用之設備，在 1912 年吉爾勃斯夫婦首次發表時，率先將攝影技術用於記錄和分析工人所用的動作，使用 35mm 影片之攝影機，記錄 1 ／ 2000 分鐘的時間，用這種瞬時計進行現場攝影，根據影片分析每一個動作並確定完成每一個動作所需要的時間。

歷經攝影器材革命性普及，影片分析的相關設備確實有很大的進步。雖然，以「攝錄放影」器材進行影片分析，有諸多方便，對一初學者卻易有下列問題，影響其分析的準確性及效果。故需先就下列十項常見問題點，予以考量及防患。

1. 拍攝角度無法全面顧及到。
2. 拍攝時的說明不夠詳細。
3. 拍攝的動作次數太少，不能完全代表其正常工作時間。
4. 操作順序標準化，並由熟練此操作的人員來負責進行。
5. 記錄動作的起訖無法掌握。
6. 動作太快，碼錶記錄不易。
7. 動作分段不明確。
8. 動作速度不一致。
9. 操作中的故延沒有避免掉。應通知操作者，使其有心理準備，以配合影片的拍攝。
10. 由學生自行操作較不熟練。應由實際操作人員操作較能表示記錄數據的可靠性。

圖 6-1　拍攝的技巧影響研究的準確性

一 細微動作研究（Micro-motion Study）

（一）意義

細微動作研究技術適合持續時間短且重複數百次的操作或活動，這些非常短時間的操作或動作，很難準確地測量這些動作的時間，但也不能忽略這些動作所需的時間。

細微動作研究是一種記錄和分析動素基本要素的時間的技術，達到最佳的動素組合方法，由於短時間活動涉及四肢的快速運動，無法以左右手流程圖精確地研究和計時。透過細微動作研究記錄微觀細節，如不同的操作，檢查和搬運等步驟，找出可以避免哪些動素和浪費，使操作員能夠以最小的努力和疲勞重複執行操作一項作業活動。

（二）目的

1. 研究動作的性質和路徑，以獲取最佳操作動素。
2. 研究機器和操作員的活動。
3. 操作者作業活動方面的教育訓練，可以避免操作者不必要的移動。
4. 研究操作員與機器活動之間的關係。
5. 保存執行任務的最有效方法，以備將來績效參考。
6. 獲取動素時間數據，開發各種元素的合成時間標準。
7. 進行方法和時間研究的探討。

（三）優點

1. 提供研究影片分析的永久記錄。
2. 影片分析的永久記錄，操作員可以隨時看到作業程序。
3. 影片分析可以揭示目前技術與擬改善技術之間的差異。
4. 影片分析是可以以任何所需的速度進行分析的工作力。
5. 與碼錶測時相比較，影片分析爲每個操作或動作提供非常準確的時間。
6. 影片分析有助於對現有技術進行詳細而準確的分析。

二 微速度動作研究（Memo-motion Study）

微速度動作研究是曼德爾博士（Dr. Marvin E.Mundel）在 1945 年所創造的一種動作研究方法，採用其姓氏縮寫 MEM 而定名爲微速度動作研究（Memo-motion Study），**微速度動作研究是細微動作研究的一種特殊形式，以慢速拍攝電影或錄像帶，用每分鐘 60 框或每分鐘 100 框的攝影速度攝製影片進行動作研究。**

微速度動作研究已用於研究物料的流動和處理、人員活動、多人與機器的關係、倉庫活動、百貨商店文員以及其他各種工作，對於長期工作或工作中相互關係，特別有價值。除了具有細微動作研究學習的所有優點外，因選用可以以相對較低的膠卷或膠布成本，正常相機速度下爲成本的 6%，快速直觀地查看長時間的活動。

6-3 影片拍攝作的實施步驟

進行影片的拍攝作業前，除了解相關設備上的使用及拍攝方法之外，依下列步驟進行，避免在拍攝過程中（圖 6-2 所示），產生各種不必要的問題，造成日後的困擾。

1. 兩位該項作業上能力強的操作者，而且配合度高。
2. 拍攝前預先告知當事者及其主管，使其了解相關事項。
3. 操作中所需之物料、零件、工治夾具應先備妥定位。
4. 拍攝器材及裝備，都應先定位就緒。

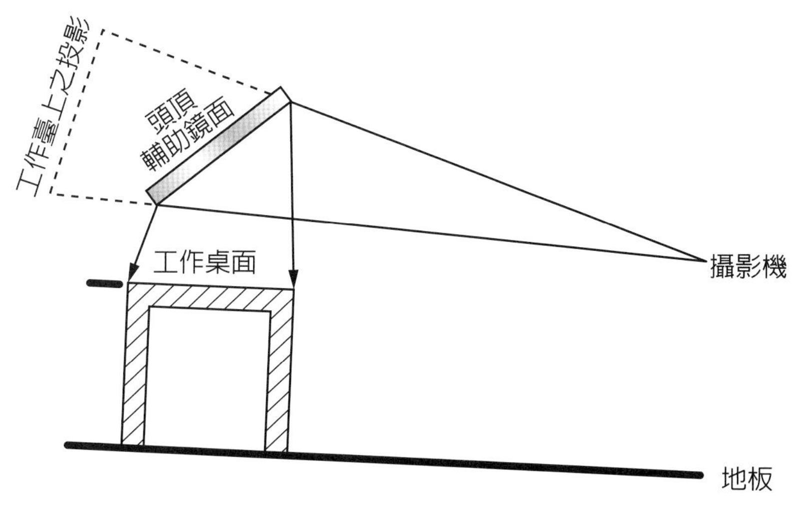

圖 6-2 攝影機之架設方式

5. 爲減輕操作員的緊張及提高熟練度，拍攝前先試作幾個週程。
6. 正式拍攝前，必須告知。
7. 拍攝過程，禁止與操作員交談或相關人員間的交頭接耳，避免被測者的分神及心理壓力。
8. 拍攝的週程數，視週程時間長短及操作員是否已進入狀況而定。
9. 拍攝完成後，若仍不滿意，應在檢討後重拍。
10. 若擬多次重拍，則需作業員完全的首肯及其上司的許可。

6-4 對動圖的製作與分析

爲順利完成細微動作研究，一般都將會以下列三階段，從事研究、分析與改善：

1. 完成影片的拍攝及沖洗作業。
2. 接著觀測整個操作過程數遍。
3. 依下列步驟分析操作過程，並將之記入對動圖（Simo Chart）；亦即**細微動作數值表（Simultaneous-Motion Cycle Chart）內，並改善其中的無效操作**。運作方式如下所述：
   (1) 製所示內容之空白對動圖表（圖 6-3），時間座標（Time Scale）取動素中時間最短的動素「放手」之 0.002 分爲單位。
   (2) 選出所拍攝到影片的各週程中之最短時間者，作爲分析對象。
   (3) 界定週程的起迄點時，以前週程放手（Release）完成品的後一框爲起點，伸手Reach）常爲週程之起點。
   (4) 先以一隻手的所有動素爲對象，進行觀察後，再分析另一隻手，再將雙手相互配合。
   (5) 每一動素的起迄，以「顯著停止或改變運動」之框爲終點，而以「顯著開始進行運動」之框爲起點。
   (6) 記錄的內容，除動素的框數、實際時間及時鐘時刻外動素符號，也需予以記錄身體的動作部位之動作等級、操作內容之說明、週程時間、每週程之完工件數，及週程中的有效與無效動素之時間等資料。

作業名稱：完成手工銼銅工作

製 圖 表 ____________________

日　　期 ____________________ 操作者 __________

S.NO.	Lelt hand description	Therblig	Time	Therblig	Right hand
1.	搜尋、提起	SH.H	0.2		
2.			0.4	U	打開虎鉗
3.	握住虎鉗	PP	0.8	PP	握住虎鉗 另一角
4.			1.0	TL	抬起並握住
5.	雙手抬起握住	U	2.0	U	雙手進行整理
6.			2.2	TL	取量規
7.	檢查尺寸	I	3.0	I	檢查尺寸
8.			3.2	U	打開虎鉗
9.	拆除2件	TL		3.4	

圖 6-3　完成手工銼銅工作的對動圖

(7) 在記錄動作等級時，應將每一動素所涉及之動作等級標出。一般以黑色實線表「第 1 類有效益」的動素，斜線表第 2、3 類動素。且將極短時間之「遲延」的動作等級視爲第一類，以表示其爲第 1 類動素的一部份。

圖 6-3 是應用 8mm 攝影機，拍攝製程中的「手工銼銅」工作站，所得的動素圖。

操作：完成手工銼銅工件。

左手 =0.2 分鐘，搜尋、提起和固定虎鉗工件的時間。

右手 =0.2 分鐘，打開虎鉗的時間。

雙手 =0.4 分鐘，用雙手將工件握在虎鉗中 =0.4 分鐘。

右手 =0.2 分鐘，抬起並握住文件所需的時間。

雙手 =1.00 分鐘，雙手抬起並握住的時間 =1.00 分鐘。

右手 =0.2 分鐘，帶千分尺的時間 =0.2 分鐘。

雙手 =0.8 分鐘，雙手檢查尺寸所需的時間 =0.8 分鐘。

右手 =0.2 分鐘，打開虎鉗的時間 =0.2 分鐘。

左手 =0.2 分鐘，拆卸工件所需的時間 =0.2 分鐘。

從「對動圖」之分析中，可進一步改善現行的操作方法，作法除可採用與操作人程序圖（Operator Process Chart）、動素程序圖相同的分析及改善方法外。更應針對動素群中之「第 2 類阻礙性」及「第 3 類無效益」的動素予以改善，或運用「動作經濟原則」予以 ECRS 化。細微動作作研究及其所得影片，有下列三大用途及目的：

1. 改善操作動作，提昇作業效率。
2. 建立標準動作影片，以訓練新進員工。
3. 掌握高附加價值及重覆性之精確時值，並作爲「評比」訓練之用。

6-5 影帶研討（VTD）方式

意義

VTD（影帶研討，Video Tape Discussion）是隨著錄放影機 VTR 機（Video Tape Recorder）在公司中的流行，自發形成的 IE 思維方式之一，VTD 具有忠實再現現象的功能和多人綜合判斷的功能。VTD 結合創造力，相互補充發展，考慮新的改善計劃，發展出新而簡單的改善作業方法，促進與改善直接聯繫的行動。

二 VTD 方法步驟

VTD 的推動步驟，是目前應用 VTR 及 VTD 等器材作研究設備中，較被認同及採用的方法，作法如下：

1. 確定問題的重點目標所在，透過 VTR 進行記錄。
2. 根據需要，影像上進行工作記錄描述，方便順利進行討論。
3. 相關人員（生產工程師，現場主管，現場工作人員等）共同會議，VTR 錄製圖像重複播放，說明問題所在，提出建設性意見和具體的改進計劃，並進行討論。
4. 總結改善計劃。

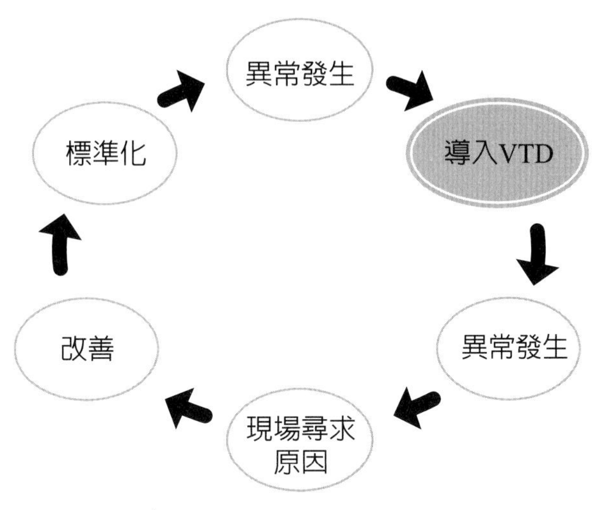

圖 6-4　VTD 方法步驟

三 VTD 的利益優點

1. 以 VRT 進行 VTD 改善方式具有許多優點

(1) 明亮的地方播放，討論和錄製，而不會出現任何問題。

(2) 因錄製時間很長，有足夠的討論時間。

(3) 由於記錄時間長，在開始記錄 5 到 10 分鐘後拍攝時，操作員相對不知道錄製過程，因此可以記錄自然狀態。

(4) 錄音記錄討論內容。

(5) 播放速度準確，因此評價也是討論的主題。

(6) VTR 操作非常方便，可以在需要時立即持有和執行。

(7) 時間可以用碼錶測量，可作「工作抽查」及「評比」訓練。

2. VTD 的優點

(1) 確保所有參與成員都了解情況。

(2) 由於多數人被觀察到，因此很容易發現問題，而不會遺漏任何問題。

(3) 可以收集參加人員的知識，討論改進和對策，獲得高品質改進計劃。

(4) 可以有效地改善面相多元化。

(5) 管理人員參與，對問題掌握明確，現場立即進行更多決策。

(6) 結果與行動相關。

(7) 參與者的觀點和思維方式不成熟，通過注意和反思自己的思想，發展自己的思維和想像力。

(8) 全員參與，各級工作的每個人都可以參加。

6-6 選用適宜的分析方法

綜合各節所述之內容，**可明確得知「細微動作研究」及「微速度動作研究」有高成本的缺點及高精度之優點，VTD 則有低成本及凝聚共識之特質**。今以表 6-1「影片分析各方法之優缺點比較」，將此三法之優缺點及活用，作一比較，以方便分析人員選用時之參考。

表 6-1　影片分析中各方法之優缺點比較

方法名稱 比較項目	細微動作研究	微速度動作研究	VTD 方式
影片費用	高	中	低
拍攝速度	16 框 / 秒以上	60～100 框 / 分	可調拍攝速度
操作員心理壓力	大	小	小
設備費用	中	高	低
協助工作抽查	每小時拍五分 （可行）	每隔一段時間連拍 （可行）	每小時拍五分 （可行）
員工訓練	可行	不易	可行
評比	可行	不易	可行
週程時間	甚短	長	皆可
群體工作	不易	可行	可行
不成週期等不規則的操作	不適合	可行	可行
研究方式	專業分析人員	專業分析人員	現場作業人員共同討論
操作多項設備時	可行，但浪費	可行	可行
長距離移動式搬運時	不可行	可行	可行

本章習題

一、選擇題：

(　　) 1. 對動圖之分析中，進一步改善現行的操作方法，其作法為？ (A) 組作業程序圖（Gang process Chart） (B) 操作人程序圖（Operator Process Chart） (C) 多動作程序圖（Multiple Activity Process Chart） (D) 人機程序圖（Man-machine Chart）。

(　　) 2. 進行影片拍攝時 (A) 應選配合度低的員工，否則會高估生產能力 (B) 儘可能不要該部內主管知道，以免造成阻礙 (C) 所需使用的工器具及材料，照日常的情況擺設 (D) 應禁止與操作員交談。

(　　) 3. Simo Chart，可掌握各動作之等級，下列何者正確？ (A) 可用來比較左右雙手之動作 (B) 並可掌握各動作之等級 (C) 很適合用來發展自動化機械 (D) 但很少應用在找出較佳的作業動作上。

(　　) 4. 動作軌跡影片可呈現點狀虛線的路徑圖，下列何者不正確？ (A) 由此法，可作出「多環狀動作軌跡圖」 (B) 每一環狀路徑都表現出一「動作單元」 (C) 但由於每個人的作業習慣不同，故此法逐漸多少被人使用 (D) 由它建立的「動作模式」則常出現在作業標準書內。

(　　) 5. VTD 方式，即為影帶研討方式 (A) 是利用 16m/m 影片隨框拍攝而成 (B) 因由眾人一起觀賞影片共同研討，而得此名 (C) 參與研討的人，都是主管與專業的分析人員 (D) 它可作為「作業分析」之參考。

(　　) 6. 比較三種影片之優劣點，則下列何者正確？ (A) 細微動作研究可用於高附加價值且反覆性高之產品 (B) 微速度動作研究，則成本低於前者，但不適合專業人員分析研究 (C) VTD 方式可在一段固定時間內，拍攝幾分鐘 (D) 但是，另兩者則需長時間連續拍攝。

(　　) 7. 影片分析（Film Analysis）的目的，下列何者非正確？ (A) 動素以補動作經濟原則不足 (B) 教育訓練員工 (C) 彌補人類視覺能力上之不足 (D) 「目視」過程中，動作單元中所含的動素內容，有辦法計測動素之時間值。

(　　) 8. 細微動作研究技術，下列何者非正確？ (A) 適合持續時間短且重複數百次的操作或活動 (B) 記錄和分析動素基本要素的時間的技術 (C) 操作員增加疲勞重複執行操作一項作業活動 (D) 找出可以避免哪些動素和浪費。

(　　) 9. 微速度動作研究（Memo-motion Study），下列何者非正確？ (A) 曼德爾博士（Dr. Marvin E. Mundel）所創造的一種動作研究方法 (B) 簡稱 MEM (C) 細微動作研究是微速度動作研究的一種特殊形式 (D) 每分鐘 60 框或每分鐘 100 框的攝影速度攝製影片進行動作研究。

(　　) 10.下列何者爲細微動作研究技術之優點？ (A) 永久記錄 (B) 操作員可以隨時看到作業程序 (C) 每個操作或動作提供非常準確的時間 (D) 以上皆是。

二、簡答題

1. 影片分析的目的爲何？
2. 影片分析，以「影片」逐框分析之方式中，依其拍攝速度與所用設備的不同分爲哪兩種？
3. 何謂細微動作研究（Micro-motion Study）？

NOTE

Work Study

7

時間研究概論

7-1　時間研究的目的及應用

7-2　時間研究的階次

7-3　時間研究的技術

7-4　時間研究的實施步驟

時間研究是一種透過工作的時間測量方法，建立基本單元時間，從而確定執行特定工作的標準時間。時間研究的目的，為合格的作業人員確定在標準規定的條件下，以標準規定的工作率從事標準工作的時間，由有經驗的從業人員觀察工作，記錄完成的工作，使用時間測量設備測時，並同時對工作內容進行評比與設定寬放值，決定標準時間。

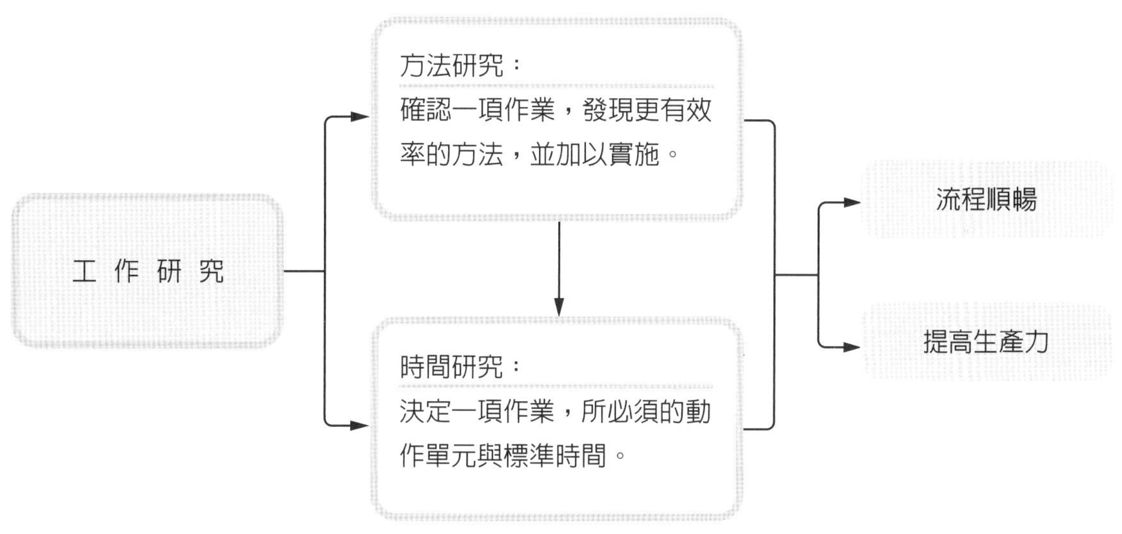
工 作 研 究
方法研究：
確認一項作業，發現更有效率的方法，並加以實施。
時間研究：
決定一項作業，所必須的動作單元與標準時間。
流程順暢
提高生產力

作者解說架構影片

方法研究設計最佳工作程序與方法之後，必須測量完成工作所需的時間，亦就是針對工作進行衡量，工作衡量（Work Measurement）是針對某項工作方法，評定其標準時間與其工作量的技術。實施時間研究，為何需要工作衡量，主要理由如下：

1. 工作或作業大部分由人員完成，必須有完整的標準時間基礎（Base）。
2. 激勵員工士氣，必須有一套時標準，評量員工獎工制度。
3. 計算生產成本及產能負荷、交貨日期、人工成本的計算與人力資源的分配調度。
4. 配合生產計畫與人機運用等作業。
5. 工作效率的追縱考核，改善無效時間，提升工作效率。

進行時間研究量時間研究，計算所需人工及作業時間，依公司所要求之準確度的高低，有下列三種方法可供運用。

1. 經驗判斷法（Subjective Judgment）

早期的標準時間都是採用經驗判斷方法，由領班或部門主管，依個人主觀，按照經驗制定生產實績，粗略的估算必要之作業時間，經驗判斷方法較為快速且方便使用，但由於誤差值過大，誤差通常高達 25%，可信度的不足，可操作性不佳。

2. 歷史記錄法（Historical Record）

應用歷史記錄法，主要原因在於經驗判斷法的誤差值可能有所偏差。因此，歷史記錄法以工時單（Time Ticket）或記錄記錄卡（Time Card）作為時間估算的依據，記錄工作所需的時間、工作內容、品名、數量等客觀的相關資料，推測相同製品的生產工時之用縮所必要的標準時間。

因為每項完成工作工時，需要作業人員的工時單或記錄記錄卡，作為時間估算的依據時間，工作人直接記錄而且具科學化。優點是可迅速得到資料，且觀測人員不需經過特別訓練，作業人員依自己的方式作業，不受任何的限制。缺點則是很難掌握技術難易度，工作安排受到干擾，計算時常把私事或雜事計算進去，難以估算與掌握私事遲延及其他不可避免遲延等時間，真正的工作時間不易得到。

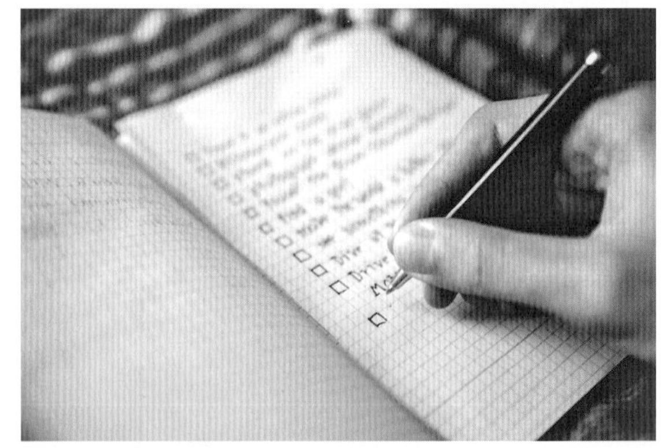

圖 7-1　歷史記錄法掌握過去時間的研究脈絡

表 7-1 實施歷史記錄法優缺點

優點	缺點
1. 迅速得到資料。 2. 觀測人員不需經過特別訓練。 3. 作業人員依自己的方式作業，不受任何的限制。	1. 難掌握技術難易度，工作安排受到干擾。 2. 計算把私事或雜事計算進去，難以估算與掌握私事遲延及其他不可避免遲延等時間。 3. 真正的工作時間不易得到。

3. 工作衡量法（**Work Measurement**）

   因經驗判斷法過於主觀和粗略，歷史記錄法未考量機械停機時間、周圍工作環境變化等因素，同時未考慮作業的干擾和不確定原因所造成的遲延、作業人員身體生理需求變化等事實狀況，工作衡量法主張依實際情況，考量每個操作所需的正常時間及所需的寬放，建立工作標準時間。

   從泰勒（F. W. Taylor）首創碼錶測時之時間研究後，後繼學者不斷地發展出基本動作數據、標準數據、時間公式及工作抽查等方法，取得標準時間的數值更爲容易，並使標準時間值更加穩定與之正確性，使得「工作衡量法」與「時間研究」爲同義詞。進行工作衡量之前，考量分析人員的技術力、溝通能力、目標及方針明確化等因素，才能發揮時間研究應有的功能。

7-1 時間研究的目的及應用

進行工作衡量之前，考量分析人員的技術力、溝通能力、目標及方針明確化等因素，才能發揮時間研究應有的功能。時間研究依實際情況，考量每個操作所需的正常時間及寬放，進行工作衡量，設定的以下四個條件：

1. **受過良好訓練：**操作員須完全熟悉被衡量作業之工作方法。
2. **平均操作員：**同級作業人員中之平均程度，保持一定熟練度的作業人員。
3. **標準狀態：**包括標準之設備、動作、工作程序、工作環境與工具，4M（人員、機器、材料與方法）定出標準。
4. **正常速度：**操作者進行操作，不勉強自己過度努力，影響生理及心理上的不舒服感，也不可以故意怠慢，使工作分析人員得到不正常的訊息及資料。

(一)標準時間運用

進行「時間研究」求取「標準時間」時，針對人、機、料與環境，有明確的要求標準，被廣爲運用有下列 9 個項目。

1. 計算作業員一天**合理的工作量**。
2. 掌握作業所需時間及其變動原因，排除產品設計、製程計劃、操作方法、管理失誤及作業員等因素所引起的無效時間。
3. 比較各種工作方法之優缺點，決定是**重新設計新工法**。
4. **計算人工成本與產品售價的基準**。
5. **決定員工人數及設備台數之依據**。
6. 工作計劃、指導、管制及評價之基準。
7. 推行**獎工**制度（**Wage Incertive**）重要之參考資料。
8. **評估生產能力**，擬定生產計劃，進行生產日程排序。
9. **生產線平衡**（**Line Balancing**）工作之依據。

7-2 時間研究的階次

進行時間研究之前，因生產型態及作業區域的不同，將影響進行作業時間與方法，有必要明確規範所要衡量的對象之工作單位階次，依工作單位階次與範圍，決定所要應用的時間研究技術。

圖 7-2　依時間階次進行各項流程

從表 7-2 時間研究的階次中，**低階次的工作可以合成高階次的工作，如動作與單元合成高階次作業（Operation），高階次的工作亦能分解成低階次的工作，如機能（Function）動作分解成低階次活動與流程。**

表 7-2　時間研究的階次

順序	階次	定義	案例
1.	動作 (Motion)	人類的基本動作、是目前可以測定最小的工作階次。	伸手、抓取、放手。
2.	單元 (Element)	連續幾個動作集合而成，與其他連續動作可以分辨出來。	伸手抓取紙盒、零件放置在治具、放置零件。
3.	作業 (Operation)	由 2-3 個單元集合而成，作業員分擔最小之工作單位。	伸手抓取紙盒在治具定位、拆卸加工品（從伸手到放置為止）。
4.	流程 (Process)	進行某項活動所必需的作業之串連，或稱為工作站（Workstation），由一組人員共同負擔的串連作業。	裝配製程、焊接製程、鑽孔製程。
5.	活動 (Activity)	達成某項機能所必要的業務過程，幾個製程或工作站集合。	一連串的裝配作業，一連串的機械加工作業。
6.	機能 (Function)	構成產品的組件或零件。	汽車引擎、電動車零件。
7.	產品 (Product)	最終的產品或服務，由各種機能組合而成。	零件的組合外，包括如生產管理、物料管理等。

各高低階次間，可相互分解及合成，分析人員能利用各種不同技術，衡量不同階次的工作單位，所得的測定值，預測其他階次之時間值，建立整個組織的工作架構及所需人力資源。

7-3 時間研究的技術

爲求更精確的「標準時間」數值，分析人員採用「工作衡量」概念所導引出來的技術方法。分析人員應需依觀測對象，下列六項條件，謹慎選擇適當方法，進行時間研究。

1. 產品的壽命週程時間長及目標產能高。
2. 觀測對象之工作單位階次的高低。
3. 製程現有的技術能力與作業經驗。

4. 工作事項之具有工作衡量價值性及迫切程度。
5. 企業文化及內部人員的配合度，願意配合標準時間衡量。
6. 內部現有的相關設備及器材完整性，可以配合衡量時間。

表 7-3 所記載的，是目前較常被使用的「時間研究」技術，**時間研究的技術可以分成「直接法」與「合成法」兩類。直接法就其測時方式又可分成密集抽樣法（Intensive Sampling）與分散抽樣法（Extensive Sampling）兩種。**

表 7-3　時間研究中常用的技術

方法	技術	意義	適用範圍
直接法	密集抽樣法	在一段有限的時間內，連續地直接觀測操作員的作業，通常密集抽樣時間研究被稱「碼錶時間研究」（Stopwatch Time Study）。	應用在第二階次（單元）的工作，如一般裝配、機器加工等重複性高而週程較短。
	分散抽樣法	應用統計學理論，不需任何時間研究設備，以隨機抽樣（Random Sampling）之方法，探討生產效率之技術，少數的工作觀測員，即可記錄整個工廠之生產情況。	應用於第三階次（作業）、第四階次（製程）的工作，非重複作業或週程較長的工作。
間接法	預定動作時間標準（Predetermined（motion）Time Standard, PTS）法	設定工作標準工時的一種方法，不需經過直接測時，依次序記錄各工作單元後，再按每個單元之特質查表，逐項分析其預定時間值，累加之後即為該工作之「正常時間」，加適當之寬放時間，即可得的工作之標準工時。	1. 方法評價 2. 建立標準工時
	標準資料法（Standard Data System）	資料庫合成標準時間。	適用於第二、三、四階次的工作上。

間接法包括預定時間標準法與標準資料法。詳細內容與說明，將於以下各章中，分別說明其意義、目的、使用方法及適用範圍。表中只說明分類的意義及其名稱的關係，讀者有一初步整體的概念。

7-4 時間研究的實施步驟

進行時間研究之前，必須對時間研究研究對象了解，流程內部的生產型態、作業的週程時間（Cycle Time）、作業的附加價值與非附加價值及對時間值精度的要求等各項細節。時間研究基本實施步驟，依實務上之需要，有以下 10 個步驟，遵照其先後次序，避免資料收集時所產生的誤判。

1. 選擇需要時間研究的任務或工作：

   根據要研究的任務或工作選擇優先順序，如工作瓶頸、重複性工作、週期時間較長的工作或確認現有時間是否的正確性。

   收集有關之基本資料：時間研究最需要的基本資料爲 (1) 設備、(2) 材料規格、(3) 被觀測者品質與 (4) 操作方法。

2. 選用測時設備器材及方法：

   碼錶時間研究至少須具備下列三種設備：**碼錶（Stop Watch）**、**時間觀測板（Time Study Board）**、**時間研究表格（Time Study Form）**。**測時法有包括連續測時法（Continuous Method）與歸零法（Snap-back Method）**。

3. 決定觀測次數：

   爲了達到準確的平均時間，所需要觀察的周期數。**觀測值間的一致性（Consistency）爲影響觀測次數的最重要因素**，觀測值間的一致性愈差，變異性愈大，爲求得相當的準確性，所需要的觀測次數也愈多。

4. 劃分作業之動作單元：

   碼錶時間研究通常應用在時間研究的第二階次，亦即**「單元」（Element）**。

5. 觀測並記錄時值：

   每個操作分解爲多個單元，便於觀察和準確測量。觀察表上記錄以下資料：操作員名稱、完成的任務 / 工作、部門單位、工作內容等相關活動訊息等。

6. 摒棄異常時值：

   異常值定義爲：**「某一工作單元之碼錶讀數，因受一些外來之因素影響，如作業人員不按照標準作業程序方法操作或作業人員遺漏某項動作所致，讀數超出應有正常**

範圍，碼錶讀數的時間值，不是太大就是太小，該外來之因素之異常時值，正常操作的工作單元時是不會存在的。」

7. 賦予評比係數：

若作業環境無法達到「標準狀態」或操作員未被訓練，將使被觀測的操作工人員，無法以「正常速度」進行操作，則應在觀測工作時間值的同時，調整所觀測當時之速度回歸「正常速度」。觀測計時人員將被觀測者之作業速度及環境因素等條件，比較「正常速度」及「標準狀態」後，賦予該動作單元的合理比值（係數）。

8. 算出正常時間：

觀察到的時間，不能代表是爲操作員執行工作所需的實際時間，需要計算正常時間。**正常時間就是操作人員以正常速度工作所需要的時間**。

計算公式如下：

正常時間＝觀測時間 × 評比係數 ………………………… **(7-1)**

9. 合理的寬放時間：

研判「實際工作狀況」中，何者是爲所必須的作業時間、何者又是非必要的作業時間，分析、選定「必須」與「不需」後，決定該項作業之「基本操作時間」，基本操作時間指觀測操作員在正常條件下，完成該項工作所需的最小時間。**一般而言，對人工操作賦予 15% 之總寬放，而機械操作僅賦予 10%**。

10. 作業之標準時間：

「標準時間」，則爲「正常時間」與「寬放時間」之和。

標準工時＝正常時間 ×（1 ＋寬放率 %）
標準時間＝正常時間＋寬放時間 ………………………… **(7-2)**

本章習題

一、選擇題：

(　　) 1. 以下何者並非決定工廠最有利的工具準備量時需要考慮的因素？ (A) 生產數量 (B) 重複商機 (C) 交貨條件 (D) 人員傷害。

【108 年第一次工業工程師考試—工作研究】

(　　) 2. 碼錶測時仍是密集抽樣時間研究最常用的工具，當使用碼錶時應注意下列事項，何者爲非？ (A) 使用前最好先讓碼錶連續走動一段時間（通常爲半日） (B) 長時間連續使用時，應注意碼錶之誤差，最好與標準工時配合調整 (C) 碼錶安裝於時間觀測板上時，應注意其安裝是否確實，以防脫落 (D) 爲其方便性，不需要將時間觀測板與碼錶併合在一起紀錄。

【108 年第一次工業工程師考試—工作研究】

(　　) 3. 碼錶測時對時間研究記錄影響至鉅，其中所使用的連續測時法（Continuous Method），下列描述何者爲非？ (A) 測時人員必須將每一單元事先予以明確清晰之劃分，以利於紀錄 (B) 在操作過程中，不管是延遲或者運送，均要確實記下，除了「外來單元（Foreign Elements）」可排除計算外，其他均紀錄頁 (C) 在短促之操作單元裡，連續測時法有助於標準方法之評估 (D) 在第一觀測週期第一操作單元開始，立即將碼錶按行，此後終此整個研究觀測過程，均不再按停歸零。

【108 年第一次工業工程師考試—工作研究】

(　　) 4. 一般進行測時工作時，記錄單元的操作時間有連續法及歸零法兩種，下列對此兩種敘述，何者爲非？ (A) 歸零法可直接讀取單元的經過時間，故許多在連續測時法中的書面工作均可免去 (B) 歸零法亦稱按鈕法 (C) 連續法可以呈現整個觀測過程的完整記錄，所有遲延和外來單元均完整記載 (D) 歸零法較適用於短操作單元之時間研究，連續法適用於長操作單元。

【108 年第一次工業工程師考試—工作研究】

(　　) 5. 工作衡量的方法，可以分成直接法與間接法兩大類。直接法係指直接觀測生產活動的時 間經過之方法，下列何者屬於直接法？ (A) 向度動作時間法（Dimensional Motion Times） (B) 工作抽查（Work Sampling） (C) 預定時間標準（Predetermined Time Standard） (D) 標準資料法（Standard Data Method）。

【108 年第一次工業工程師考試—工作研究】

本章習題

(　　) 6. 使用碼錶測時進行時間研究時，工作週期或單元較短（如小於 4 秒）的情況可採用以下何種方法？ (A) 標準資料法 (B) 歸零測時法 (C) 連續測時法 (D) 工作抽查法。 【107 年第一次工業工程師考試—工作研究】

(　　) 7. 標準時間等於下列何值？ (A) 正常時間 + 寬放時間 (B) 觀測時間＋寬放時間 (C) 正常時間 × 評比係數 (D) 觀測時間 × 評比係數。

【107 年第一次工業工程師考試—工作研究】

(　　) 8. 早年的標準時間都是採用這種方法，由領班或部門主管，個人主觀及按照經驗或生產實績來制定，作粗略估算所得之作業時間，公司一般常依 (A) 經驗判斷法 (B) 主管指示法 (C) 歷史記錄法 (D) 方法研究法 (E) 工作衡量法，來進行工作時間資料之收集。

(　　) 9. 進行工作衡量時，在一段有限的時間內，連續地直接觀測操作員的作業，通常密集抽樣時間研究被稱？ (A) 碼錶時間研究（Stopwatch Time Study） (B) 工作抽查法 (C) MTM (D) PTS。

(　　) 10.在工作單位階次中，連續幾個動作集合而成，與其他連續動作可以分辨出來。 (A)「活動」之階次 (B)「機能」 (C)「單元」階次 (D)「動素」。

(　　) 11.在工作單位階次中，將零件插入電路基板上，階次的動作。 (A)「活動」之階次 (B)「機能」 (C)「單元」階次 (D)「製程」階次。

(　　) 12.設定工作標準工時的一種方法，不需經過直接測時（碼錶測時），以決定工作之「正常時間」，而是各工作單元依次序記錄後，再按每個單元之特質逐項分析查表預定其時間值，再經過累加之後即為該工作之「正常時間」，加適當之寬放，即得工作之「標準工時」 (A) 直接觀測法 (B) 碼錶時間 (C) 工作抽查法 (D) PTS。

(　　) 13.應用於第三階次（作業）、第四階次（製程）的工作，非重複作業或週程較長的工作。常用的時間研究技術為何？ (A) 碼錶時間研究 (B) 工作抽查法 (C) PTS (D) MTM。

(　　) 14.結合若干工作站（Work Station） 可形成： (A) 製程（Process） (B) 作業（Operation） (C) 機能（Function） (D) 活動（Activity）。

二、簡答題

1. 進行時間研究，計算所需人工及作業時間，依公司所要求之準確度的高低，有哪三種方法可供運用？
2. 時間研究依實際情況，考量每個操作所需的正常時間及寬放，進行工作衡量，設定爲哪四個條件？
3. 工作單位階次與範圍，決定所要應用的時間研究技術，低階次的工作可以合成高階次的工作，請依序排列接次。
4. 時間研究的技術可以分成哪兩類？
5. 直接法就其測時方式又可分成哪兩種？
6. 碼錶時間研究至少須具備下列哪三種設備？
7. 測時方法有哪兩種？
8. 請列出標準工時的公式？

Work Study

8

碼錶時間研究

學標

8-1　常用設備及器材

8-2　比較測時方法

8-3　決定觀測次數

8-4　劃分動作單元

8-5　記錄錶上時值

8-6　摒棄異常值

8-7　運算正常時間

8-8　賦予評比及寬放

8-9　單位生產量標準時間

標準時間用於確定計劃、計算成本、評估生產效率，薪酬計劃等目標。有多種不同的時間研究技術來確定標準時間：

- 基於過去執行任務所用時間的歷史記錄。
- 由個人使用估算所需時間，合格的操作員可接受的時間才能完成工作。
- 最常用的技術是碼錶時間研究，如下圖流程。

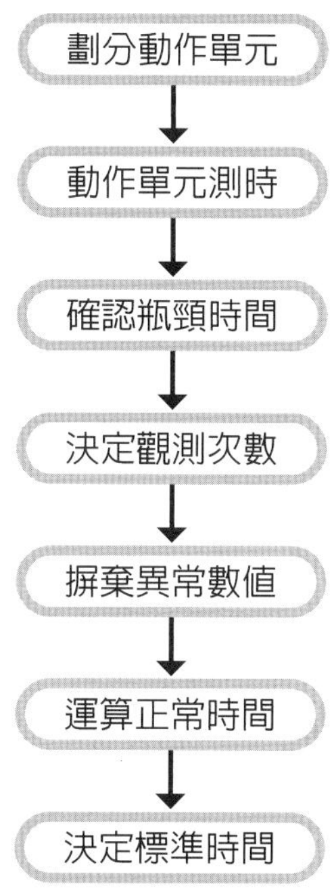

作者解說架構影片

時間研究中「直接法」碼錶時間研究，又稱爲密集抽樣（Intensive Sampling）的時間研究，針對研究對象在一段特有限的時間內，連續、直接觀測研究對象作業，進而所蒐集得的時間數據。

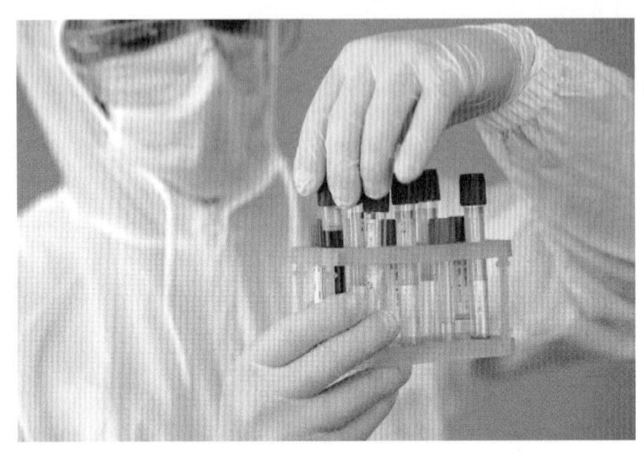

圖 8-1　標準狀態下的樣品數值準確度較高

由「直接法」碼錶時間研究，所觀測的對象作業員及相關環境條件，皆需在「標準狀態」下進行，所觀測得到的「觀測時間」，是「平均操作員」在「正常速度」下，操作的「正常時間」。

觀測對象若是整條生產線上的操作員，得對該操作狀態進行「評比」（Performing），調整該「觀測時間」成爲「正常時間」。

「正常時間」（Normal Time）＝「觀測時間」（Observed Time）
×「評比係數」（Rating Factor）　…………………………………　(8-1)

「直接法」碼錶時間研究中，都會使用到：

(1)　碼錶（Stop Watch）。

(2)　計時機（Time-recording Machine）。

(3)　時間觀測板（Time Study Board）。

(4)　時間研究表格或工作抽樣表。

(5)　轉速表。

(6)　攝錄放影機等設備器材。

執行「密集抽樣法」的觀測員，是受過訓練而有經驗等優良條件的分析員。「密集抽樣法」在經濟、小巧、方便之利益下，「碼錶」一直成爲主要的觀測工具，故亦有「碼錶時間研究」之稱，電子產品日新月異之發展下，如今已有更優越功能的電子錶，協助分析員進行「直接」觀測及計時。

8-1 常用設備及器材

碼錶時間分析員進行「時間研究」時，大都採用下列常用設備及器材：

一 碼錶：

碼錶可分爲機械式及電子式兩種（表 8-1），機械式碼錶相對於電子式碼錶，雖然無法計算精密時間，但電子碼錶，雖然不耗電，沒電的時候要知道電池規格，進水損壞，機械式及電子式之碼錶款式各有其優缺點。

記錄時間之設備，除碼錶以外，還有智慧型手機、平板電腦和數位相機等數位裝置，甚至可使用精密的記時機（Time-recording Machine）和攝影放映器材，如動作影片攝影機（Motion-pictures Camera）等，但傳統上還是以碼錶爲主。

用於時間研究的碼錶之各款式，最好以小數點爲單位，甚至可以記錄 0.01 分鐘。除電子碼錶之準確度是 0.003% 且穩定外，其餘的機械性碼錶，由於準確度誤差都約在 60±0.025 分，大表針每分鐘旋轉一圈，機械式錶盤分爲 100 格。

碼錶使用前先使之走一段時間，比較標準碼錶，了解其間誤差値。應定期校正，防潮濕與過分冷熱。使用後，應使之完全鬆弛。

表 8-1　機械式及電子式之碼錶款式

機械式	電子式
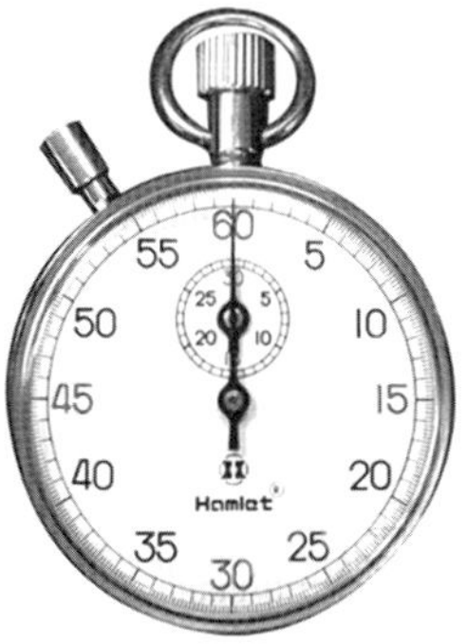 碼錶　不鏽鋼 Stopwatch • 計時：31分 • 精度：1/5秒	

二 時間觀測板

分析員需一面觀測操作員動作單元的起迄及操作情形，一面讀取錶上時間值，並將之記錄下來，必須有適用的記錄用板，以方便利用。分析員有統一記錄方法及格式，方便分析員在觀測時進行記錄。

時間觀測板的材質、大小、形狀是因應個人體形及習慣來製作，才方便使用。時間觀測板應比表格的紙張大，碼錶或電子式碼應可安置在板上中間與右上角之間的位置，但不可脫落；其材質硬度適中，須能承受記錄時手之壓力。

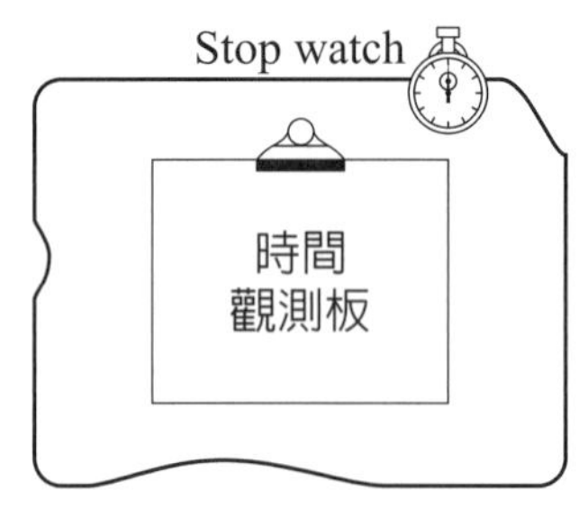

圖 8-2　時間觀測板範例

三 時間研究表格（Time Study Form）

依工場業種的不同，時間研究表格不易明文規定其格式與內容，為了日後存檔及分析之用，基本上都會要求其內至少有如表 8-2 所示之四類資料，以供參考。

以下各資料在表格上位置之合理程度，將影響表格尺寸的大小。**時間研究表格內容基本資料包括「業務性質」、「記錄性質」、「外來單元」及「綜計性質」四類**，可方便分析人員一面觀測一面記錄。表 8-3、8-4 所示之時間研究表格，是針對傳統產業為主的工廠而設計的。但在其他產業別中，卻仍有參考價值，依其需要予以修改。

圖 8-3　時間研究表格記錄資料

表 8-2　時間研究表格上之資料與整合表 8-3 表格

種類	項目	包括內容
業務性質	人員（Man）	觀測人員、作業人員、品管人員與相關部門主管之簽名確認
	測時地點（Place）	生產線、工作站名稱與工作環境之簡圖
	觀測時間（Time）	開始時間、結束時間與總時間
	加工材料（Material）	加工產品之零件名稱、規格、圖號、數量與設備工具之編號、材質
	作業方法（Method）	設備加工條件內容、治工具作業方法與標準作業方法
記錄性質	動作單元	動作單元零件與順序
	週程循環	觀測所經過的週程與順序號碼
	碼錶讀數	碼錶讀取的真實時間數值
	操作時間	前後碼錶讀取的差值 = 操作時間
	外來單元	生理需求、被訪談、機械干擾、停電等與操作無關之動作單元
綜計性質	T 值總和	有效觀測之操作時間總和
	觀察次數	觀測之有效次數
	平均值	平均觀測時間
	評比係數	受工法的困難度，熟練度，努力程度，外界環境不同等因素的影響，而給予的數值
	正常時間	週期平均 × 評比係數
	寬放率	非屬正常工作中的時間，適當加入正常時間中，符合對人性的尊重及展現實際的工作過程
	標準時間	正常時間 ×（1 +寬放率）

表 8-3　時間研究表格之背面

	單元																參考 No.			
																	日期：			
																	分析者：			
	1		2		3		4		5		6		7		8		外來單元			
	T	R	T	R	T	R	T	R	T	R	T	R	T	R	T	R		T	R	說明
1																	A			
2																	B			
3																	C			
4																	D			
5																	E			
6																	F			
7																	G			
8																	H			
9																	I			
10																	J			
T 值總和																	K			
觀察次數																				
平均值																				
評比係數																				
正常時間																				
寬放率																				
標準時間																				

開始時間	結束時間	間隔時間	總時間：
備註：			
T：單元經過時間		R：連續測時時間	

8-2 比較測時方法

因測時員所能擁有的設備及器材之不同，所將觀測對象作業之週程時間的長短，觀測時所用的測時方法有所不同。基本上有：

(1) 連續計時法（Continuous Method）。

(2) 歸零法（Snap Back Method）。

兩種方法各有其優缺點、存在的價值及使用的場合。故在使用前，應先確認週程時間之長短及公司對時間精度的要求程度，再決定使用何法。

表 8-4 顯示連續計時法與歸零法意義、優點及缺點。

表 8-4　測時方法之比較（以碼錶為主）

測時方法	連續測時法	歸零法
定義	1. 觀測週期第一操作單元開始時，立即碼錶按行，秒錶連續運行，每次操作結束時記下碼錶的讀數，寫入時間研究記錄表中。 2. 整個研究觀測過程，不再按停碼錶歸零。	秒錶的旋鈕在每個操作單結束，停止按下，記下完成前一個操作元素所需的時間後，指針再由零位開始走動。
優點	整個操作過程詳細紀錄，增加資料確實性，消除延遲讀數的可能性。	觀測中，各單元次序如有差錯時，不必另行標明，延遲及外來單元均可不記入。
缺點	為了獲得任何特定操作元素所需的時間，從下一個讀數中減去前一個讀數，書面作業較為繁多。	1. 遲延及外來單元未予記錄，使資料失去確實性，導致分析錯誤。 2. 反復停下和啓動碼錶。

表 8-4 敘述可明顯看出連續測時法可真實地反應操作員進行作業時的狀況。歸零法適用長週程單元，少去觀測後計算上的書面作業，缺點是誤差大。使用「電子式碼錶」或運用累積測時法（Accumulated Timing）中之「四連錶」，避免歸零法誤差爭議大的最佳解決方法。

連續測時方法，借助於與槓桿機構相連的兩隻手錶，直接讀取每個操作元件，從而在一隻手錶啓動時自動停止，記下秒錶的讀數同時，當完成下一個操作元件時，第二隻手錶啓動，停止第一隻手錶，以便於記錄讀數。

8-3 決定觀測次數

時間研究基本上是一種「抽樣」（Sampling）的過程，觀測週期愈多，愈接近理想的準確結果。決定觀測次數因素如下：

1. **觀測值間的一致性（Consistency）**：影響觀測週期數的最重要因素，觀測值間的一致性愈差，變異性愈大；爲求得相當的準確性，所需觀測次數也愈多。考量觀測次數，應先明確因素，安定操作員（被觀測者）的操作，操作時值能呈較佳的一致性。
2. **經濟觀點**：次數多精確度高，但投入費用成本亦高。因此，決定觀測次數應考慮需求精度與成本之關係，尋找「最適經濟」，決定觀測次數。
3. **操作本身之安定性**：操作員技術的熟練度、機械設備的穩定度、標準化操作方法及材料位置固定佈置等因素，都將引起操作過程的變異，時間研究必須在一切已「標準化」之下實施。
4. **觀測人員之技術**：訓練有素之測時人員，因正確觀測及記錄，誤差小，觀測次數可酌量減少，視週程的長短與準確性上的要求，酌量適當增減次數。
5. **觀測作業員之人數**：對五位作業員各做10次之觀測，較對同一作業員做50次之觀測，平均值來得客觀而且具有代表性。儘量避免在同一天內，完成所有觀測，而將之分階段觀測，準確評估母體的參數。

爲能客觀地確定觀測次數，般較爲常用的有表8-5所示的「公式計算法」及之「聯線法」（Alignment Chart）。「公式計算法」雖較繁雜，但所算出的次數之誤差較小。

表 8-5　觀測次數之公式計算法

步驟	觀測時間	公式
1.	平均值（Mean）	$\bar{x}=\dfrac{\sum_{i=1}^{k}x_i}{k}$，k：測驗次數
2.	標準差（Standard Deviation）	$s=\sqrt{\dfrac{\sum_{i=1}^{k}(x_i-\bar{x})^2}{k-1}}$，k：測驗次數
3.	單元觀測理論觀測次數	$n=\left[\dfrac{z\cdot s}{A\cdot m}\right]^2$ 其中 n ＝理論觀測次數 z ＝標準化值 s ＝觀測時間之標準差（Standard Deviation） A ＝需求精度（相對誤差） M ＝觀測時間之平均值（Mean）

案例：

某觀測時間如下，觀測次數共 20 次。

1	2	3	4	5	6	7	8	9	10
0.18	0.2	0.16	0.19	0.19	0.2	0.18	0.16	0.2	0.18
11	12	13	14	15	16	17	18	19	20
0.2	0.2	0.18	0.2	0.2	0.2	0.2	0.18	0.17	0.22

1. 平均值

$$\bar{x}=\frac{\sum_{i=1}^{k}x_i}{k}=(0.18+0.2+\cdots+0.22)/20=3.67/20=0.1835\text{ 分} \quad \cdots\cdots\cdots\cdots \quad (8\text{-}2)$$

2. 標準差

$$s=\sqrt{\frac{\sum_{i=1}^{k}(x_i-\bar{x})^2}{k-1}}=\sqrt{(0.18-0.1835)^2+\cdots+(0.22-0.1835)^2/(20-1)}$$

$$=0.01725 \quad \cdots\cdots\cdots\cdots \quad (8\text{-}3)$$

3. 理論觀測次數，假設 z 值 =1.96，相對誤差 0.05

$$n=\left[\frac{z\cdot s}{A\cdot m}\right]^2=〔1.96\times 0.01725/0.05\times 0.1835〕^2=13.58$$

$$\fallingdotseq 14\text{ 次} \quad \cdots\cdots\cdots\cdots \quad (8\text{-}4)$$

聯線法（Alignment Chart）：

若欲在測時現場即時決定觀測次數，那麼聯線法確實是一種方便而可行的方法。**本法爲通用汽車（General Motors Corporation）所發展，其圖乃以三條比例尺構成 N 字型線圖**。使用聯線法，係先將預行觀測之該操作單元各觀測值，求取 R 全距及 $\overline{X}$ 平均單元時間，以直線相連，並將之延伸到與表觀測次數 N 之垂直線相交，點標示數字，即爲所需觀測的次數。

8-4 劃分動作單元

碼錶時間研究通常應用在時間研究的第二階次「單元」（Element）。將該項操作整個操作單元，劃分爲幾個細微之單元以便衡量，通常以時值在 0.04 分以上的「單元」（Elements），作觀測的標準。

單元在不影響進行精確觀測記錄之前提下，愈短愈佳，**單元時間需在 0.04 分鐘（24 秒）以上，因 24 秒爲一般有經驗的測時員所能精確觀測記錄的極限**。單元間之開始與終止應易於辨別，在單元終點有明顯的特徵動作，得以準確測定每一單元，劃分動作單元，共理由有下列四點：

1. **方便觀測時，判定動作的起迄點：**一項操作含有機械加工操作時間、手工操作時間、搬運時間，不可能詳盡記述整個操作系統，綜合計時亦不易做正確之衡量。如劃分單元依系統記述，不僅容易計時，而且可用做訓練新員工之「標準操作」之用。
2. **準確度：**劃分單元可得各單元之標準工時，各單元之時間標準可以直接用於新產品工作衡量之基礎，估算產品上生產線工時及進行產線平衡（Line Balancing）。
3. **賦予各項單元評比：**一般人不可能在整個操作過程中均保持相同的速度（Pace），而劃分單元可以將各單元個別賦予評比，彌補操作過程中，速度不均的問題。
4. **改善的基準：**可查出操作單元實際工時長或過短，如操作單元工時過長，顯示工作效率不佳;如操作單元工時過短，可能品質異常，單元之劃分，查知何者時間爲浪費，進行作業的改善。

圖 8-4　單元就跟網速一樣越短越佳

表 8-6　動作單元的劃分原則

No.	原則	重點
1.	管控單元 （Governing Elements）	佔總操作時間大部分的操作單元。例如車床上加工時間，為機器單元，消耗大部分總操作時間。
2.	(1) 人力操作時間 （Manual Time） (2) 機械操作時間 （Machine Time）	機械加工不受評比影響，人力操作因素受到評比影響。
3.	外來單元	既不是規則單元，也不是間歇性單元，於某些狀況而形成是外來的單元。例如停止機器或檢查指令的工作，重新啓動或停止工具。
4.	(1) 可變單元 （Constant Elements） (2) 不可變單元 （Variable Elements） 明確劃分	(1) 不變單元（Constant Elements）：類似設備與工作環境之下，其操作時間約略相等，如啓動機器通常需要花費相同的時間。 (2) 可變單元（Variable Elements）：類似設備與工作環境相同，因工作性質不一，如重量之不同而不同。例如：執行圓筒形工件上的車削操作，所需時間取決於圓筒形工件的長度和直徑。
5.	(1) 劃分規則單元 （Regular Elements） (2) 間歇性單元 （Intermittent Elements）	(1) 規則單元：如從設備裝置中抽出完成的工件。 (2) 間歇性單元：附在規則單元或不在規則單元內，使規則單元時值差異很大，留意異常値的變化，如整理設備，調整機台。
6.	(1) 分開物料搬運時間 （Material Handling Time） (2) 其他單元	搬運受到工作場所佈置變動之影響，搬運所需時間必然較長。

爲了方便觀測與記錄劃分的「單元」，需注意表 8-6 所述之事項外，應先進行工作站作業之標準化，同時固定料件的儲存位置，才不會引起觀測時，造成判斷和時值的誤差。

8-5 記錄錶上時值

依碼錶構造及按鈕速度的不同。一般而言，將指針歸零時，約需耗時 0.0003 小時～0.000097 小時，也就是 0.0180 分～ 0.00582 分。讀錶上時值及記錄時值所需消耗的時間，對一有經驗的測時員而言，則至少需 0.04 分。從按錶歸零到舉筆記錄的動作，總時間約在 0.0458 ～ 0.0580 分。因此，若使用 0.01 分爲單位的十進分計碼錶，且爲準確起見時，該單元時間需在 0.06 分以上者，方可使用歸零法來進行測工作。

觀測員偶會有漏記的現象。另外，操作員本身則有「漏做」、「次序顛倒」，及受外界干擾或內在需求，產生異常的時值，記錄時除正常狀態下時值的記錄外，更需了解如何記錄此等異常值。

表 8-7　記錄錶上時值方法

<table>
<tr><th>現象</th><th>說明（連續測時法為例）</th><th>記錄方法</th></tr>
<tr><td rowspan="2">1. 碼錶的時間單位為 1</td><td>十進位碼錶上為 0.13 分</td><td>記為 13</td></tr>
<tr><td>十進位碼錶上為 0.0023 小時</td><td>記為 23</td></tr>
<tr><td>2. 完成一單元，將錶面的時值讀數記入 R 欄</td><td>第一單元完成時，十進位碼錶上為 0.13 分</td><td>記為 13</td></tr>
<tr><td>3. 觀測人員的漏記</td><td>觀測人員未在單元完成時，及時紀錄</td><td>事後，在 R 欄內記入「Miss reading」，並在 T 欄以「一」表消去不記</td></tr>
<tr><td>4. 作業者遺漏某單元</td><td rowspan="2">沒有按照「標準化」操作單元或不熟悉某操作單元</td><td>在 R 欄以「一」表示取消</td></tr>
<tr><td>5. 沒有按照作業順序</td><td>在 R 欄以「一」表示
線上註記終止時間
線下註記開始時間</td></tr>
<tr><td rowspan="2">6. 外來單元或延遲</td><td>時值小於 0.06 分之外來單元</td><td rowspan="2">在 R 欄以「O」內記入「A」-「Z」表示外來單元發生順序</td></tr>
<tr><td>時值大於 0.06 分之外來單元或延遲</td></tr>
</table>

8-6 摒棄異常值

觀測過程中，觀測分析人員及操作員，難免仍會有意外的異常值，美國機械工程師協會（American Society of Mechanical Engineers, ASME）對異常值（Abnormal Time）的定義爲**某一單元之碼錶讀數，由於一些外來之因素影響，使其讀數超出正常範圍，不是太大就是太小，外來之因素在正常操作該工作單元時是不存在的**。

圖 8-5　任何異常都該隨時發現並解決

觀測作業爲避免不尋常的異常值，測時員在觀測中，儘速地將異常事況予以記錄及排除，避免影響觀測值準確性，以定性的判斷及定量的計算，決定是否排除異常值。

觀測人員應了解造成異常值因素（表 8-8），分別將不尋常的「異常值」原因，予以判斷排除，依公司所要求時值的精確度，進行定性上的判斷，比較省時方便。當然，最適當易解的科學計算方法，是以品質管制的「X － R 管制圖」，以 99.73% 可靠水準，平均值三個標準差以外之數值認爲異常值排除。

表 8-8　造成異常值因素

因素	原因	改善
作業者	沒有按照「標準化」進行操作單元	標準作業程序（SOP）
作業者	遺漏某一操作單元	檢討此項單元，是否可從整個操作程序中刪去
觀測人員	記錄錯誤或疏忽	測時人員教育訓練
外來因素之干擾	如標準狀態改變，材料、零件之規格不合	了解原因，進行排除

8-7 運算正常時間

觀測及記錄時值時，難免會有各種異樣發生，直接影響運算觀測時值時之作法，只摒棄能明確說出其「異常」理由之異常值，如表 8-9 之說明，作業人員的漏作、多作或拖延動作，觀測人員記錄錯誤或疏忽，外來因素之干擾外來因素之干擾。

表 8-9 異常值之考量

	考量項目	說明
異常值的判定	作業人員單元遺漏、多作或拖延	作業人員經常遺漏某一單元，卻不影響工作，觀測人員檢討此單元的必要性，再重新測時。
	觀測人員的漏記、誤記	若明顯顯示在測時表格內。若無明顯看出，則需以定量的計算進行判定。
	外來干擾	影響作業人員與觀測人員的各種外來因素存在時，應該排除該時值。

例如：

在 n 次的觀測中，觀測時值 $X_1 \ldots X_2 \ldots X_3$

之平均值 $\overline{X} = \sum_{i=1}^{n} X / n$，則標準差 $\sigma = \sqrt{\sum_{1}^{n} \left(X_1 - \overline{X}\right)^2 / n}$

把在 $\overline{X} = \pm 2\sigma$ 範圍以外的時值，視為異常值予以排除，

此作法可靠度是 95.00%。

例題 1

某一操作單元之 10 次觀測之值如下：

20，21，22，19，27，M，20，21，18，21

求其平均值為何？

解答

$\overline{X} = \frac{189}{9} = 21$，$\sigma = \sqrt{52/9} = 2.4$

所以，將在〔21-2×2.4，21+2×2.4〕外，介於 [16.2 , 25.8]

27 因至區間外，予以排除。

而得平均值 $\overline{X} = \frac{162}{8} = 20.25$，即為該單元之觀測平均時值。

8-8 賦予評比及寬放

一 評比

雖然，觀測之前已透過 (1) 正常操作者（平均工人），(2) 工法標準化，(3) 材料定位化及 (4) 機械穩定化等各項要求，降低異常現象。操作員的「正常操作速度」，仍然受作業方法的困難度、工作熟練度、操作員本身的努力程度、外界環境、異常值影響與產業別的不同等其他因素的影響，而無法在觀測中順利取得。

「評比」（Performing Rating）是給予測時員適當的訓練，了解各類工作測時衡量技的術及經驗，掌握「正常速度」的感覺，進一步調高優越操作員及調低緩慢操作員的工時至「正常速度」下的「正常時間」（Normal Time）的必要程序。評比程序中，所賦予的比率值，即爲評比係數（Rating Factor）。觀測時間被賦予合理的評比係數後，趨近於正常時間，以下式來表示此三者的關係，第 9 章會進一步的說明。

正常時間＝觀測時間 × 評比係數 ······································ (8-5)

二 寬放

評比係數的調整下，可得較爲正常的操作時間，但操作員仍難免有下列幾基本需求：

1. **生理需求（Personal）**：上廁所、喝水、抓癢、咳嗽、揉眼等個人生理上的正常需求。
2. **疲勞需求（Fatigue）**：因勞累、疲倦所作的短暫休息之需求。
3. **可避免的遲延與不可避免的需求（Unavoidable Delay）**：掉落、被訪談、機械干擾、停電等。

這些非屬正常工作中的寬放（Allowance）時間，應適當加入正常時間中，符合對人性的尊重及展現實際的工作過程，否則，將會高估生產能力，導致生產管理作業上的不正確，第 10 會進一步的說明。

寬放就是賦予適當時間值到正常時間上，以呈現實際工作過程所需的時間（標準時間）之程序，容許寬放時間（Allowed Time），被稱爲「標準時間」。亦即：

標準時間（Standard Time）＝正常時間＋寬放時間 ……………… **(8-6)**

標準時間計算公式，可分：

1. 外乘法：

寬放率＝（寬放時間 / 觀測正常時間）×100%

即：**標準時間＝正常時間 ×（1 ＋寬放率）= 正常時間＋寬放時間** …… **(8-7)**

2. 內乘法：

寬放率＝（寬放時間 / 一日的上班時間）×100%

即：標準時間＝正常時間 × $\frac{1}{1-\text{寬放率}}$ ………………………… (8-8)

例如：

正常觀測時間：4.26 分鐘 / 件

寬放時間：54.0 分鐘 / 日

正常時間：480.0 分鐘 / 日－ 54.0 分鐘 / 日 = 426.0 分鐘 / 日

外乘法：寬放率＝（寬放時間 / 正常時間）= 54.0 / 426.0 = 0.127，

標準時間＝觀測正常時間 ×（1 ＋寬放率）= 4.26 ×（1 ＋ 0.127）= 4.8 分鐘 / 件

內乘法 =（寬放時間 / 一日的上班時間） = 54.0 / 480.0 = 0.1125，

標準時間＝觀測正常時間 × $\frac{1}{1-\text{寬放率}}$ = 4.26×1 /（1–0.1125）= 4.8 分鐘 / 件

例題 2

（以 107 年第一次工業工程師歷屆證照考題－工作研究示例，提供讀者參考）

某操作單元使用碼錶測時後得到平均觀測時間為 40 秒，西屋評比為 110，若寬放值設為 14%，則該單元之標準時間為以下何者？

解答

標準時間＝平均觀測時間 × 評比 ×（1+ 寬放率）

＝40×1.1×（1+14%）

＝44×1.14

＝50.16

≒ 50.2 秒

例題 3

（以 105 年第一次工業工程師歷屆證照考題－工作研究示例，提供讀者參考）

設有某項操作，經過碼錶測時後所得到的平均時間為 1.2 分鐘，評比為 115%，若寬放值 設為 12%，則其標準時間為何？

解答

標準時間＝平均觀測時間 × 評比 ×（1+ 寬放率）

=1.2×1.15×（1+12%）

=13.8×1.12

=15.456

≒ 15.46 秒

8-9 單位生產量標準時間

時間研究的基本要務以評比係數調整觀測時值，成為正常速度下之所需時間。再將寬放率賦予「正常時間」上，設定各動作單元之合理的「寬放時間」（Allowed Time），加總操作員的各項操作單元之容許寬放時間，便得該項操作之「標準時間」，若以公式表示，即為：

標準時間（Standard Time）

＝（觀測時間 × 評比係數）×（1 ＋寬放率）

＝正常時間 ×（1 ＋寬放率）

＝正常時間＋正常時間 × 寬放率

＝正常時間＋寬放時間

＝觀測時間 ×[評比係數 ×（1 ＋寬放率）]

＝觀測時間 × 轉換係數 ………………………………………… (8-9)

不同產業下，生產方式與生產數量，並非一致的，依各產業之需，而有計算單位及方式上的差異。一般而言，若每單位的生產數量：

1. **固定生產數量：**單位的生產數量之時間為標準時間的基礎

   例如：生產防爆瓦斯工具工廠，每箱 20 個零件為一單位。其標準時間 =14 分鐘 / 20 個 =0.7 分鐘 / 個 = 42 秒 / 個。

2. **不固定生產數量：**以單件之時間為標準時間之基礎

   例如：隨機抽檢某產品，確認其是否為良好時，每件產品的檢查時間需 30 秒。則其標準時間，以 30 秒 / 件來表示多人聯合作業時。

3. **週程時間 × 總人數 / 週程時間內之完成件數：**表示其單位之標準時間

   例如：三人在 8 分鐘內聯合作業以完成 10 件產品。則其標準時間 =8 分鐘 × 3 人 /10 件 = 24 分 ‧ 人 / 10 件 = 2.4 分 ‧ 人 / 件。

4.　多人組成一直線式生產線

則每件的生產標準時間，應以瓶頸站之作業時間為全線之基準。例如：電池的組裝輸送帶上，有 5 位作業人員。每站之作業時間分別為 16 秒、12 秒、18 秒、17 秒及 15 秒，則生產線之標準時間為 18 秒 / 件。

5.　一人多機作業時

(1) 若機械設備相同且並行加工：

則先以「人機程序圖」及「閒餘量分析」，決定可操作的機械台數（N），但每台機一次之產能是 n 件。再以週期時間（人的手作業時間 O ＋人的走動時間 W ＋機械運轉時間 M）除以產品件數，即將每件產品的標準時間 ST。亦即：

$$ST=\frac{O+W+M}{n\times N}\text{（分 / 件）}$$

若 $N=\dfrac{O+W+M}{O+W}$，則 $ST=\dfrac{O+W}{n}$（分 / 件）

(2) 若機械不同且直列加工時：

則以作業員所操作的最後一台機械的週期時間，除以每週期的產出數量為其標準時間。

例如，作業員操作三台機械，第 1 台機每 6 分鐘，產出 4 件，第 2 台機每 8 分鐘，產出 7 件，第 3 台機每 5 分鐘，產出 5 件。

則台機 Max. 的週期時間為 8 分鐘，Min3 產出量為 4 件。故 $ST=8/4=2$（分 / 件）

亦即 $ST=\dfrac{\text{Max. 週程時間}}{\text{Min. 生產數量}}$

本章習題

一、選擇題：

(　　) 1. 某一生產線包括四個工作站，依序為 A、B、C、D。假設各工作站的操作時間依序為 0.42，0.72，0.8，1 分鐘，每站分別有 3，6，6，7 個員工。若欲增進生產效率，應改善哪一個工作站？　(A) A 站　(B) B 站　(C) C 站　(D) D 站。

【108 年第一次工業工程師考試─工作研究】

(　　) 2. 下列何者不能列入外來單元（Foreign Element）的計算當中？　(A) 作業員誤將兩項加工順序對調　(B) 作業員去喝水　(C) 作業員更換故障手工具　(D) 領班詢問作業員問題。　【108 年第一次工業工程師考試─工作研究】

(　　) 3. 碼錶測時仍是密集抽樣時間研究最常用的工具，當使用碼錶時應注意下列事項，何者為非？　(A) 使用前最好先讓碼錶連續走動一段時間（通常為半日）　(B) 長時間連續使用時，應注意碼錶之誤差，最好與標準工時配合調整　(C) 碼錶安裝於時間觀測板上時，應注意其安裝是否確實，以防脫落　(D) 為其方便性，不需要將時間觀測板與碼錶併合在一起紀錄。

【108 年第一次工業工程師考試─工作研究】

(　　) 4. 碼錶測時對時間研究記錄影響至鉅，其中所使用的連續測時法（Continuous method），下列描述何者為非？　(A) 測時人員必須將每一單元事先予以明確清晰之劃分，以利於紀錄　(B) 在操作過程中，不管是延遲或者運送，均要確實記下，除了「外來單元（Foreign Elements）」可排除計算外，其他均紀錄　(C) 在短促之操作單元裡，連續測時法有助於標準方法之評估　(D) 在第一觀測週期第一操作單元開始，立即將碼錶按行，此後終此整個研究觀測過程，均不再按停歸零。　【108 年第一次工業工程師考試─工作研究】

(　　) 5. 於時間研究表上，可用「○」將 OT（Observed Time）中所記錄的時間作圈記，代表該時間為：　(A) 作業人員重新回到工作的起始時間　(B) 粗略值　(C) 該 OT 欄的平均時間　(D) 外來單元所花費的時間。

【108 年第一次工業工程師考試─工作研究】

(　　) 6. 一般進行測時工作時，記錄單元的操作時間有連續法及歸零法兩種，下列對此兩種敘述，何者為非？　(A) 歸零法可直接讀取單元的經過時間，故許多在連續測時法中的書面工作均可免去　(B) 歸零法亦稱按鈕法　(C) 連續法可以呈現整個觀測過程的完整記錄，所有遲延和外來單元均完整記載　(D) 歸零法較適用於短操作單元之時間研究，連續法適用於長操作單元。

【108 年第一次工業工程師考試─工作研究】

(　　) 7. 周鴻工廠管理部門對於某一操作單元試行觀測 10 次，其結果如下：7, 5, 6, 8, 7, 6, 7, 6, 6, 6，如其平均值欲得 5% 誤差界限，95% 可靠界限，請依誤差界限法（Error Limit），求得其 應測之次數？ (A) 45 次 (B) 35 次 (C) 25 次 (D) 10 次。 【108 年第一次工業工程師考試—工作研究】

(　　) 8. 工作階次（Level）通常有七種，碼錶時間研究通常應用在第幾類工作階次？ (A) 第一階次動作（Motion） (B) 第二階次單元（Element） (C) 第三階次作業（Operation） (D) 第四階次製程（Process）。

【108 年第一次工業工程師考試—工作研究】

(　　) 9. 若裝配線上五位作業員的標準工時為 0.54 秒、0.48 秒、0.60 秒、0.50 秒及 0.44 秒，則決定產量的時間為？ (A) 0.50 秒 (B) 0.44 秒 (C) 0.60 秒 (D) 0.54 秒。

【108 年第一次工業工程師考試—工作研究】

(　　) 10.工作衡量的方法，可以分成直接法與間接法兩大類。直接法係指直接觀測生產活動的時 間經過之方法，下列何者屬於直接法？ (A) 向度動作時間法（Dimensional Motion Times） (B) 工作抽查（Work Sampling） (C) 預定時間標準 （Predetermined Time Standard） (D) 標準資料法（Standard data method）。

【108 年第一次工業工程師考試—工作研究】

(　　) 11.一個合格之操作員在不受製程限制下，以正常速度及有效時間利用的情況下，每日所能 工作的數量，稱為下列何者？ (A)「正常速度之工作量」 (B)「有效時間之工作量」 (C)「一日之合理工作量」 (D)「合理利用之工作量」

【107 年第一次工業工程師考試—工作研究】

(　　) 12.下列何者是使用連續法進行碼錶測時的優點？ (A) 不需紀錄延遲所造成的時間 (B) 適合測量長週期類型的工作 (C) 不需要進一步計算過程 (D) 可記錄外來單元花費的時間。 【107 年第一次工業工程師考試—工作研究】

(　　) 13.標準時間等於下列何值？ (A) 正常時間 + 寬放時間 (B) 觀測時間 + 寬放時間 (C) 正常時間 × 評比係數 (D) 觀測時間 × 評比係數。

【107 年第一次工業工程師考試—工作研究】

(　　) 14.時間研究的程序中，不包括下列哪一項？ (A) 訂定寬放 (B) 建立公式 (C) 劃分單元 (D) 針對操作員的表現進行評比。

【105 年第一次工業工程師考試—工作研究】

(　　) 15.連續測時法碼錶所測的時間為 0.36、1.32、1.45、2.01 分鐘，於記載時的讀數 36 之後，依序為： (A) 1.32、45、2.01 (B) 32、45、1 (C) 132、145、201 (D) 132、45、201。 【105 年第一次工業工程師考試—工作研究】

(　　) 16.設有某項操作，經過碼錶測時後所得到的平均時間為 1.2 分鐘，評比為 115%，若寬放值設為 12%，則其標準時間為 (A) 0.82 分鐘 (B) 0.92 分鐘 (C) 0.93 分鐘 (D) 1.55 分鐘。 【105 年第一次工業工程師考試—工作研究】

(　　) 17.某一作業製程包括四個工作站，依序為甲、乙、丙、丁。假設各站所需的操作時間為依序為 0.6，1.0，1.3，0.5 分鐘，每站依序分配 3，4，5，2 個員工，若欲增進作業效率，應改善那一個工作站？ (A) 甲 (B) 乙 (C) 丙 (D) 丁。

【105 年第一次工業工程師考試—工作研究】

(　　) 18.若某工廠實行空閒率的工作抽查，試行 100 次觀測，發現空閒的次數為 25 次。如果信賴限度為 95%，精確程度為 ±5%，則其觀測次數為（取近似值）？ (A) 3000 (B) 6000 (C) 4800 (D) 5500。

【105 年第一次工業工程師考試—工作研究】

(　　) 19.用碼錶測時作時間研究的狀況下，對於較短的操作單元（如小於 0.06 分鐘）應採用以下何法為宜？ (A) 連續測時法 (B) 歸零法 (C) 部分設定法 (D) 公式推算法。 【105 年第一次工業工程師考試—工作研究】

二、簡答題

1. 「直接法」碼錶時間研究中，都會使用到的設備器材為何？
2. 觀測時所用的測時方法有所不同，基本上有分為哪兩種？
3. 時間研究基本上是一種「抽樣」（Sampling）的過程，觀測週期愈多，愈接近理想的準確結果。決定觀測次數因素？

NOTE

Work Study

9

評比

學習目標

- 9-1　正常操作與速率
- 9-2　評比的影響因素
- 9-3　學習曲線
- 9-4　評比的實施
- 9-5　平準化法
- 9-6　速度評比法
- 9-7　客觀評比法
- 9-8　合成評比法
- 9-9　評比訓練

評比作為執行作業的標準，分析人員根據設定的標準績效基準，衡量和比較作業人員的績效或正常速度，分析人員觀察作業人員的狀況，比較標準速度，判斷評比為標準速度的百分比。本章介紹四種評比方法：

- 平準化法（Leveling）
- 速度評比法（Speed Rating）
- 客觀評比法（Objective Rating）
- 合成評比法（Synthetic Rating）

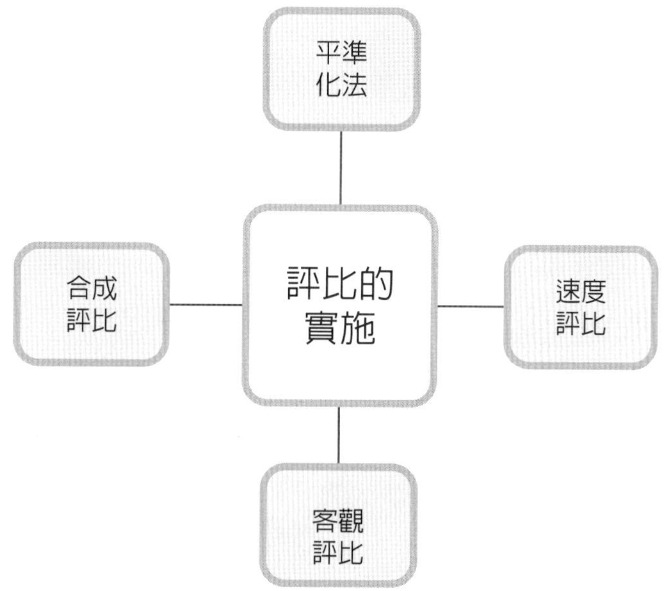

作者解說架構影片

觀測操作時間，使操作人員能成為「正常作業」（Normal Operation），測得「正常速度」（Normal Tempo）。操作員不可能自然又等速的正常速度進行操作，不易於控制及穩定。因此觀測員常應用各種客觀的手法，及個人主觀的判斷，並將之乘上適宜的係數，調整操作時間，使之接近「正常速度」。

「評比」（Rating）的定義是應用各種手法，個人判斷及評價，調整實際操作時間，成為「平均工人」之「正常速度」的過程。為達成「評比」的客觀性及準確性，學術界及工業界都相繼開發各種技術、方法，嚴謹的訓練觀測時值的人員，在合適的步驟中完成各項評比後，再分析賦於各操作合適的評比值。

測時分析人員是講求公平、公正的，同時，分析過程時也都參考統計理論及方法，降低觀測人員主觀判斷時產生的變異現象，以求得易為人員接受「平均工人」測得平均之時值。但是「評比」的準確性，難免在測時分析員主觀判斷下，有所爭議。因此確實掌握「評比」的目的、方法及適用性，所有相關人員都能接受，才能真正達成「評比」在整個工作衡量中的角色及作用。

圖 9-1　公平的評比才能避免爭議

9-1 正常操作與速率

評比是測時過程中一種判斷（Judgment）或評價（Evaluation）的技術，不管觀測人員如何的公平、公正及對操作員作要求。操作員因天生資質不一、手腳動作反應快慢、健康程度、知識與判斷及對該項操作的適應能力，必然會存在差異。同時，不同的測時人員對同一工作進行評比時，有不同的結果。迄今為人所接受的「正常速度」的基準：

1. 0.5 分鐘內將 52 張撲克牌分成四堆之速度。
2. 0.35 分鐘內走完 100 呎平坦的路的距離或每分鐘走 87.09 公尺。
3. 應用節拍器每分鐘 104 拍之速度。

評比目的在使實際的操作時間，調整至「平均作業員」之「正常速度」（Normal Pace）的基準上。所選出的「平均作業員」，是指合格勝任而又有充分經驗的操作者，在正常標準的工作環境條件之下，不快也不慢地進行操作，「正常速度」都將因測時人員的不同而異。

9-2 評比的影響因素

在一項統計實驗研究中，對不同操作所員所需時間之影響，隨機選取 1000 位作業員，不同操作人員的時間值之次數分配，其工作結果（產品）之次數分配情況，近似常態曲線（Normal Curve）。若依「平均工人」之概念，而將平均值（$\overline{X}$）當做正常時間（100%）。

如圖 9-2，最快速度爲 0.61 分，最慢速度爲 1.39 分。所觀測 1000 人中，僅 680 人在評比值 0.87 至 1.13 之間，由此可見評比因作業員個別差異性所影響之不準確性則，推論得知下列 5 項情況。

1. 有 68.26% 的操作員之工作時值，將落在與正常時間正負一個標準差 (σ) 範圍內。時值約在 0.87 ～ 0.13 間。
2. $\overline{X}+3\sigma$，亦即觀測時值爲 1.39 時，是最慢操作員所需的時間。
3. $\overline{X}-3\sigma$，亦即觀測時值爲 0.61 時，是最快操作員所需的時間。
4. 而最快與最慢的操作員，所需時間之比值爲 1：2.28。
5. 2.6% 的操作員之時值，將落在正負 3 個標準差之外。

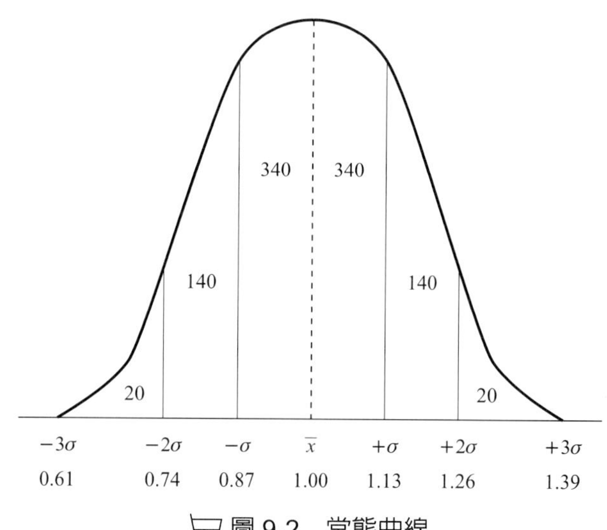

圖 9-2　常態曲線

統計實驗結果已明示出，操作員間必然存在的差異現象。大部分的測時人員會仔細地分析以使操作及速度，能更接近「正常」狀況，其中對於 **(1) 經驗能力，(2) 熟練程度，(3) 接受訓練，(4) 動作標準，(5) 生理狀況，(6) 機具運用，(7) 安全判斷，(8) 努力程度，(9) 健康靈活，(10) 速度快慢等各項因素**，常被提出的「定性」要求，以縮小操作員間彼此的差異。

但是依此操作性質、安全性及精密度等限制條件的不同，基準也是頗受爭議。找出大家所能接受的「平均值」作爲大家的基準，方能避免爭議，成爲共同追求的目標。

9-3 學習曲線

作業操作的熟練度，常受工作的複雜性及操作員本身習慣的影響。但是，卻能因 (1) 配合工器具設備的準備、(2) 動作單元的經濟原則、(3) 作業流程合理化，(4) 改善工器具設備、(5) 增加學習次數與 (6) 學習時間等因素改善，操作的熟練速度呈現遞增且逐漸穩定化的現象。

任何一個人學習能力的發展，「學習速率」（Rate of Learning）不是一固定值，充分訓練的操作人員影響最大，操作人員熟練度愈高，工作時間愈爲縮短。表現「學習次數」的「累積生產量」（Cumulative Products）之數值，將與表現出「學習時間」的「累積單位平均時間」（Cumulative Average Unit Time）之間，如圖 9-3 學習曲線（Learning Curve）所示。

$$Y_x = K \cdot X^N \quad \cdots\cdots\cdots\cdots\cdots\cdots \quad (9\text{-}1)$$

其中 Y_x = 累積生產量爲 X 時，操作員所需的累積單位平均時間

X = 累積生產量

K = 生產第一單位時之所需時間

N = 負值的指數

學習速率是指「累積生產量加倍後，累積單位平均時間所呈現的下降百分率」。若以數學式表示，則可寫為：

$$Y_{x1} = K \cdot X^{N} \qquad Y_{x2} = K \cdot (2X)^{N}$$

$$\text{學習速率} = \log \frac{Y_{x2}}{Y_{x1}} \times 100\% \times \frac{K \times (2X)^{N}}{K \times X^{N}} = 2^{N} \quad \cdots\cdots\cdots\cdots\cdots \quad (9\text{-}2)$$

其中 N 值應為：

$$\log \frac{Y_{x2}}{Y_{x1}} = N \log 2$$

$$\therefore N = \frac{\log \frac{Y_{x2}}{Y_{x1}}}{\log 2} \quad \cdots\cdots\cdots\cdots\cdots\cdots\cdots\cdots\cdots\cdots \quad (9\text{-}3)$$

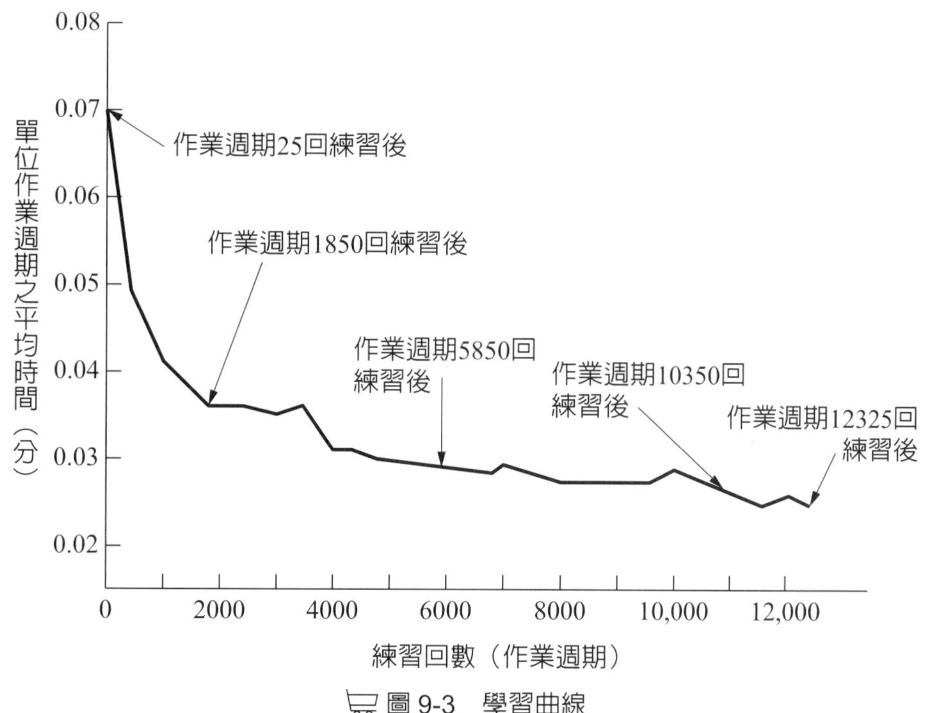

圖 9-3 學習曲線

9-4 評比的實施

爲使評比所造成的誤差縮小，降低平均觀測值與母體平均觀測值間之差異，評比的準確性要獲得認同，應先進行多次個別而獨立的觀測，以數個獨立的觀測平均值，建立時間標準。作法有以下 2 方式：

1. **同一時間內，研究分析人員，觀測不同操作員所得的平均時間值，總平均的差異小於 5%。**
2. **同一時間，研究分析人員，不同時段，觀測同一操作員所得各次時值，與總平均值的差異小於 5%。**

評比的結果遭受質疑時，必須對操作重新研究以證明其精確性（Accuracy），且評比的結果應具「一致性」（Consistency）。因此，觀測記錄該操作之後，時間研究人員，將剛觀測完畢之評比情形公開與被觀測者討論，並詢其意見，研究人員自己及操作者雙方都能獲得滿意。

圖 9-4　評比的精確性影響信賴度

如果公司內沒有有經驗的時間研究人員，可選擇若干位操作人員，使其操作同一待測定的工作，再觀測各操作員的操作時間，求其平均值，並以此平均時值，做爲正常時間，雖可避開建立時間標準時所需的評比作業，卻會增加觀測次數，以不同操作員所產生的變異現象。因此，由受過專業訓練的一位或多位時間研究人員，針對一位操作員進行觀測與評比，結果之變數較小且穩定。

常用的則有表 9-5 ～表 9-8 所列示的四種原則及作法，分析及賦予該項操作合理係數。四種評比方法中，一般而言，操作中的每個單元時間，若超過 0.2 分鐘，應採單元評比。而單元時間在 0.04 ～ 0.05 分鐘之間者，則採總體評比較方便。

1. **時間值甚長的多單元「作業」或總體評比：**西屋評比系統法。
2. **單元評比爲對象：**合成評比法。
3. **綜合基準（Synthetic Benchmarks）方法：**速度評比法與客觀評比法，綜合基準，指由同一操作單元的數次觀測之正常操作時間的平均值，所建立起來之資料。

9-5 平準化法

平準化法（Leveling）或稱爲「西屋評比系統法」（Westinghouse Rating System），是最被廣泛應用之方法，以熟練（Skill）、努力（Effort）、工作環境（Conditions）和一致性（Consistency）四者爲衡量工作之主要因素，每個因素再分成六個等級（Degrees），分別爲 (1) 超佳或理想（Super），(2) 優（Excellent），(3) 良（Good），(4) 平均（Average），(5) 可（Fair），(6) 欠佳（Poor），各等級賦予固定而適當之評比係數。將各因素之評比係數相加，即得總評比係數。

表 9-1　西屋評比系統法因素

因素		熟練 (Skill)		努力 (Effort)		工作環境 (Conditions)		一致性 (Consistency)	
定義		1. 進行某特定工作方法的效率。 2. 手腦並用的操作技術。		1. 工作時講究效率「意願」之表現。 2. 相同的技術水準，操作人員自由控制速度之意願表現。		環境中的因素，直接影響到操作者的方便性，而不影響到操作本身。		1. 作業人員在同種操作週期上的表現是否一致的問題。 2. 相同操作時，觀測時間值的接近程度。	
影響因素		人因如反應能力與工作性質、方法、經驗。		個人興趣 工作意願 日常習慣 熟練程度		溫度 濕度 通風 光線 躁音		材料 刀工治具 操作熟練程度 改善活動	
評比等級	超佳	A1	0.15	A1	0.13	A	0.06	A	0.04
		A2	0.13	A2	0.12				
	優	B1	0.11	B1	0.10	B	0.04	B	0.03
		B2	0.08	B2	0.05				
	良	C1	0.06	C1	0.02	C	0.02	C	0.01
		C2	0.03	C2	0.03				
	平均	D+	0.00	D+	0.00	D	0.00	D	0.00
	可	E1	−0.05	E1	−0.04	E	−0.03	E	−0.02
		E2	−0.04	E2	−0.08				
	欠佳	F1	−0.16	F1	−0.12	F	−0.07	F	−0.04
		F2	−0.12	F2	−0.17				

例題 1

評比因素	程度	評價
熟練	良 (C2)	0.03
努力	良 (C1)	0.05
一致性	可 (E)	–0.02
工作環境	平均 (D)	0.00
評比係數		0.06

解答

若觀測時間之平均值 =10 秒，正常時間 =10 × (1+0.06) =10.6 秒。

9-6 速度評比法

速度評比法（Speed Rating），也稱爲速度評定方法（Path Rating），觀測時間研究人員判斷操作者的運動速度，是以「正常作業人員」之「正常速度」爲基礎，或操作人員以工作之速度相對於「正常速度」以百分率之方式加以評估，操作人員的績效是通過工作完成率來評估，是最簡單之評比方法。

如果時間研究人員對所要觀測的操作，有完整詳盡的知識或瞭解，則可將單位時間內完成的工作量與正常操作者實施同樣工作之工作效果，進行比較。

速度評比以 100% 爲標準或正常，比正常速度快，評比係數 >100%，而比正常速度慢則評比係數 <100%。如評比爲 115%，表示被觀測人員的操作速度比正常速度快 15%。

如評比爲 90%，表示被觀測人員的操作速度比「正常速度」慢 10%，亦即，「正常速度」應爲觀測時間之 90%。可以正常速度下 1 小時（60 分鐘）所操作的工作量爲基礎，再觀測操作員在相同工作量下所需之時間。依此，將可迅速求得該項評比係數值。其計算公式爲：

$$評比係數=\frac{操作員爲完成相同工作量，所需之時間（以分鐘計）}{正常速度下，1\ 小時所完成之工作量（以\ 60\ 分鐘計）}\times 100\% \quad \cdots\cdots (9\text{-}4)$$

例如，某操作員在 1 小時內完成的工作量，相當於正常速度下 70 分鐘的工作量，則其評比係數是 (70/60)×100% ＝ 116.6%。若相當於正常速度下的 40 分鐘，則評比係數是 (40/60)×100% ＝ 66.6%。

在速度評比之下，「正常時間」可由下式計算而得：

正常時間 T_n（Normal Time）＝觀測時間 O（Observed Time）×
評比係數 P（Performance Rating）

$$T_n = (P) \times (O) \quad \text{(9-5)}$$

T_n：代測定操作所須之正常時間

O：觀測時值之平均數

P：速度評比係數

例題 2

（以 106 年第一次工業工程師歷屆證照考題－工作研究示例，提供讀者參考）

當使用速度評比法（Speed Rating）時以 60 為標準，此方法以標準小時為基礎，即每小時生產 60 分鐘的工作：

解答

$$速度評比 = \frac{完成相同工作量所需時間}{正常速度(60 爲機率)}$$

假如評比 49，速度評比 $= \dfrac{49}{60} = 0.81667 = 81.67\%$

假如評比 87，速度評比 $= \dfrac{87}{60} = 1.45 = 145\%$

9-7 客觀評比法

評比目的是以能達到客觀性及一致性爲最終目標。然而平準化法和速度評比法都須靠主觀之判斷。「客觀評比法」（Objective Rating）是由蒙德爾（M. E. Mundel）博士提出。客觀評比法如下：

1. **設定速度標準評比係數：**主觀判斷第一次調整係數，將某一工作之觀測速度與客觀的「速度標準」相衡量，尋找其間適當的比率。
2. **設定「難度調整係數」：**客觀調整係數第二次調整係數，衡量影響該工作之困難性的有關因素，賦予適當之客觀「工作困難度調整係數」。

表 9-2　客觀評比法公式

正常時間可由：$T_n = O \times P \times P2$
T_n = 正常時間
O = 觀測時間平均值
P = 速度標準評比係數
P2 = 工作困難度調整係數

若與其它方法相較，本法確實較具客觀性。至於，其實施步驟將如表 9-3 所述。依序訂出各因素之係數，加總計算其「工作困難度調整係數」，進行第二次調整。

表 9-3　客觀評比實施步驟程序

步驟	內容說明	實例
1.	第一次調整係數（Primary Factor, P 值）。將某一工作之觀測速度與客觀的「速度標準」相衡量，尋找其間適當的比率	「自輸送帶拿取加工件」操作單元的「速度評比」值為 140%，被觀測人員的操作速度比「正常速度」快 40%
2.	觀測時間 (O)	經 20 次的觀測，平均觀測時間為 0.42 秒
3.	第一次主觀判斷正常時間 $T_1 = O \times P$	第一次正常時間 $T_1 = O \times P = 0.42 \times 140\% = 0.59$ 秒

表 9-3　客觀評比實施步驟程序 (續)

<table>
<tr><th>步驟</th><th>內容說明</th><th>實例</th></tr>
<tr><td>4.</td><td>工作困難度調整係數 (參考 9-4)</td><td>「自輸送帶拿取加工件」操作內容如下
<table><tr><th>操作內容</th><th>等級</th><th>係數</th></tr><tr><td>身體前傾</td><td>E</td><td>0.08</td></tr><tr><td>右手拿取</td><td>H</td><td>0.00</td></tr><tr><td>加工件約
0.91 公斤</td><td>W</td><td>0.02</td></tr><tr><td>足踏情形</td><td>G</td><td>0.05</td></tr><tr><td>眼與手配合
程度之影響</td><td>K</td><td>0.04</td></tr></table></td></tr>
<tr><td>5.</td><td>工作困難度調整係數之和</td><td>E+H+W+G+H+K= 0.19</td></tr>
<tr><td>6.</td><td>$T_n = O \times P \times P_2$</td><td>$T_n$ = 0.59 秒 ×(1+0.19)=0.70 秒</td></tr>
</table>

影響工作困難度之調整因素有六種，說明如下：

1. **身體之使用部位：**觀察工人操作時身體使用之部位（A-E_2），以決定其適當之係數。
2. **足踏情形：**使用不同的足踏方式（F-G），其速度變化約從 0.005 到 0.007 分。
3. **兩手工作：**兩手以對動方式同時工作固然充分利用手之能力（H-H_2），並能增加產量。
4. **眼與手之配合：**動素中之「伸手」、「移物」、「尋找」、「選擇」、「裝配」與「對準」之單元，時間最受眼與手配合程度之影響，其影響程度視工作本身所要求之程度而定（I-M）。
5. **搬運之條件：**指物體被搬運之困難程度（N-Q），亦即搬運時，工人所需付出之感官的注意程度。
6. **重量：**所搬運物體之輕重對於工作時間之影響（W），尤以搬運時間在整個工作週期中所佔的比例有密切之關係。考慮重量因素做難度調整時可參考表 9-5。

表 9-4　工作困難度調整係數

種類編號	說明	參考記號	條件	調整係數 (%)
1.	身體使用之部位	A	輕易使用手指	0
		B	腕及手指	1
		C	前臂、腕及手指	2
		D	手臂、前臂、腕及手指	5
		E	軀體、手臂	8
		E_2	由地板上舉起腿	10
2.	足踏情形	F	未用足踏或單腳而以腳下為支點	0
		G	足踏而以前趾、腳掌外側為支點	5
3.	兩手工作	H	兩手相互協助相互代替而工作	0
		H_2	兩手已對稱方向同時做相同的工作	18
4.	眼與手之配合	I	粗略的工作，主要靠感覺	0
		J	須中等視覺	2
		K	位置大致不變，但不甚接近	4
		L	須加注意，稍接近	7
		M	在 ±0.04 公分之內	10
5.	搬運之條件	N	可粗略搬運	0
		O	須加以粗略的控制	1
		P	須加以控制，但易碎	2
		Q	須小心搬運	3
			極易碎	5
6.	重量	W	以實際重量計算之（參見表 9-5、9-6）	

表 9-5 重量難度調整係數 A

一次所取之重量或所加之壓力（磅）	負重時間占全週期時間 5% 以下時的基本值 *	負重時間占全週期時間 5% 時，所需增加部分的（%）值 *														最大值
		1	2	3	4	5	6	7	8	9	10	20	30	40	50	
1	1	負重在 20 磅以下時，即使用基本值與週期時間無關。														1
2	2	此欄的數值加上基本值後，再予四捨五入。														2
3	3	表上若無相當的增加部分值（%）時，應以內插法求之。														3
4	3															3
5	4															4
6	5															5
7	7															7
8	8															8
9	9															9
10	11															11
11	12															12
12	13															13
13	14															14
14	15															15
15	16															16
16	17															17
17	18															18
18	19															19
19	20															20
20	21	.0	.1	.1	.2	.2	.3	.3	.4	.4	.5	.1	1.3	1.7	2	23
21	22	.0	.1	.1	.2	.2	.3	.3	.4	.4	.5	.1	1.3	1.7	2	24
22	23	.1	.1	.2	.3	.3	.4	.5	.5	.6	.7	1.3	2.0	2.8	3	26
23	24	.1	.2	.3	.4	.4	.5	.6	.7	.8	.9	1.8	2.7	3.6	4	28
24	25	.1	.2	.3	.4	.6	.7	.8	.9	1.0	1.1	2.2	3.3	4.4	5	30
25	26	.1	.3	.4	.5	.7	.8	.9	1.1	1.2	1.3	2.7	4.0	5.3	6	32
26	27	.2	.3	.5	.6	.8	.9	1.1	1.2	1.4	1.6	3.1	4.7	6.2	7	34
27	28	.2	.4	.5	.7	.9	1.1	1.2	1.4	1.6	1.8	3.6	5.3	7.1	8	36
28	29	.2	.4	.6	.8	1.0	1.2	1.4	1.6	1.8	2.0	4.0	6.0	8.0	9	38
29	30	.2	.4	.7	.9	1.1	1.3	1.6	1.8	2.0	2.2	4.4	6.7	8.9	10	40
30	31	.2	.5	.7	1.0	1.2	1.5	1.7	2.0	2.2	2.4	4.9	7.3	9.7	11	42

* 由未經評比的時間值求比值。例如：單元 A 爲 0.15 分，單元 B 爲 0.10 分（評比後），單元 B 有負重時，其比率爲 0.10/0.25=40%，增加部分爲 40 – 5 = 35。

表 9-6　重量難度調整係數 B

一次所取之重量或所加之壓力（磅）	負重時間占全週期時間 5% 以下時的基本值 *	負重時間占全週期時間 5% 時，所需增加部分的（%）值 *														最大值
		1	2	3	4	5	6	7	8	9	10	20	30	40	50	
36	35	.5	1.0	1.5	2.0	2.4	2.9	3.4	3.9	4.4	4.9	9.7	14.7	20.0	22	57
37	36	.5	1.1	1.6	2.1	2.7	3.2	3.7	4.3	4.8	5.3	10.7	16.0	21.4	24	60
38	36	.5	1.2	1.7	2.3	2.9	3.5	4.0	4.6	5.2	5.8	11.6	17.3	23.1	26	62
39	37	.6	1.2	1.9	2.5	3.1	3.7	4.4	5.0	5.6	6.2	12.4	18.7	24.9	28	65
40	37	.7	1.4	2.1	2.8	3.4	4.1	4.8	5.5	6.2	6.9	13.8	20.7	27.5	31	68
41	38	.7	1.5	2.2	2.9	3.7	4.4	5.1	5.9	6.6	7.3	14.7	22.0	29.3	33	71
42	38	.8	1.6	2.4	3.2	4.0	4.8	5.6	6.4	7.2	8.0	16.0	24.0	32.0	36	74
43	39	.8	1.7	2.5	3.4	4.2	5.1	5.9	6.8	7.6	8.4	16.9	25.3	33.8	38	77
44	40	.9	1.8	2.7	3.6	4.4	5.3	6.2	7.1	8.0	8.9	17.8	36.6	35.6	40	80
45	40	1.0	1.9	2.9	3.8	4.8	5.7	6.7	7.6	8.6	9.6	19.1	28.7	38.2	43	83
46	41	1.0	2.0	3.0	4.0	5.0	6.0	7.0	8.0	9.0	10.0	20.0	30.0	40.0	45	86
47	42	1.0	2.1	3.1	4.2	5.2	6.3	7.3	8.4	9.4	10.5	20.9	31.3	41.8	47	89
48	42	1.1	2.2	3.3	4.4	5.6	6.7	7.8	8.9	10.0	11.1	22.2	33.3	44.4	50	92
49	43	1.2	2.3	3.5	4.6	5.8	6.9	8.1	9.2	10.4	11.6	23.1	34.7	46.2	52	95
50	43	1.2	2.4	3.7	4.9	6.1	7.3	8.6	9.8	11.0	12.2	24.4	36.7	48.9	55	98
51	44	1.3	2.5	3.8	5.1	6.3	7.6	8.9	10.1	11.4	12.7	25.4	38.0	50.7	57	101
52	44	1.3	2.7	4.0	5.3	6.7	8.0	9.3	10.7	12.0	13.3	26.7	40.0	53.3	60	101
53	45	1.4	2.8	4.1	5.5	6.9	8.3	9.6	11.0	12.4	13.8	27.6	41.3	55.1	62	107
54	46	1.4	2.8	4.3	5.7	7.1	8.5	10.0	11.4	12.8	14.2	28.4	42.5	56.9	64	110
55	46	1.5	3.0	4.5	6.0	7.4	8.9	10.4	11.9	13.4	14.9	29.8	44.6	59.5	67	113
56	47	1.6	3.1	4.7	6.2	7.8	9.3	10.9	12.4	14.0	15.6	31.3	46.6	62.2	70	117
57	47	1.6	3.2	4.9	6.5	8.1	9.7	11.4	13.0	14.6	16.2	32.4	48.6	64.9	73	120
58	48	1.7	3.4	5.1	6.8	8.4	10.1	11.8	13.5	15.2	16.9	33.8	50.7	67.6	76	124
59	48	1.8	3.5	5.3	7.0	8.8	10.5	12.3	14.1	15.8	17.6	35.1	52.7	70.2	79	127
60	49	1.8	3.6	5.4	7.2	9.0	10.8	12.6	14.4	16.2	18.0	36.0	54.0	72.0	81	130
61	50	1.9	3.7	5.6	7.5	9.3	11.2	13.1	14.9	16.8	18.7	37.4	57.0	74.7	84	134
62	50	1.9	3.9	5.8	7.7	9.7	11.6	13.5	15.5	17.4	19.3	38.7	58.0	77.3	87	137
63	51	2.0	4.0	5.9	7.9	9.9	11.9	13.8	15.8	17.8	19.8	39.6	59.4	79.9	89	140
64	51	2.1	4.1	6.2	8.3	10.3	12.4	14.5	16.5	18.6	20.6	41.3	62.0	82.7	93	144
65	52	2.1	4.2	6.3	8.4	10.6	12.7	14.8	16.9	19.0	21.1	42.2	63.3	84.5	95	147
66	53	2.2	4.3	6.5	8.6	10.8	12.9	15.1	17.3	19.4	21.6	43.1	64.6	86.2	97	150
67	53	2.2	4.5	6.7	9.1	11.2	13.5	15.7	17.9	20.2	22.4	44.8	67.3	89.8	101	154
68	54	2.3	4.6	6.9	9.2	11.4	13.7	16.0	18.3	20.6	22.9	45.7	68.6	91.6	103	157
69	54	2.4	4.7	7.1	9.4	11.8	14.1	16.5	18.8	21.2	23.6	47.1	70.6	94.2	106	160
70	55	2.4	4.8	7.3	9.7	12.1	14.5	17.0	19.4	21.8	24.2	48.4	72.6	96.9	109	164
71	56	2.5	4.9	7.4	9.9	12.3	14.8	17.3	19.7	22.2	24.6	49.3	74.0	98.7	111	167
72	56	2.5	5.1	7.6	10.1	12.7	15.2	17.7	20.3	22.8	25.1	50.6	76.0	101.3	114	170
73	57	2.6	5.2	7.8	10.4	13.0	15.6	18.2	20.8	23.4	25.3	20.0	78.0	104.0	117	174
74	58	2.6	5.2	7.9	10.6	13.2	15.9	18.5	21.2	23.8	26.0	52.8	79.3	105.8	119	177
75	58	2.7	5.4	8.1	10.8	13.6	16.3	19.0	21.7	24.4	27.1	54.2	81.3	108.4	122	180
76	59	2.8	5.6	8.3	11.1	13.9	16.7	19.4	22.2	25.0	27.8	55.5	83.3	111.1	125	184
77	59	2.9	5.7	8.6	11.5	14.3	17.2	20.1	22.9	25.8	28.7	57.3	86.0	114.7	129	188
78	60	2.9	5.8	8.7	11.6	14.5	17.5	20.4	22.3	26.2	29.1	58.2	87.3	116.5	131	191
79	61	3.0	6.0	8.9	11.9	14.9	17.9	20.8	23.8	26.8	29.8	59.5	89.3	119.1	134	195
80	61	3.0	6.1	9.1	12.2	15.2	18.3	21.3	24.4	27.4	30.4	60.8	91.3	121.8	137	198

時間研究照常進行，選擇工作週期的一些手動控制元素使用預定運動時間系統（Predetermined Motion Time System, PMT），可以確定這些選定元素的時間，將確定的這些元素的時間與實際觀察到的時間進行比較。

9-8 合成評比法

觀測人員之主觀判斷上建立一致的評比系統，有其實際操作的困難性，爲克服這種困難性，「合成評比法」（Synthetic Rating）建立統一之評比，與其他方法相比，合成評比法具有不依賴於時間研究者的判斷，並且給出一致的結果等兩個主要優點。

評比係數將測時資料數據中相同單元之實際平均時間（T）與預定動作時間標準（PTS）之標準時間進行比較，並爲每個選定單元，計算評比係數（Performance, P），總評比係數是爲所選元素確定的評比係數的平均值，應用於工作週期的所有手動單元元素。

評比係數（P）＝預定動作時間標準（PTS）／單元實際平均時間（T） ……………… (9-6)

例題 3

第 1 及第 3 操作單元之實測平均時值各為 0.12 分及 0.17 分。

解答

合成評比法假定所有操作單元之動作時間，與作業員之熟練度、適當性、努力程度與態度都有密切的關係，任何操作單元都受同樣的影響。

再查 PTS 標準動作時間資料，知爲 0.13 分及 0.19 分。

兩單元之相對評比各爲 $\frac{0.13}{0.12}\times 100\% = 108\%$ 及 $\frac{0.19}{0.17}\times 100\% = 112\%$。

取其平均 110%，賦予整個觀測週程內之各單元中，皆爲 110%。

表 9-7　合成評比法案例

單元 No.	工作單元	實測時間平均值 (min)	PTS 標準值 (min)	評比係數	平均評比係數
1.	插入電阻 A	0.12	0.13	108	110
2.	插入電阻 B	0.09			110
3.	插入電阻 C	0.17	0.19	112	110
4.	插入電容 A	0.26			110
5.	插入電容 B	0.32			110
6.	機械操作	0.07			110

9-9 評比訓練

爲使時間研究分析人員所定的評比係數，能夠訂定標準工時、建立標準生產量或實施獎工制度，評比的影響至爲重大。爲了建立可被作業員與管理當局雙方接受之「評比係數」，相關時間研究人員接受適當評比訓練，使其具備正常操作的觀念，能對各種不同操作賦予正確的評比值是非常需要的。

評比因作業員個別差異性所影響與時間研究人員的主觀判斷之差異性，影響評比誤差的主要因素：

1. 操作者的表現水準：

(1) 分析人員高估低於正常水準的操作表現。

(2) 分析人員低估高於正常水準的操作表現。

2. 操作的性質：

(1) 高估低於正常水準的複雜操作。

(2) 低估高於正常水準的簡單操作。

圖 9-5　管理評比來衡量績效

表 9-8　評比訓練之步驟

<table>
<tr><th>步驟</th><th>內容與說明</th><th>案例</th></tr>
<tr><td>1.</td><td>操作拍攝成影片放映於螢幕。</td><td>15 位受訓者觀察者評比係數如步驟 2。</td></tr>
<tr><td>2.</td><td>各人自己觀測的評比係數。</td><td>
<table>
<tr><th>NO.</th><th>正確係數</th><th>加予評比</th><th>NO.</th><th>正確係數</th><th>加予評比</th></tr>
<tr><td>1</td><td>110</td><td>105</td><td>9</td><td>100</td><td>105</td></tr>
<tr><td>2</td><td>125</td><td>120</td><td>10</td><td>80</td><td>75*</td></tr>
<tr><td>3</td><td>90</td><td>95</td><td>11</td><td>100</td><td>100</td></tr>
<tr><td>4</td><td>105</td><td>105</td><td>12</td><td>110</td><td>105</td></tr>
<tr><td>5</td><td>110</td><td>105</td><td>13</td><td>90</td><td>90</td></tr>
<tr><td>6</td><td>105</td><td>110</td><td>14</td><td>130</td><td>125</td></tr>
<tr><td>7</td><td>120</td><td>125</td><td>15</td><td>90</td><td>90</td></tr>
<tr><td>8</td><td>140</td><td>150*</td><td></td><td></td><td></td></tr>
</table>
</td></tr>
<tr><td>3.</td><td>比較受訓者觀察加予評比係數與正確係數。</td><td>原因
N0.8：(150-140) / 150 ＝ 6.67%，複雜操作，高估操作速度。
N0.10：(75-80) / 80 ＝ -6.25%，分析人員低估高於正常水準的操作表現。</td></tr>
<tr><td>4.</td><td>差異超過 5% 者，原因追查。</td><td> 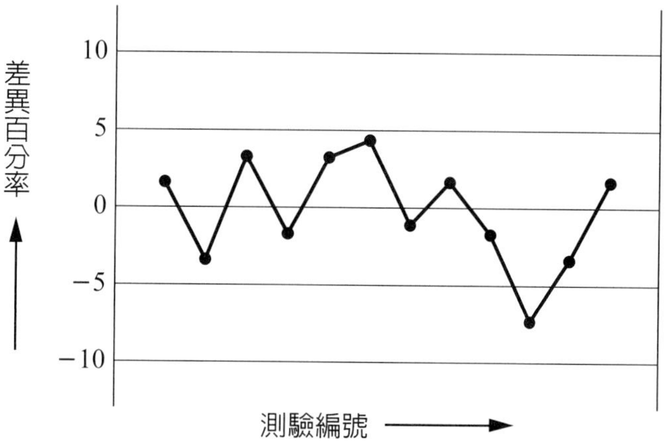差異百分率
10
5
0
−5
−10
測驗編號
圖 9-6　評比測驗</td></tr>
</table>

步驟	內容與說明	案例
5.	調整受訓者偏好的習慣，逐漸感受正常速度之相關意見。	1. 多元實地觀察真實操作。 2. 接觸不同類型的操作。 3. 確實掌握、感受與熟悉工作內容。 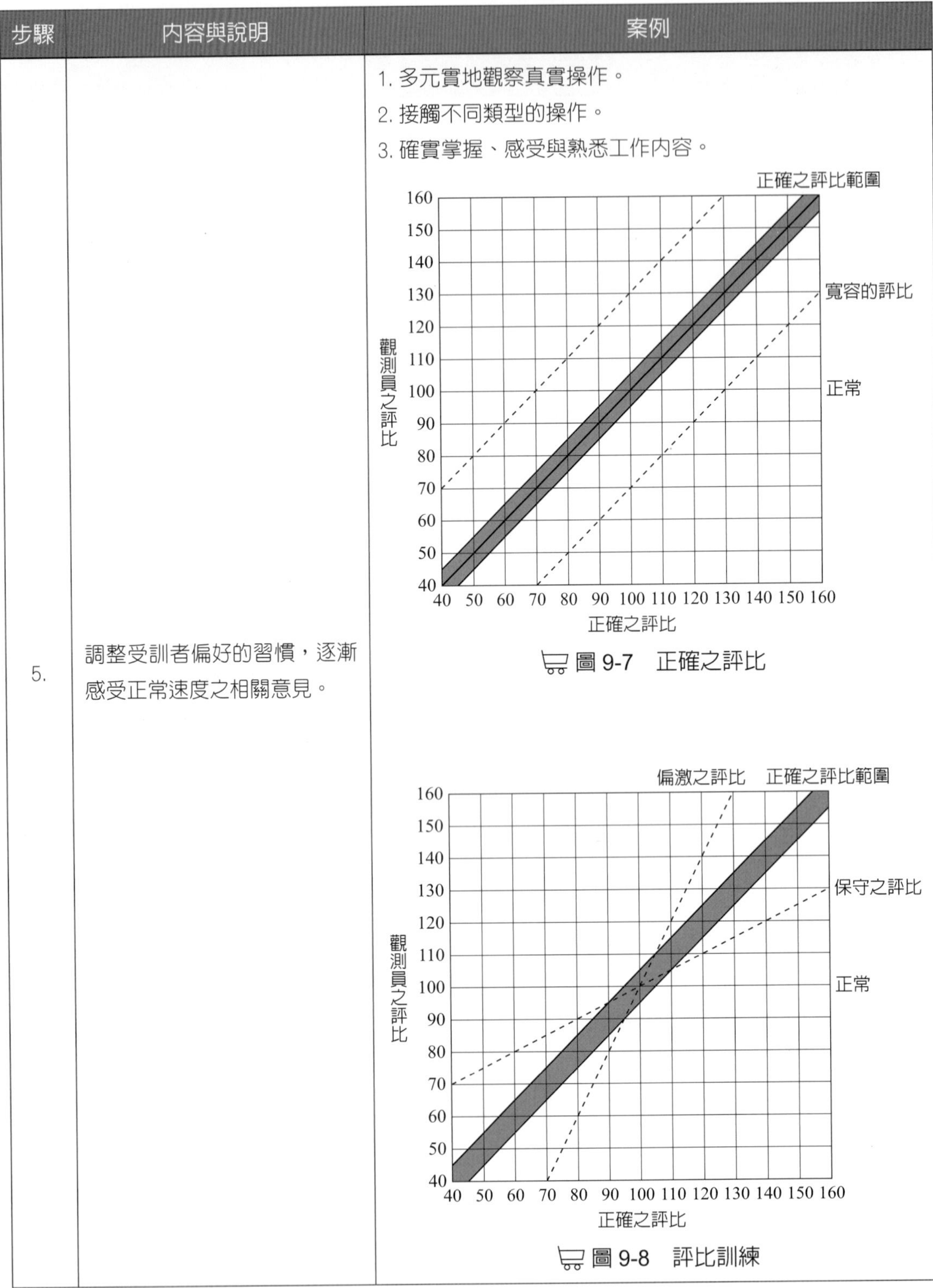 圖 9-7 正確之評比 圖 9-8 評比訓練

本章習題

一、選擇題：

(　　) 1. 評比的準確與否將影響到標準工時的訂定，一般合格的評比與總體平均值的差異應在：　(A) ± 2%　(B) ± 5%　(C) ± 8%　(D) ± 10%。

【108 年第一次工業工程師考試—工作研究】

(　　) 2. 下列敘述何者為正確？　(A) 在工作檯上符合動作經濟原則的半圓球範圍，是以工作人員的肩部為軸心　(B) 碼錶時間研究適用於生產週期之間有較大變異之操作　(C) 若是操作員的學習進度位於學習曲線的陡峭部分時，該作業員的作業績效就可成為制訂標準資料之依據　(D) 速度評比是以「正常速度」為評估基準（一般設為 100%），在相同工作情況下，其速度較「正常速度」慢時，則其評比系數小於 100%，以得到較短的時間。

【108 年第一次工業工程師考試—工作研究】

(　　) 3. 在整個時間研究的過程中，評比系統（Rating System）為最重要的一環，下列敘述何者為非？　(A) 評比應在記錄時間之前執行　(B) 若操作包含較長的單元，則對於整個操作進行評比　(C) 利用評比將觀測時間調整至正常表現所需的時間　(D) 以操作速度來評比是最快速且簡單的方法。

【108 年第一次工業工程師考試—工作研究】

(　　) 4. 評比技術為能消除操作人員的疑慮，獲取操作人員的信心，進而建立以下評比方法，下列何者為非？　(A) 合成評比法（Synthetic Rating）的缺點，必須建立一個以上的典型單位評比係數，欲完成此，又需要先建立典型單位的雙手操作圖及基本動作數據　(B) 速度評比法（Speed Rating）僅以「平均作業員」之「正常速度」為基礎觀念，而將相同工作之速度相對於「正常速度」以百分率之方式加以評估　(C) 客觀評比法（Objective Rating），先建立客觀的速度標準，再將主觀意識標準與客觀之速度標準相比較，得一步調評比係數 (P)　(D) 西屋評比法（Westinghouse Rating）此法評估操作人員的表現，考量技術、努力、工作環境與一致性，作為評比依據。

【107 年第一次工業工程師考試—工作研究】

(　　) 5. 有關時間研究中評比（Rating）的特性，下列敘述何者為非？　(A) 評比受到分析者主觀認定影響　(B) 評比容易招受批評　(C) 評比的原因是因為工作中常有突發狀況出現　(D) 評比可藉由訓練獲得改善。

【107 年第一次工業工程師考試—工作研究】

本章習題

(　　) 6. 客觀評比方法之中，困難度調整係數不包括下列何項？　(A) 肢體運用多寡　(B) 手眼協調　(C) 足部踩踏狀況　(D) 環境舒適程度。
【107 年第一次工業工程師考試—工作研究】

(　　) 7. 在進行時間研究中，評比值愈小，表示觀測時間相對於正常時間？　(A) 相等　(B) 較短　(C) 無關　(D) 較長。　【107 年第一次工業工程師考試—工作研究】

(　　) 8. 當使用速度評比法（Speed Rating）時，以 60 爲標準，此方法以標準小時爲基礎，即每小時生產 60 分鐘的工作，如評比爲 80 則　(A) 操作員的速度比正常速度慢 33.3 %　(B) 操作員的速度比正常速度慢 75 %　(C) 操作員的速度比正常速度快 33.3%　(D) 操作員的速度比正常速度快 75 %。
【106 年第一次工業工程師考試—工作研究】

(　　) 9. 在西屋系統（Westinghouse System）評比方法中，評估操作員表現之因素中，下列何者爲非？　(A) 技術與努力　(B) 組織忠誠度　(C) 工作環境　(D) 一致性。　【106 年第一次工業工程師考試—工作研究】

(　　) 10. 關於績效評比計畫（Performance Rating Plan）所考量之生理屬性（Physical Attributes），下列敘述何者錯誤？　(A) 第一類生理屬性爲靈巧度（Dexterity）　(B) 靈巧度（Dexterity）係指有效率、有次序的操作　(C) 簡化動作、動作合併及縮短工作係屬於第二類屬性爲工作效果（Effectiveness）　(D) 第三類生理屬性爲生理應用（Physical Application）包括工作速度及注意力。
【106 年第一次工業工程師考試—工作研究】

(　　) 11. 在進行時間研究中，評比值愈大，表示觀測時間相對於正常時間？　(A) 相等　(B) 較短　(C) 無關　(D) 較長。　【106 年第一次工業工程師考試—工作研究】

(　　) 12. 下列何者不屬於績效評比（Performance Rating）的方法？　(A) 速度評比法（Speed Ratung）　(B) 平準化法（Leveling）　(C) 客觀評比法（Objective Ratung）　(D) 心理物理學法（Psychophysics）。
【105 年第一次工業工程師考試—工作研究】

(　　) 13. 當使用速度評比法（Speed Ratung）時以 60 爲標準，此方法以標準小時爲基礎，即每小時生產 60 分鐘的工作：　(A) 如評比爲 49%，操作員的速度爲 81.67%　(B) 如評比爲 49%，操作員的速度爲 89.67%　(C) 如評比爲 87%，操作員的速度 149.67%　(D) 如評比爲 87%，操作員的速度爲 187.67%。
【105 年第一次工業工程師考試—工作研究】

二、簡答題

1. 迄今爲人所接受的「正常速度」的基準爲？
2. 「西屋評比系統法」（Westinghouse Rating System），是最被廣泛應用之方法，請說明以哪四者爲衡量工作之主要因素。
3. 速度評比法（Speed Rating），稱爲速度評定方法（Path Rating），評比係數計算公式爲何？

Work Study

10

寬放

10-1　寬放的研究方法

10-2　寬放的種類及對象

10-3　寬放率的計算及其時值的賦予

寬放可定義為額外的時間數據，操作的基本時間外加寬放時間，藉以解決作業人員的延誤、疲勞、任何特殊情況需求以及公司或組織的政策。寬放時間外加到工作的基本時間或正常時間中，即獲得工作的標準時間。

寬放時間，因合理需求或超出其控制範圍的因素，發生的作業中斷時間，例如，操作人員的需求（如飲用水，喝茶，上廁所等）延遲，或發生不可避免的延遲（如等待工具、材料或設備，機器的維護以及定期檢查零件 / 材料），為了補償作業人員，外加的額外的時間。

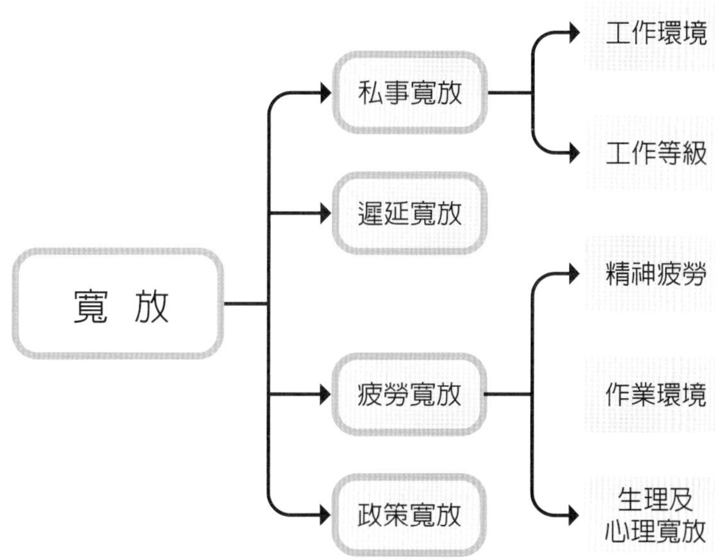

作者解說架構影片

時間測定的過程中，時間研究分析員只針對與操作有關的單元時間，做記錄與評比，計算出正常時間（Normal Time），表現出「平均作業人員」在「正常速度」下之所需工時，對於與操作無關的「外來單元」或「異常現象」，則予以摒棄。但作業是不可能沒有被任何干擾或中斷（Interruption）所影響，而能整天以相同的速度操作，一點也不變化地完成工作。

生產過程中，作業人員可能以下因素產生異常現象：

1. 因私事原因需要喝點茶或上廁所等。
2. 因疲倦而稍做休息或使速度降低。
3. 工具損壞需要裝修或者替機器上油。
4. 組長有所指示而不得不暫停工作。

這些都不是作業人員意志所能控制，因此寬放（Allowance）一項工作是爲了實際上的需要。時間研究分析人員有必要進一步分析該作業員之工作性質、生產線之機具穩定性、全廠材料之穩定性以及作業員本身的生理需求等可能發生的狀況，賦予合理化寬裕的時間，訂定出來「標準時間」，顯示出該人員或部門眞正的生產力，分析寬裕時間的過程，稱之爲賦予寬放（Allowance）。標準時間之求得，可以下列公式表示：

標準時間＝觀測時間 ×評比係數 ×（1 ＋寬放率）

＝正常時間 ×（1 ＋寬放率）

＝正常時間＋寬放時間 ………………………………… **(10-1)**

例如，麥當勞服務員每服務一位顧客的平均時間需 2 分鐘，若服務員的操作評比率是 110%，寬放率則賦予 20%，則標準時間＝ 2 分鐘 ×110% ×(1 ＋ 20%)= 2.64 分鐘 / 顧客，1 小時約可服務 60 分鐘 / 2.64 分鐘 / 顧客 =22.7 人。

寬放時間之需要性是必然的，要確切的掌握眞實而可靠的數據，因其發生的不穩定性與非週期性而難以掌握，有必要探討與了解應採用何種方式及方法，進行寬放研究。

10-1 寬放的研究方法

寬放的種類所涵蓋的範圍甚廣，寬放的研究方法分別為：

(一)連續觀察法（Continuous Study）

時間研究分析人員，連續觀察一段時間，記錄每一次外來單元，確實掌握連續不間斷的觀測及記錄時值和中斷（Idle Interval）理由，稱之為「連續觀察法」或「生產研究法」（Production Study）。

表 10-1　連續觀察法優缺點

優點	缺點
連續觀察一段時間，記錄外來單元與理由。	1. 連續觀察法費時甚久，觀測過程辛苦且沉悶，時間研究人員容易疲倦。 2. 取樣太少，容易造成誤差過大。 3. 操作員的精神深受壓力。

(二)工作抽查法（隨機測時法，Work Sampling）

工作抽查法可依統計理論，大量的隨機觀測，透過統計分析，準確度較高。

表 10-2　工作抽查法優缺點

優點	缺點
1. 大量的隨機觀測，透過統計分析。 2. 觀測次數多，準確度較高。	1. 缺乏有力的實際事例的佐證，易引起操作員的懷疑及不滿。 2. 觀測次數能取樣 500-3000 次，統計人員負擔過重，形成另一種資源浪費。

寬放的研究方法各有其優缺點，可將上述兩法混合使用，由操作員或現場主管在已設計好的表單上，記錄操作時值和中斷理由。時間研究人員方面，則負責進行「工作抽查」，相互配合，一來資料可相互佐證，二來可取得現場的認同及配合。

10-2 寬放的種類及對象

寬放時間之所以需要，主要受工作環境中各項的不確定性所引起。寬放種類及對象之決定，依不同工作性質而有很大差異。爲了解公司及工廠所應設置的寬放種類之先後次序，應明確各項種類的寬放型態，設定出一爲大多數人所接受的公平合理之標準時間。

一般言之，寬放時間約分成下列三類：**私事寬放（Personal Allowance）**、**疲勞寬放（Fatigue Allowance）**及**遲延寬放（Delay Allowance）**等三項因素。

一 私事寬放

時間用於滿足工人的身體需要。作業人員不能像機器一樣連續工作，因此爲了滿足作業人員的個人需求，如飲用水，喝茶，上廁所和去更衣室等，提供個人私事寬放。

一般工作條件和工作性質，影響個人私事寬放所需的時間，涉及高溫和潮濕環境下的繁重工作的條件，如熱鍛造工廠；與在舒適的工作條件下進行的工作相比，鑄造廠或橡膠成型部門，需要更大的私事寬放，滿足個人需求。

表 10-3　「私事寬放」因素

說明	項目	寬放值
私事寬放直接影響作業人員，與工作條件和工作性質有相關。	工作過程，中途擦汗、飲用水，喝茶，上廁所和去更衣室等。	1. 工作環境因素在標準狀態之下一天八小時工作時間約為 5%，即 24 分鐘。 2. 工作環境不理想，而工作性質更為沉重吃力，則較 5% 為多。 3. 女人比男人所需寬放時間為多。

二 疲勞寬放

疲勞寬放可以定義爲個人身體內外狀況，身體或精神上的疲勞，並且會對作業人員的的工作能力產生不利影響。

作業人員因執行指定的工作而逐漸在精神和身體上變得疲倦，疲勞導致作業人員以正常速度工作的能力不斷下降。因此，必須提供疲勞寬放，補償由於表 10-4 因素導致的工作能力下降。

表 10-4 「疲勞寬放」因素

說明	細分類	項目	改善方法
1. 與私事寬放時間有密切關係，主要應用於「人力」工作中。 2. 每個人所產生的影響並不一致，有些人需較高之寬放，但有些人並沒有多大影響，有時根本不必予以寬放。 3. 生理或心理上的疲勞，減低工作意願。	作業環境	1. 照明 2. 溫度 3. 濕度 4. 空氣清新度 5. 週圍顏色 6. 噪音	1. 改進操作方法或設備之途徑加以消減。 2. 朝向智能化和工業 4.0 發展，使肌肉運動的疲倦減小至最大限度。 3. 減少心理疲勞之方法，除改進工作環境之外，第一，使適人適事，第二，中間休息制度。
	精神疲勞	1. 精神緊張 2. 單調厭惡感	
	勞動強度及靜態肌肉疲勞	1. 重量 2. 姿勢 3. 單調	
	工作者之健康情況（生理及心理）	1. 生理狀態 2. 食物影響 3. 休息程度 4. 情緒穩定度 5. 家庭因素	

三 遲延寬放

遲延寬放實務包括可避免（Avoidable）與不可避免（Unavoidable）作業遲延。

可避免的遲延，理論上是不允許提供任何寬放時間，因爲可避免的延誤，包括由於特殊原因而拜訪其他作業人員，產線不必要停工和閒置作業，這些都不是因作業疲勞而必須要的休息時間，可避免的遲延，導致降低產能。

不可避免的延遲，可能是時間研究觀察員的未依規定行爲造成的中斷、主管和品管員的中斷或操作一人多機所造成的干擾延遲，由於過程性質造成的閒置，包括以下 4 點，以遲延寬放以補償作業人員。

(1) 操作閒置。

(2) 停電。

(3) 材料故障。

(4) 工具或機器故障，造成的時間損失。

表 10-5　「遲延寬放」因素

細分類	說明	項目	原因
可避免（Avoidable）	操作者意志所控制或故意造成的遲延，為「標準工時」的一部分。	1. 作業人員的閒置 2. 產線不必要停工 3. 人員的聊天	1. 生產線平衡 2. 生產排程管理 3. 加強監督
不可避免（Unavoidable）	非操作者意志所能控制： 1. 操作中途被領班、時間研究人員或其他人員詢問或干擾而停頓。 2. 材料不規則而產生之工作遲延。 3. 偶發原因（停電、清潔、上油潤滑）。	操作寬放時間	非因作業人員之過失，係因從事之操作程序或操作一人多機所造成的干擾延遲，發生不可避免之閒置。
		1. 現場偶發寬放 2. 時間管理寬放時間	作業員工作中，不在一定時間發生所需之寬放時間。
		機器干擾	設備預防保養。

一般來說，寬放對象約分為四種：

1. **設定全週程時間寬放：**設定此類型項目時，如私事寬放或是偶發寬放，以全週程時間值為對象，將觀測所得的寬放率與之相乘，得該項之寬放時間值。
2. **設定機器運轉加工：**計算所需寬放時間。
3. **設定對操作員之手操作及走動時間之總和：**如疲勞寬放類型，機器運轉加工所需寬放，單獨針對機器或人力，設定寬放率及寬放時間值。
4. **獨立特別設定之寬放項目：**此類型項目，因無明確的事項可觀測及依循。

寬放的分類可清楚掌握各種寬放之分類及其所需考量的因素，但要確實而精細的量測，必須有良好儀器及相關專業知識。為方便實際上的運用，表 10-6 為國際勞工局（International Labor Office, ILO）1957 年發表之私事與疲勞寬放率一覽表，介紹寬放率上的賦予方式，以茲參考。

圖 10-1　應避免不必要的私事寬放

表 10-6　國際勞工局（ILO）私事與疲勞寬放率表

A 固定寬放率		1. 私事		2. 基本疲勞寬放	
		5 (7)		4 (4)	
B 可變寬放率	1. 站立寬放	2 (4)			
	2. 不正常姿勢寬放	a. 稍有不便	b. 不便（彎曲）	c. 甚不方便（躺倒、伸展）	
		0 (1)	2 (3)	7 (7)	
	3. 使用肌肉能量或力量（提、拉、推）舉起物體重量（磅）	a.5 磅	b.10 磅	c.15 磅	d.20 磅
		0 (1)	1 (2)	2 (3)	3 (4)
		e. 25 磅	f. 30 磅	g. 35 磅	h.40 磅
		4 (6)	6 (8)	7 (10)	9 (13)
		i.45 磅	j.50 磅	k.60 磅	l.70 磅
		11 (16)	13 (20)	17 (-)	22 (-)
	4. 光線惡劣	a. 略低於正常	b. 低於正常甚多	c. 非常不足	
		0 (0)	2 (2)	5 (5)	
	5. 人體體溫在 37° 時，即自然快速散熱。但受溫度、溼度、換氣量、輻射熱四項因素影響，可用卡特溫度計同時測此四因素影響值 (mc/cm²/sec)	a.12	b.10	c.8	
		0%	3%	10%	
		d.6	e.5	f.4	
		21%	31%	45%	
		g.3	h.2	i	
		64%	100%		
	6. 需密切注意之工作	a. 尚稱精密	b. 精密、精確	c. 非常不足	
		0 (0)	2 (2)	5 (9)	
	7. 噪音	a. 連續	b. 間歇人聲	c. 間歇很大聲	
		0 (0)	2 (2)	5 (5)	
	8. 精神緊張	a. 略複雜的操作	b. 複雜或需廣泛注意	c. 非常複雜	
		0 (0)	4 (4)	8 (8)	
	9. 單調性工作	a. 低	b. 中	c. 高	
		0 (0)	1 (1)	4 (4)	
	10. 冗長而煩悶	a. 略冗長	b. 冗長	c. 非常冗長	
		0 (0)	2 (1)	5 (2)	
	＊一磅 = 0.45359 kg　＊(　) 處表女性之寬放效率值				

10-3 寬放率的計算及其時值的賦予

如依實例整理，概可將寬放粗略分爲作業寬放與管理寬放兩類。寬放的分類與業種、使用目地的及簡化性有關。寬放分爲：

1. **作業寬放：**含「私事」及「疲勞」兩種。
2. **管理寬放：**
   (1) 機械業種：含「操作」、「機械」及「換班」三種。
   (2) 機械業種：含「操作」及「部門」兩種。
   (3) 一般業種：含「管理」、「特殊」及「政策」三種。
   (4) 機械及自動化生工廠：含人工干擾（Stand By Time）及不可避免的「遲延寬放」兩種。

寬放率有兩種外乘法與內乘法，計算寬放率之前，應先了解公司自身的現有能力及資料後，才決定使用「外乘法」或「內乘法」，不管是採用何種方法，計算式雖有不同，所得的標準時間值，卻都將一致。

1. 外乘法

   針對某項已觀測的動作單元之正常時間，附加寬放時間，求算其標準時間。寬放率乃廠商相對於該項動作單元正常時間時值，賦予的寬放時值後，計算而得的結果。亦即：

$$標準時間＝正常時間 \times (1 + 寬放率)$$

$$寬放率＝\frac{寬放時間}{正常時間} \qquad \cdots\cdots\cdots\cdots \qquad (10\text{-}2)$$

2. 內乘法

   作業員僅被告知標準工時，正常時間則只有時間研究人員知悉。寬放率如以標準工時的百分率表示，作業員便可知在正常速度下作業時，一天究竟有多少寬放時間，以「一天的工作時間」爲基準，並應用過去的經驗與資料，決定應賦予各生產線或工作人員的寬放時間，求算出寬放率。

亦即：

標準工時＝正常時間＋寬放時間＝正常時間 × [1 / (1 − 寬放率)] ⋯ (10-3)

3. 內外乘法寬放率間關係

故內外乘法中，兩寬放率間有如下關係：

$$1 +\text{外乘法寬放率}=\frac{1}{1-\text{內乘法寬放率}} \quad \cdots\cdots\cdots\cdots \quad (10\text{-}4)$$

亦即：

$$\text{內乘法寬放率}=\frac{\text{外乘法寬放率}}{1+\text{外乘法寬放率}}$$

$$\text{外乘法寬放率}=\frac{\text{內乘法寬放率}}{1-\text{內乘法寬放率}} \quad \cdots\cdots\cdots\cdots \quad (10\text{-}5)$$

例題 1

觀測人員對某一操作人員連續觀測一天 8 小時之情況下：

作業內容	時間
操作的正常時間	5 分鐘
操作人員	
保養機器	18 分鐘
聽取工作指示	12 分鐘
休息時間	早上及下午各 10 分鐘
私事寬放時間	5 分鐘

解答

寬放率 = (18 + 12 + 10 + 10 + 5) / (8 小時 × 60 分鐘) = $\frac{55\text{ 分}}{480\text{ 分}}$ = 0.11458，因本寬放率之「基準」是以「一日的工時」爲主，故應以內乘法，計算其標準時間。亦即：

標準時間＝正常時間 ×(1 / 1 – 寬放率) = 5×(1 / 1 – 0.1145) = 5×1.129 = 5.647 分

例題 2

1 天工作 8 小時共 480 分鐘私事，寬放率 5%，1 天的私事寬放時間 480 分鐘 × 寬放率 10%=24 分鐘。

作業內容	時間
週程作業	4.20 分鐘 / 個
附帶作業：	18 分鐘
正常週程時間合計	4.26 分鐘 / 個
保養時間	20 分鐘 / 天
作業的中斷與遲延	10 分鐘 / 天
寬放時間	30 分鐘 / 天
私事寬放時間（5%）	24.0 分鐘 / 天

解答

寬放時間合計 = 20 分 +10 分 +24 分 = 54.0 分鐘 / 天

正常時間 = 480 分鐘 / 天 – 54.0 分鐘 / 天 = 426 分鐘 / 天

外乘法 = 寬放率 $= \dfrac{\text{寬放時間}}{\text{正常時間}}$ = 54 分鐘 / 426 分鐘 = 0.127

標準時間＝正常時間 ×(1 ＋寬放率) = 4.20×(1 ＋ 0.127) = 4.73 分鐘 / 個

內乘法＝寬放率＝ 54 分鐘 / 480 分鐘 = 0.1125

標準時間＝正常時間 ×(1 / 1 – 寬放率) = 4.20 ×(1 / 1– 0.1125) = 4.73 分鐘 / 個

例題 3

（以 109 年第一次工業工程師歷屆證照考題－工作研究示例，提供讀者參考）

寬放作業正常操作時間為 10 分鐘，假設在一天 480 分鐘的工作時間內，機器保養時間 30 分鐘，工作指示占 15 分鐘，私事寬放 15 分鐘，則此裝配作業之標準時間為多少分鐘？

解答

寬放時間合計 =30 分 +15 分 +15 分 =60.0 分鐘 / 天

正常時間 =480 分鐘 / 天 -60.0 分鐘 / 天 =420 分鐘 / 天

外乘法 = 寬放率 $= \dfrac{\text{寬放時間}}{\text{正常時間}}$ =60 分鐘 /420 分鐘 =0.142857

標準時間 = 正常時間 ×（1+ 寬放率）=10×（1+0.142）=11.42 分鐘 / 個

本章習題

一、選擇題

(　　) 1. 下列哪一項不屬於變動疲勞寬放的原因？ (A) 喝水、上廁所 (B) 噪音程度 (C) 工作單調或冗長 (D) 溫度或濕度。

【108 年第一次工業工程師考試—工作研究】

(　　) 2. 以下何者不是變動疲勞寬放考慮項目？ (A) 精密程度 (B) 照明水準 (C) 冗長煩悶 (D) 檢驗時間。

【108 年第一次工業工程師考試—工作研究】

(　　) 3. 當工作環境的溫度與皮膚溫度一樣時，身體將無法散熱造成脫水現象，爲避免上述情況發生下列作法何者不適宜？ (A) 飲用微溫的開水 (B) 穿著防輻熱的衣服 (C) 強制安排固定時間的工作與休息 (D) 訓練人員熱窒息的急救處理。

【108 年第一次工業工程師考試—工作研究】

(　　) 4. 時間研究分析師在建立時間標準時，必須作適當的調整，以補償不可避免的延遲與其他合理的時間損失，這些調整稱爲「寬放」。下列對於寬放的描述何者爲非？ (A) 提供私事與一般疲勞最少 9 至 10% 的寬放 (B) 利用寬放補償工作時發生的疲勞與延遲 (C) 將寬放時間以正常操作時間的百分比値加入正常操作時間當中 (D) 隨機觀測樣本，人員只需記錄某一天操作人員處於進行或是閒置的情形即可，即可代表樣本寬放率。

【108 年第一次工業工程師考試—工作研究】

(　　) 5. 有關「遲延寬放」之敘述，下列何者爲非？ (A) 工人更換工具或設備等，應列入「遲延寬放」中 (B) 塡寫工作表單造成之遲延，應列入「遲延寬放」中 (C) 可避免之遲延，不應列入「遲延寬放」中 (D)「政策寬放（Policy Allowance）」可適用於每位員工。

【107 年第一次工業工程師考試—工作研究】

(　　) 6. 鴻燦公司上、下午工作時間中斷，規定全體一律暫停工作之休息時間是屬於下列何者？ (A) 私事寬放 (B) 疲勞寬放 (C) 延遲寬放 (D) 政策寬放。

【107 年第一次工業工程師考試—工作研究】

(　　) 7. 下列何者爲「可避免的延遲」？ (A) 喝水 (B) 疲勞休息 (C) 等待搬運 (D) 上廁所。

【107 年第一次工業工程師考試—工作研究】

本章習題

( ) 8. 某一項連續工作的起始操作需時 1.480 分鐘，同時該項連續工作的結束操作耗時 1.542 分鐘，試問應當給予此一工作多少疲勞寬放？ (A) 4.02% (B) 5.52% (C) 6.54% (D) 8.48%。 【107 年第一次工業工程師考試—工作研究】

( ) 9. 標準時間等於下列何值？ (A) 正常時間 + 寬放時間 (B) 觀測時間 + 寬放時間 (C) 正常時間 × 評比係數 (D) 觀測時間 × 評比係數。
【107 年第一次工業工程師考試—工作研究】

( ) 10.一般在設定寬放時間時，下列何者非其對象？ (A) 全週程時間 (B) 機械運轉加工時間 (C) 操作員休息時間 (D) 機械保養時間 (E) 獨立特別設定之寬放項目。

( ) 11.寬放項目，下列何者非其對象？ (A) 私事 (B) 疲勞 (C) 緊張 (D) 遲延。

( ) 12.疲勞寬放的產生因素，下列何者非其對象？ (A) 通勤交通 (B) 精神疲勞 (C) 勞動強度 (D) 家庭及健康。

( ) 13.國際勞工局 (I.L.D) 認爲，私事寬放率爲男 5%、女則爲 (A) 女 7% (B) 女 3% (C) 女 2% (D) 女 5% 。

( ) 14.一天 8 小時的工作時間內，保養需 20 分鐘，朝會 5 分鐘，收工前的打掃 5 分鐘，人的寬放 24 分鐘。則外乘法之寬放率 (A) 0.1125 (B) 0.1267 (C) 0.1125 (D) 0.1267。

( ) 15.一天 8 小時的工作時間內，保養需 20 分鐘，朝會 5 分鐘，收工前的打掃 5 分鐘，人的寬放 24 分鐘。則內乘法之寬放率 (A) 0.1125 (B) 0.1267 (C) 0.1125 (D) 0.1267。

( ) 16.某作業之評比係數爲 1.10，寬放率 20%，十次觀測中，得其時值分別爲 2.41，2.39，2.37，2.40，2.36，2.42，2.39，2.40，2.40，2.38 分。其 (A) 平均時值是 24.52 (B) 正常時間 26.97 分 (C) 標準時間 32.37 分 (D) 標準時間介於 3.0 與 3.5 之間。

二、簡答題：

1. 寬放的種類所涵蓋的範圍甚廣，寬放的研究方法分別爲哪兩種？
2. 一般言之，寬放時間約分成哪三類？
3. 請說明「私事寬放」意義與因素。

4. 請說明「疲勞寬放」意義與因素。
5. 請說明「遲延寬放」意義與因素。
6. 寬放率計算方式有哪兩種？

Work Study

11

工作抽查

工作抽查（Work Sampling）是一種統計應用的技術與手法，透過直接觀察，分析工作性能和機器利用率。若無碼錶測時，工作抽樣是另一項有用的工作研究技術。工作抽查技術特別用於估計企業中發生的延遲或閒置的比例，了解原因並進行改善，如電源故障、輸入延遲、機器清潔、機器故障和人力閒置，或者應用於估計行政人員花在參加會議、打電話或閱讀上的時間。

工 作 抽 查 程 序

1. 確認觀察的對象與目的
2. 設計觀察的表格
3. 確認觀察時間期間
4. 了解觀察樣本的大小
5. 確認觀察的次數
6. 排定觀察的計畫行程
7. 觀察研究對象並記錄資料
8. 確認樣本數是否足夠

作者解說架構影片

工作抽查是一種確定活動標準時間的技術，採取隨機地進行大量隨機觀測的樣本抽樣技術，取決於機率定律，也被稱爲活動抽樣，工作抽查技術更適合分析持續時間較長的群體活動和重複性活動。如果作業人員個人執行一項以上的活動，可以使用工作抽查方法，計算每個活動的時間標準，例如在印刷機上，一個操作員將進行排版、校對、印刷等作業，這些活動的可藉助工作抽樣方法確定時間標準，瞭解各項作業工作安排的比例。

11-1 連續與隨機測時法

企業爲了降低成本，生產活動過程中，充分現有生產資源尤爲重要，隨時注意人力與物力之利用效率，掌握生產過程中的各種實況及問題點，進而研討及提出解決方案，提高生產力。調查企業現有資源否被有效利用，通常有許多方法，如比較、分析生產效率與其固有生產能力之估計，長時期直接時間研究以及工作抽查等。

工作抽查（**Work Sampling**）係應用統計學理論，不需任何時間研究設備，隨機抽樣（**Random Sampling**）之方法，探求生產效率之技術。因此不需過多與嚴格的訓練，即可由現場人員依表格用紙自行觀測，即可記錄整個工廠之生產情形（碼錶時間研究則一定要受過訓練之觀測員或工業工程師才能勝任）。

表 11-1 比較連續觀測記錄與隨機抽樣測時，就其觀測方式、工作階次與觀測次數及過程等數個項目進行比較。碼錶時間研究與工作抽查法各有其優缺點及適用範圍。工作抽查法優點是有充分的理論依據、容易觀測、記錄方便性及低成本的條件下，廣爲大多數企業所愛用，不過工作抽查法的缺點是觀測次數卻相對的需要很多。

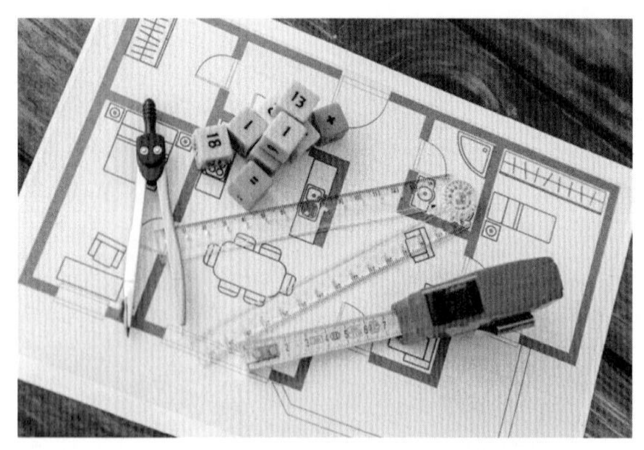

圖 11-1　繪製表格記錄生產情形

表 11-1　連續與隨機測時法之比較

項目	碼錶時間研究	工作抽查
觀測方式	連續觀測記錄	隨機抽樣之方法
工作階次	第三階次（作業）、第四階次（製程）的工作	第二階次（單元）的工作
觀測次數	非重複作業或週程較長的工作	複性高而週程較短
觀測員能力	現場人員不需過多與嚴格的訓練	一定要受過訓練之觀測員或工業工程師才能勝任
案例	工廠調查、維修、醫療、辦公室作業、商店及餐廳等服務業	如一般裝配、機器加工等

11-2 生產作業的分類

工作抽查是在一段時間內，對特定機器設備、作業人員或過程、操作中，以隨機時間間隔進行大量即時觀察。因此運用工作抽查記錄當時發生的情況，進行改善之前，應先掌握工作抽查的目的及改善項目。

生產中的各項活動內容與產業別，與各工作站所要完成的作用，有密切的關係。進行工作改善之相關事務，將調查項目概分為「工作」與「閒置」，針對特定活動或延遲、空閒觀察記錄其百分比。觀察作業人員在輪班期間，可以完成分配給他的工作，或有其它原因而處於閒置狀態。

下表 11-2 顯示，在總共 50 個觀測值中，有 45 個工作觀測值和 5 個空閒觀測值，工作觀察記錄百分比 45/50=90%，閒置空閒觀察記錄百分比 5/50=10%。這項調查是針對一名每天工作 8 小時的作業人員，操作員在 8 小時（480 分鐘）的輪班中空閒 10% 或 48 分鐘，而 90% 或 432 分鐘的輪班中工作。

表 11-2　作業狀態表

作業狀況	觀測值	比例
工作狀態	45	90%
閒置空閒	5	10%
總和	50	100%

欲了解作業事項之實際原因，則可應用表 11-3 作業分類一覽表，對作業進一步的深入探討，基本作業分類之構成：

1. **準備作業**：時間和勞力花在事前準備性工作。如調整機器、放置加工材料於加工機器，主體作業的動作以前的動作，都屬於準備作業。
2. **主體作業**：具有生產附加價值產品實際作業，眞正處理作業的重點所在。如操作機台、產品檢驗，包括手工作業與機械作業（主作業）與搬運作業（附帶作業）。
3. **收拾作業**：結束處理作業的整個過程所需附加的動作，時間和勞力花在主體作業之事務。如取下加工物、處理殘餘物品、存放加工件或清理工作。

圖 11-2　事前工作要做好準備

表 11-3　作業分類一覽表

作業的分類			性質	舉例
作業	準備作業		1. 主作業所做的準備工作。 2. 每批次需要 1 次或每天需要 1 次。 3. 分類上有時與收拾作業合併為附帶作業。	準備材料、準備工具、夾具、閱讀工作單或圖面。
	主體作業	主作業	1. 派工單指示的作業，直接對工作有貢獻的部分。 2. 反覆會發生。 3. 通常皆已標準化。	切削、穿孔、裝配。
		附帶作業	1. 派工單指示的作業，間接對工作有貢獻的部分。 2. 反覆會發生。 3. 通常皆已標準化。	材料或工具的裝卸、尺寸檢查。
	收拾作業		1. 主作業所做的收拾作業。 2. 每批次需要 1 次或每天需要 1 次。 3. 與準備作業合併為附帶作業。	收拾、清掃機器、整理切屑。

例：從倉儲取塗料進行塗裝工作，生產作業的分類，共分 12 步驟，依作業之目的分類，其中準備作業 5 個步驟、主體作業 4 個步驟與收拾作業 3 個步驟。依據流程與工廠佈置之層面進行分類作業，方便日後調查研究及改善時之用。

1. **準備作業**：(1) 倉庫領取塗料、(2) 回工作台、(3) 塗料的混合、(4) 等待塗料均勻、(5) 塗料桶置於工作台。
2. **主體作業**：(6) 取刷子、(7) 塗料於產品、(8) 等待乾燥、(9) 放回刷子。
3. **收拾作業**：(10) 整理料桶、(11) 送回倉儲、(12) 零件送至下製程。

圖 11-3　作業三大分類

11-3 工作抽查之應用

工作抽查在實務上應用很廣，主要可以歸納爲二：

(一) 工作抽查可用作工作時間和空閒時間的比率研究，並進行工作改善

藉由工作抽查，可以得出作業者與極機器設備的空閒時間（Idle Time）與工作時間（Working Time）佔總時間的比例。

$$\text{空閒比率（\%）}=\frac{\text{空閒時間}}{\text{總觀測時間}}\times 100\%$$

$$\text{工作比率（\%）}=\frac{\text{工作時間}}{\text{總觀測時間}}\times 100\% \qquad \cdots\cdots\cdots\cdots \quad (11\text{-}1)$$

例題 1

有某一作業員在此時間內工作，並用直接測時法測定其工作時間。當作業員在工作時分用「空白」表示，空閒時分則用「斜線」表示，測量結果如圖 11-4 所示。在 60 分的作業當中，有 18 分鐘的空閒，42 分鐘的工作時間。

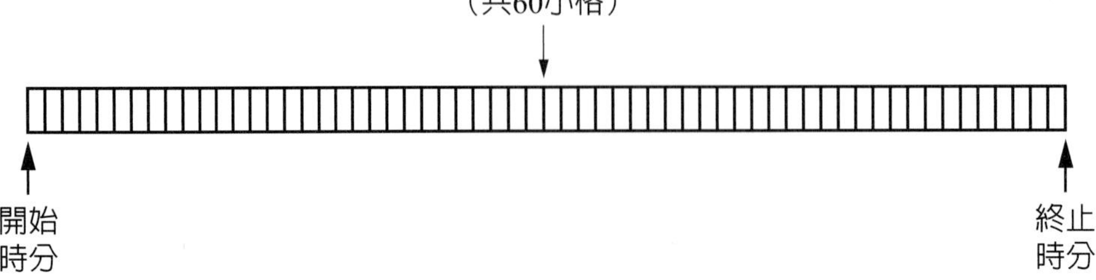

圖 11-4　在一小時中，以分為單位之連續時間分割

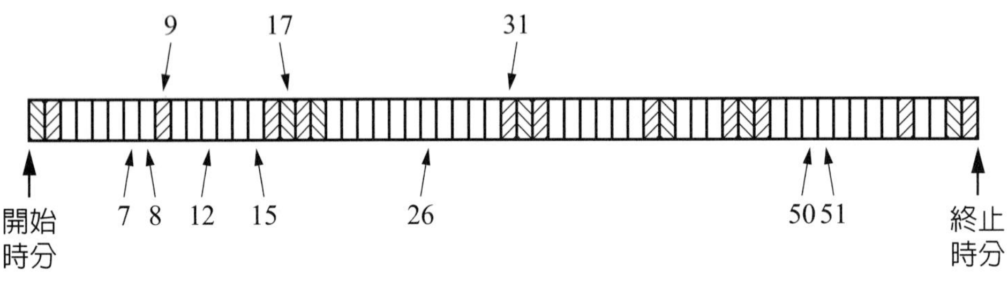

圖 11-5　直接測時記錄

解答

$$\text{空閒比率（\%）}=\frac{\text{空閒時間}}{\text{總觀測時間}}=\frac{18}{60}=0.3=30\%$$

$$\text{工作比率（\%）}=\frac{\text{工作時間}}{\text{總觀測時間}}=\frac{42}{60}=0.7=70\%$$

(二) 績效抽樣研究：研究工作時間上的工作和閒置情形，設定標準工時

以工作抽查設定標準工時，還要賦予評比與寬放。寬放可利用績效指標（Performance Index，PI）來決定。PI 是同樣產量下標準工時與實際時間之比，如下公式：

$$\text{績效指標}=\frac{\text{某產量下應花費之標準工時}}{\text{某產量下實際使用之時間}}\times 100 \quad \cdots\cdots\cdots\cdots \quad (11\text{-}2)$$

將歷次觀測之績效指標加以加權平均（Averagre PI），利用下列 G4 公式求得標準工時：

$$\text{標準工時}=\frac{\text{總觀測時間}\times\text{工作比率}\times\text{平均績效指標}}{\text{觀測期間之總產量}}\times\text{寬放}\cdots\cdots \quad (11\text{-}3)$$

例題 2

某工廠之機械裝配作業，配置 10 名操作員做同樣工作。為了制定標準工時，某觀測員以 3 天的時間，同對這 10 位操作員作工作抽查研究。3 天之中，每天觀測 240 次，共作 725 次觀測，其中，這 10 個操作員有 711 次是在工作中，在該 711 次觀測時，觀測員立即的記錄績效指標。

在 3 天的觀測中，共有 9 次發現操作員閒置。將觀測記錄加以整理如下：

觀測期間，10 名操作者之總上班時間為 13,650 分鐘，工作比率為 98.0%，（711÷725），空間比率為 2%，工作時間為 13,473 分鐘（13,650×0.98 = 13,377）。

3 天中，10 名操作員總共生產合格品 16,314 件，平均績效指標 120%，連續觀測實放率 20%，試問每件之標準時間為多久？

解答

$$\text{每件之標準時間}=\frac{\text{總觀測時間}\times\text{工作比率}\times\text{平均績效指標}}{\text{總生產數量}}\times\text{寬放}$$

$$=\frac{13,650\times0.98\times1.2}{16,314}\times\frac{100}{100-20}$$

$$=1.23\text{ 分鐘}$$

11-4 工作抽查的理論

一 決定觀測次數

通過工作採樣技術獲得的結果與通過連續記錄時間，實際獲得的結果有很大不同，因爲所使用的採樣過程涉及一定程度的誤差。因此，決定最終的「工作抽樣」結果需要什麼樣的可信度，非常重要。

工作抽查的進行方式下，所得的結論只有「是」、「否」兩項，**結果的準確性取決於數量或觀察值以及信賴水準的限制**。若以統計學觀點，此觀測現象理應服從二項分配之原理。

觀測次數（n）逐漸增加後，二項分配（Binomial Distribution）之曲線將近似於常態分配（Normal Distribution）。若將常態分配曲線所含蓋的總面積視爲 1，則觀測值中，離散樣本平均值（$\overline{X}$）± Z 個標準差（σ）的樣本個數，將有 Y%。亦即隨意抽樣所得的樣本值將有 Y% 的機率落入本區域。

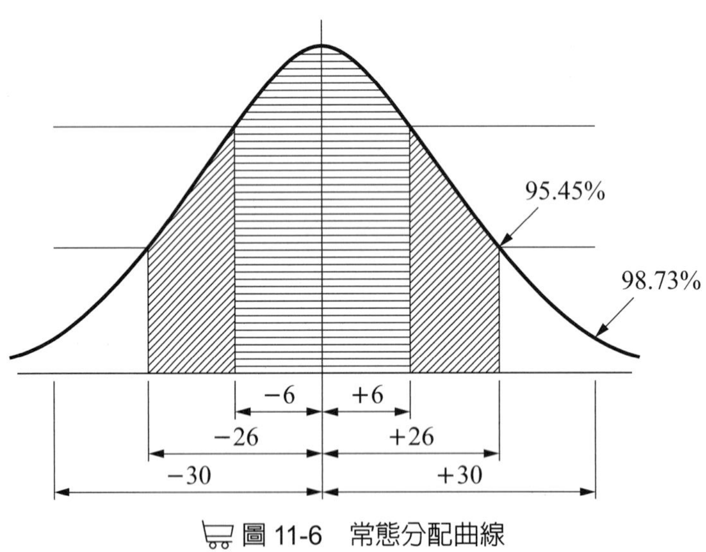

圖 11-6　常態分配曲線

某觀察事件 A：觀測對象的某作業項目，n 次觀測中，出現該作業項目空閒沒有在工作的次數 x，如空閒沒有在工作，空閒比率百分率 p，作業項目的構成百分率（p）$= \dfrac{\text{出現次數 x}}{\text{n 次}}$，工作比率百分率 q，則 q= 1− p，從工作抽查所觀測結果所得之作業項目的百分率呈二項分配。

二項分配的樣本平均值（Mean）爲：$\frac{p(1-p)}{n}$ …………………… (11-4)

常態分配與二項分配對應如下：

母體平均：$\mu = p$

母體標準差：$\sigma = \sqrt{p(1-p)/n}$

平均值的可靠界線：$\mu \pm z\sigma = p \pm Z\sqrt{p(1-p)/n}$ ……………… (11-5)

(一) 次數 n 愈大

次數 n 愈大，二項分配的的工作抽查，則愈近似常態分配（Normal Distribution）。

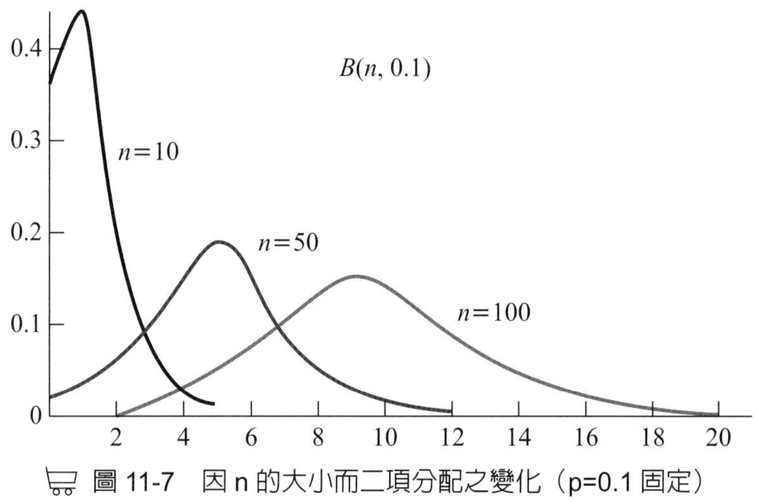

圖 11-7　因 n 的大小而二項分配之變化（p=0.1 固定）

(二) 分率 p 愈接近 0.5

分率 p 愈接近 0.5，二項分配的的工作抽查，則愈近似常態分配（Normal Distribution）。

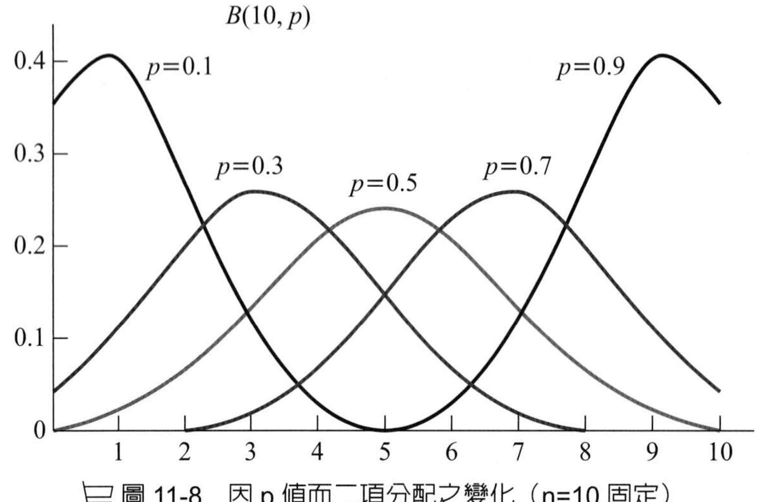

圖 11-8　因 p 值而二項分配之變化（n=10 固定）

至於 Z 與 Y% 的關係，如下表所示。

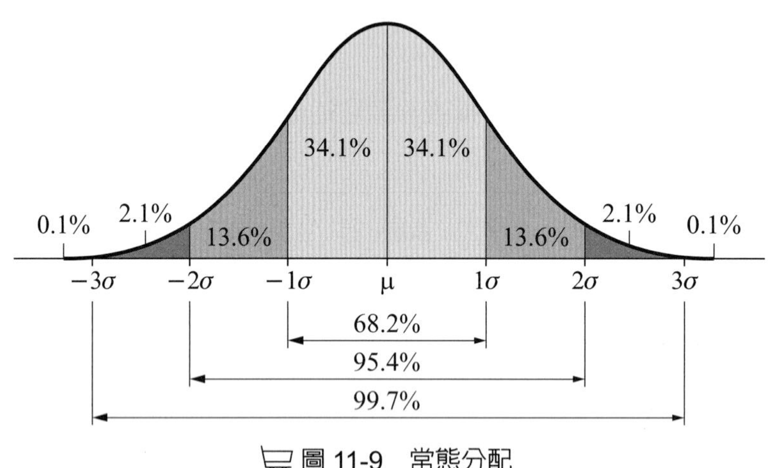

圖 11-9　常態分配

表 11-4　常態分配 Z 值與平均值可靠界線及可靠度之關係

Z	可靠界限（信賴界限）	可靠度信賴度
3	$\mu \pm 3\sigma$	99.73%
2	$\mu \pm 2\sigma$	95.45%
1.96	$\mu \pm 1.96\sigma$	95%
1.645	$\mu \pm 1.645\sigma$	90%
1	$\mu \pm \sigma$	68.27%

(三)絕對誤差 e(Absolute Error)與相對誤差 A (Relative Error，需求精度 Accuracy)

工作抽查觀測某作業項目的發生百分率爲 p，此時，p ± e 即是 p 值的可靠界限，其絕對誤差 e 的計算爲：

$$e = Z\sqrt{p(1-p)/n} \quad \cdots\cdots \quad (11\text{-}6)$$

相對誤差 A 又稱需求精度（Accuracy），爲絕對誤差 e 對 p 的比值，亦即爲：

$$A = \frac{e}{p} = \frac{1}{p}Z\sqrt{p(1-p)/n} = Z\sqrt{(1-p)/(np)} \quad \cdots\cdots \quad (11\text{-}7)$$

(四)觀測次數 n 與需求精度 A(Desired Accuracy)的計算

1. 以絕對誤差 e 爲基準的計算

   (1) 已知觀測次數 n，計算絕對誤差：

$$e = Z\sqrt{p(1-p)/n} \quad \cdots\cdots \quad (11\text{-}8)$$

   (2) 已知絕對誤差 e，計算觀測次數：

$$n = (Z^2/e^2) \cdot p(1-p) \quad \cdots\cdots \quad (11\text{-}9)$$

2. 以相對誤差 A（需求精度）爲基準的計算

   (1) 已知觀測次數 n，計算相對誤差（需求精度）

$$A = Z\sqrt{(1-p)/(np)} \quad \cdots\cdots \quad (11\text{-}10)$$

(2) 已知相對誤差 A（需求精度），計算觀測次數

$$n=\frac{Z^2(1-p)}{A^2p} \quad \cdots\cdots\cdots\cdots \quad (11\text{-}11)$$

案例：

1. 對某工作站作業員之空閒現象，觀測次數 3 天 150 次，共發現 30 次的空閒現象，則 P = 30/150 = 1/5 = 20%
2. 假設相對誤差 A（需求精度）= ± 5%
3. Z 值 =1.96（95% 信賴區間）
4. $n=\frac{Z^2(1-p)}{A^2p}$ = $(1.96)^2(1–20\%)/(\pm5)^2(20\%)$ ≑ 6147 次＞ 150 次（實際觀測次數）。
5. 續作 3 天，則累積觀測次數 350 次，共發現 105 次的空閒現象，P = 105/350 = 3/10 = 30%。
6. $n=\frac{Z^2(1-p)}{A^2p}$ = $(1.96)^2(1–30\%)/(\pm5)^2(30\%)$ ≑ 3585 次＞ 350 次。
7. 續作 19 天，則累積觀測次數 1800 次，共發現 630 次的空閒現象，P = 630/1800 = 7/20 = 35%。
8. $n=\frac{Z^2(1-p)}{A^2p}$ = $(1.96)^2(1–35\%)/(\pm5)^2(35\%)$ ≑ 2854 次＞ 1800 次。
9. 再作 15 天，則累積觀測次數 2750 次，共發現 1015 次的空閒現象，P=1015/2750=37%。
10. $n=\frac{Z^2(1-p)}{A^2p}$ = $(1.96)^2(1–37\%)/(\pm5)^2(37\%)$ ≑ 2616 次＜ 2750 次。

經 3 + 3 + 19 + 15 = 40 天，2750 實際觀測次數，空閒比例 P 值 37%，95% 信賴區間，需求精度 ±5%。

圖 11-10 觀測示意圖

11-5 工作抽查之實施步驟

一 確立工作抽查目的

首先，**應確定研究目標，工作抽查可用於已完成工作的總體鳥瞰**。工作抽查所欲調查之目的，與調查表項目分類之設計有密切關係。目的在於把握機器生產力，調查項目可簡單地分類爲「操作」與「空閒」發生機率值結果下之百分比。

如更進一步地調查機器空閒之原因，以便解決製程之瓶頸，須將機器可能發生之空閒原因，詳細加以分類調查，大多使用「P 管制圖」，掌握異常問題並進而尋求改善的方法。

二 調查項目分類

進行工作抽查前，必須確定執行調查之對象並進行編碼，方便調查進行紀錄，確定所研究的工作的產出或活動類型。

調查項目分爲「工作」和「休息」兩大項目，將這兩大項目再細分爲各個子項目，並對調查之對象進行編碼，便於日後分析被觀測對象的工作和休息構成比例。

表 11-5　工作（Operation, O）與休息（Rest, R）項目分類案例

工作類子項目		休息類子項目	
O_1	填寫報告、請款計劃等	R_1	遲到或早退
O_2	外出處理貨物、調度車輛等事務	R_2	上網
O_3	閱讀相關文件	R_3	吃東西、喝飲料
O_4	檢核交通的費用情況	R_4	電話聊天
O_5	訪客來訪	R_5	任意到他人工作的地方走動
O_6	電話聯繫	R_6	看報紙、小說、雜誌等
O_7	參加會議	R_7	上洗手間
O_8	受理營業單位貨物單據	R_8	不知原因的外出
O_9	指導部屬工作		
O _10	其它		

如要調查設備與機種別之利用率與稼動率、了解人機作業配置狀況、檢討是否有空間進行一人多機方案、以製定標準為目的衡量生產率、設定標準時間之寬放值，則依寬放種類，如私事、疲勞寬放等內容進行調查。

三 決定觀測方法

調查員於開始觀測前，準備機器或員工之配置平面圖，以線條指示觀測巡迴路線及觀測位置。依下列 5 步驟設定路徑平面圖，方便工作抽查作業的進行。

1. 準備工作現場的平面配置圖。
2. 平面配置圖上，將所要觀測之對象操作員及機械，著色作記號。
3. 選定觀測抽查的位置，圖上作記號。
4. 概算一次巡回的行走時間，時值作為兩次抽查之間的最小時間間隔（t）。
5. 平面配置圖上，用彩色筆劃出行走的路徑。

工作抽查之觀測，不必使用碼錶或其他器具，而是用管理人員的調查問卷、現場工作日誌、訪談或是實地觀測的具體日常工作情況，確定進行研究時間的起點和終點。

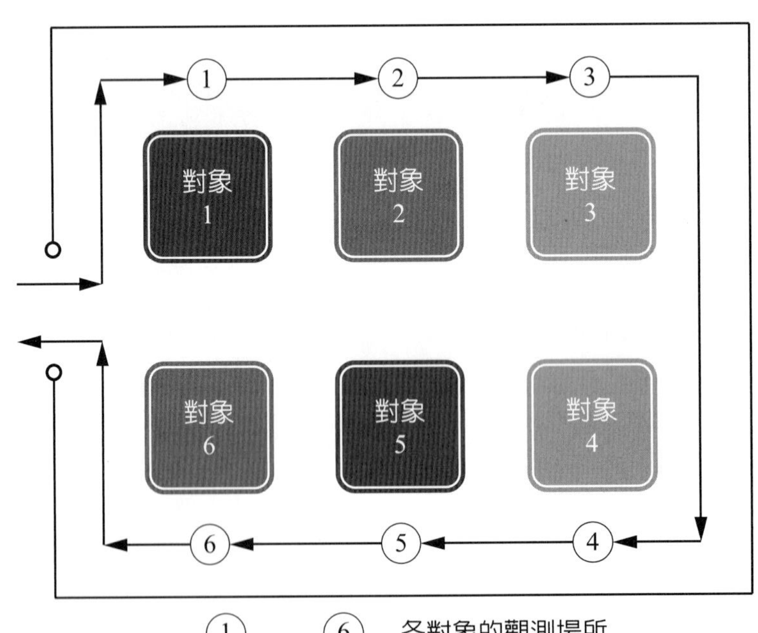

① …… ⑥　各對象的觀測場所

圖 11-11　機器與員工配置

四 向有關人員說明

欲使工作抽查成功，實際進行研究之前，應告知有關人員研究目的和採用的方法，使被觀測人員充分瞭解觀測人員的意圖，並請他們協助配合抽樣人員的工作。工作抽查時請相關人員按照平時的工作狀態，切勿緊張或做作，確保工作抽樣結果的眞實性。

五 設計調查表形式

設計一張方便觀測時記錄之表格，以方便資料收集，隨著每次抽查的目的及項目不同，發生的機率值及所需觀測次數將會不同。

表 11-6、11-7 抽樣調查表：操作率分析，爲對同一作業區域內，使用同一機型的所有機械，進行抽查時所用的表格。

表 11-6 抽樣調查表：操作率分析

編號 No.

分類		操作	空間	合計			操作率（操作／總和）
				操作	空間	總合	
設備	#1	正正正正正 正丅	正正正正 正下	32	28	50	64%
	#2	正正正正正 正正下	正正正正 丅	38	22	50	76%
	#3	正正正正 止	正正正正 正一	24	26	50	48%
員工	#1	正正正正正 丅	正正正正 下	27	23	50	54%
	#2	正正正正丅	正正正正正 下	22	28	50	44%
	#3	正正正正正 正下	正正丅	33	17	50	66%
職務名稱			月／日	開始：　月　日 結束：　月　日		觀測者	

表 11-7　抽樣調查表：操作率分析

分類		操作	空閒											合計	操作率%
			修理	故障	停電	工作中	工作準備	搬運	待料	待檢	討論	清潔	洗手		
設備	#1	正正一		止										15	73.3
	#2	正一		正止										15	40
	#3		正正正											15	0
員工	#1					正丅	一	丅	丅	一	丅			15	46.6
	#2					正正一		丅	丅					15	73.3
	#3					正下	丅		一	丅		丅		15	53.3
職務名稱						月/日	開始：　月　日 結束：　月　日							編號 No.	

六　決定觀測次數

(一) 以相對誤差 A 的計算為，從觀測次數 n 計算相對誤差

$$A = Z\sqrt{(1-p)/(np)} \qquad \cdots\cdots\cdots\cdots \qquad (11\text{-}12)$$

(二)從相對誤差 A 計算觀測次數,「±z 個標準差(σ)」

又被稱爲與樣本平均值($\overline{X}$)間之絕對誤差(e)。故可以下式表示:

$$e = \pm Z\sigma \quad \cdots\cdots\cdots\cdots \quad (11\text{-}13)$$

(三)絕對誤差(e)之範圍內,觀測結果落入此區域之機率,為信賴界限(Confidence Limits)或信賴水準(Confidence Level)

故觀測次數 n:

$$n = \frac{Z^2(1-p)}{A^2 p} \quad \cdots\cdots\cdots\cdots \quad (11\text{-}14)$$

例:初期觀測結果,機器之空閒百分比 p 爲 20%,若信賴度爲 95%,z = 1.96(取 2),相對誤差 A=10%,決定觀測次數爲:

$$n = \frac{Z^2(1-p)}{A^2 p} = 2^2(1\text{–}0.2) / (0.10^2 \times 0.2) = (4 \times 0.8) / (0.01 \times 0.2) = 1{,}600 \text{ 次}$$

以上例推算,1,600 次的觀測次數,因故在 1000 次時中斷,由 1000 次的觀測結果,機器之空閒百分比 p 變爲 15%,則計算相對誤差 A:

$$A = Z\sqrt{(1-p)/(np)} = 2\sqrt{(1-0.15)/(1000\times0.15)} = 2\sqrt{0.85/150} = 0.151 = 15\%$$

相對誤差 A 由 10% 降爲 15%。

例題 3

(以 **107** 年第一次工業工程師歷屆證照考題-工作研究示例,提供讀者參考)

鴻燦公司採用工作抽查法,以需求 A=5% 實施工作抽查時,首先測得 200 次之預備觀測資料,以調查機台空閒百分率 P,結果得知有 50 次停止,試問觀測次數為?

解答

$P = 50 / 200 = 0.25$

$$N = \frac{z^2(1-p)}{A^2 p} = 2^2(1-025)/(0.05)^2 \times 0.25$$

$$= 4 \times 0.75 / 0.0025 \times 0.25 = 4800 \text{ 次}$$

七 決定觀測時刻

(一) 單純隨機時間間隔抽查（Simple Random Sampling）

確定上班、休息、工作之時段及時間，隨機選定時亂數表（Simple Random Table）間隔，利用 3 位亂數的方法，自上午 8 時至下午 5 時之間，利用 3 位亂數方法（9×60 = 540），捨棄 540 以上的數字，列示 3 位數對應之時刻表。

表 11-8　上班、休息、工作之時段及時間

狀態	時段	3 位數	3 位亂數
上班	08：00 ～ 17：00	000 ～ 540	064 388 584 523 174 742 615 135 033 915 003 888 785 500 212 754 290 629 148 519 390 460 912 386 958 565 869 057 899 515 865 024 424 420 652 560
休息 1	10：01 ～ 10：10	121 ～ 130	
休息 2	12：00 ～ 15：50	241 ～ 290	
休息 3	15：01 ～ 15：10	361 ～ 370	

將選定的數字換算成時刻，如 064 係上午 8 時的第 64 分，故為 9 時 04 分，表 11-8 的 3 位亂數時刻依照順序排列，並檢核是否可以觀測。

表 11-9　亂數（Simple Random Table）間隔表

亂數	064	388	584	523	174	742	615	135	033
時刻	09：04	02：28		04：43	10：54			10：15	08：33
亂數	915	420	888	785	500	212	754	290	629
時刻		03：00			04：20	11：32		12：50	
亂數	148	519	390	460	912	386	958	565	869
時刻	10：28	04：39	03：40	02：30		02：26			
亂數	057	889	515	865	024	424	003	652	560
時刻	08：57		04：35		08：24	03：04	08：03		

表 11-10　3 位數對應之時刻表

上午	下午
08：03	12：50
08：24	02：26
08：33	03：40
08：57	02：30
09：04	03：00
10：15	03：04
10：28	03：40
10：54	04：20
11：32	04：35
	04：39
	04：43
合計 9 次	合計 11 次

1. 設 1 次觀測期間 15 分鐘，自上午 8 時至下午 5 時，共計 480 分鐘，決定 10 個隨機抽樣觀測時刻。表示共有 480/15=32 單位，中午 12：00 ～ 13：00 休息不觀測。
2. 由亂數表（Simple Random Table）選出 10 個隨機抽樣觀測數字，並捨棄 33 以上的數字，例如：99 45 50 15 18 98 05 14 88 98 29 23 27……。
3. 隨機決定從 15 分單位的第分開始觀測：當從亂數表選得 24，把 24-15=9，則各單位的第 9 分觀測。

表 11-11　觀測期間時刻

順序	10 個隨機抽樣觀測數		觀測預定時刻
	排列數字	對應時間	時　分
1	01	08：00 ～ 08：15	08：09
2	03	08：30 ～ 08：45	08：39
3	05	09：00 ～ 08：15	09：09
4	07	09：30 ～ 08：45	09：39
5	12	10：45 ～ 11：00	10：54
6	15	11：15 ～ 11：30	11：24
7	16	11：45 ～ 12：00	11：54
8	17	13：00 ～ 13：15	13：09
9	18	14：45 ～ 15：00	14：54
10	29	15：15 ～ 15：30	15：24

（二）等時間間隔抽查（Fixed Interval Sampling）

1. 每日反覆同樣的工作：抽查目的，可在一日中觀測，次數多時可分數日觀測。

2. 3～4 日的週期或 4 日以上週期性：在工作週期內觀測之，觀測次數多時，工作週期倍數之觀測期間。

3. 大致上每日反覆同樣的工作：但至月底或三個月底，六個月底時，有例外工作發生時，須予以分層觀測之。如每月 25 工作天中，每月有 5 日例外工作日時，需設觀測 300 次，則其各層之觀測次數應分別為：

   例外工作日：300 次 ×(5/25) =60 次，平日：300 次 ×(20/25) =240 次。

表 11-12　等時間間隔抽查

狀態	時段	3 位數	步驟
上班	08：00～17：00	000～540	1. 預定每日觀測 =100 次，時間間隔值 480 分 /100 次 =4 分 / 間隔，巡迴所需時間 =3.5 分 2. 間隔數：480/4= 120 個間隔 3. 8 個亂數值 ~~556~~ 116 ~~582~~ ~~555~~ 124 ~~742~~ ~~605~~ ~~655~~ ~~915~~ 021 ~~883~~ ~~785~~ 057 089 ~~854~~ ~~619~~ 011 122 ~~890~~ ~~875~~ 102 4. 011 → 08：44 021 → 09：24 057 → 11：48 089 → 13：56 102 → 14：48 116 → 15：44 122 → 16：08 124 → 16：16
休息 1	10：01～10：10	121～130	
休息 2	12：00～15：50	241～290	
休息 3	15：01～15：10	361～370	

（三）分層抽查（Stratified Sampling）

是依不同性質的時段分開，依時間比例分配，決定等比例的抽查次數，並期使觀察結果具公平性與廣泛性，其作法：

1. 確定各時段之意義與時間值。
2. 計算每時段時間之於總工作時間之比例值。
3. 每日所要觀察之次數，依比例分配。

圖 11-12　分層抽查

表 11-13　分層抽查作法

時段		合計（分）	工作內容	分層抽查
上午	08：00 ~ 08：30-	30	機器調整	$\frac{30}{480}\times300$ ≒ 19 次
	08：30 ~ 11：45	195	上午操作時間	
	11：45 ~ 12：00	15	收拾工作	$\frac{15}{480}\times300$ ≒ 10 次
下午	01：00 ~ 01：15	15	工作準備	$\frac{15}{480}\times300$ ≒ 10 次
	01：15 ~ 04：30	195	下午操作時間	
	04：30 ~ 05：00	30	收拾、5S	$\frac{30}{480}\times300$ ≒ 19 次
合計（分）		480	上，下午工作時間	$\frac{195+195}{480}\times300$ ≒ 242 次

(四)區域抽查(Cluster Sampling)

區域抽樣之想法與分層抽樣相反,即以力求層內不均勻,層間之偏差幅度愈小愈好爲原則。

1. 將抽查時段以 1 小時計,劃分時段。
2. 依調查目的區域抽查,計算全距 R 與 d_2 值。
3. 各小時之操作率爲 p 值,標準差 σ,則 n 個區域平均值 $\overline{p}$ 之標準差爲 $\sigma/\sqrt{n}$,其絕對誤差 $e=\dfrac{2\sigma}{\sqrt{n}} \Rightarrow n=\left(\dfrac{2\sigma}{e}\right)^2$。
4. 決定信賴區間及絕對誤差 (e),得出 z 值。
5. 依公式 $n=\left(\dfrac{2\sigma}{e}\right)^2$ 求得區域數 n。

例題 4

1. 調查某機器設備之運轉率,以 1 小時時段進行抽查時段,結果顯示:最大運轉率為 87.2%,最小運轉率為 70.2%。
2. 計算全距 R = 87.2% − 75.9% = 11.3% 與 d_2 值 = 2.97(因 8 點到 6 點間,扣除中午休息 1 小時,分成 9 時段)。

解答

推估製程之標準差 $\sigma=\dfrac{R}{d_2^1}$ = 0.113/2.97 ≒ 0.038。

假設絕對誤差 (e)=6%,可靠度界線爲 95.45%,Z 值 = 2,

代入公式:觀測次數 $=\left(\dfrac{2\sigma}{e}\right)^2=\left(\dfrac{2\times0.038}{0.06}\right)^2$ =1.6 ≒ 2

選取 2 個區域(Cluster)予以觀測即可。

表 11-14　d_2 統計係數（推估製程之標準差）

樣本（n）	2	3	4	5	6	7	8	9	10
d2	1.128	1.693	2.059	2.326	2.534	2.704	2.847	2.970	3.078

11-6 表格設計及其應用

由分析員直接到現場進行抽查及觀測，雖能因此得知問題的發生原因與操作員的處理方法。但是不管如何周密確實的執行，觀測分析員的到臨，使得操作員變得更賣力參與生產性活動，的確是不爭的事實。

不管採用何種方法進行抽查，很難使用標準表格涵蓋所欲抽查的各項目的，依抽查對象之事項內容及目的，設計各種目的專用之表格，表 11-15 工作抽查觀測記錄表是對同一作業區域內，使用同一機型的所有機械，進行抽查時所用的參考表格。表格內各空格及欄位之意義如下：

1. 觀測後，計算比例 $P = n_1/n$ 方格內的資料。
2. 工作現況中常發生之事項，記入生產性項目及空閒項目欄下之方格下。
3. 每次抽查時，填入時刻，再記入發生某項目之機台數。
4. 自「本日合計 n_1」欄至「信賴區間」欄，計算某項目在 95% 信賴水準下，可求其 $\pm 3\sigma$ 的管制界限（Control Limit）。
5. 「生產性項目及空閒項目」之機率值，可用來確定該時刻所收集的資料，是否已超過進行抽查當天之前一日，所界定的管理界限。以便摒棄異常觀測值，及核算至當日爲止的累計次數，是否已符合標準。
6. 表格上的第 K 日，是用來表示本表格是預定記錄日數中之第幾日。

表 11-15　工作抽查觀測記錄表（適用同區域同機型）

①工廠名稱：　　②研究區域：　　③觀測員：

④日期：　　⑤第 K 日：

觀測 NO.	時刻	生產性項目				次數 n_1	空間項目				次數 n_2	總次數 $n=n_1+n_2$	操作比率：$P1=n_1/n$	空間比率：$P2=n_2/n$
		1.	2.	3.	4.		1.	2.	3.	4.				
1.														
2.														
3.														
4.														
5.														
6.														
7.														
8.														
9.														
10.														
本日合計 n_1														
本日總計 n														
操作比例 $P=n_1/n$														
標準差 $\sigma=\sqrt{P(1-P)/n}$														
信賴區間 $P\pm2\sigma$														

例如，某製造部門的主管，爲了解個人在工作上各業務所佔的時間之比例，作爲管理重點之調整時。他決定以 8 週（每週五天）的時間每小時兩次進行自我觀測。結果在 800 次的觀測中，出席幹部會議的次數是 80 次，操作比例，$P=n_1/n=12.5\%$。

1. 出席幹部會議的機率。P=80 / 800=0.1
2. $\sigma=\sqrt{\dfrac{P(1-P)}{n}}=\sqrt{\dfrac{0.1(1-0.1)}{800}}\fallingdotseq 0.0106$
3. 若要求 95% 的信賴水準，則絕對誤差 $e=\pm(1.96)(0.0106)\fallingdotseq\pm0.020776$
4. 該主管可以 95% 的信心確定其在「幹部會議」的時間，占去總上班時間的 12.5%±2.1。亦即在 10.4 ～ 14.6% 之間。
5. 主管結算其所有活動項目，檢討權責重新分配的可能性。以合理重新分配各項活動的時間比例，達到更有效率的管理效益。

本章習題

一、選擇題：

(　　) 1. 工作衡量的方法，可以分成直接法與間接法兩大類。直接法係指直接觀測生產活動的時間經過之方法，下列何者屬於直接法？ (A) 向度動作時間法（Dimensional Motion Times） (B) 工作抽查（Work Sampling） (C) 預定時間標準（Predetermined Time Standard） (D) 標準資料法（Standard Data Method）。【108 年第一次工業工程師考試—工作研究】

(　　) 2. 以下敘述與工作抽查有關，何者爲非？ (A) 一般正常精確度目標設爲 5%；因成本考量可改設爲 10% (B) 以機率的法則爲基礎 (C) 一般而言總觀察時間較碼錶時間研究長 (D) 使用隨機提醒器，不定時觀察。

【108 年第一次工業工程師考試—工作研究】

(　　) 3. 周鴻工廠抽查人員用直接測時法連續測定某一員工工作時間，數據顯示在 60 分鐘該工人有 18 分鐘之空閒時間，請計算其空閒比率爲多少？ (A) 15% (B) 30% (C) 33% (D) 42%。【108 年第一次工業工程師考試—工作研究】

(　　) 4. 承述上題，請問該工人之工作比率爲何？ (A) 85% (B) 75% (C) 70% (D) 65%。【108 年第一次工業工程師考試—工作研究】

(　　) 5. 周鴻工廠管理部門進行員工連續觀測發現表 1. 數據，請問經過一天的工作抽查，該名員工空閒時間爲多少分鐘？

表 1. 連續觀測值表

資料	來源	數據
總使用時間	時間卡	480 分鐘
總生產數量	檢驗部門	420 件
工作比率	工作抽查	85%
空閒比率	工作抽查	15%
平均績效指標	工作抽查	110%
寬放率	連續觀測	15%

(A) 110 分鐘 (B) 72 分鐘 (C) 63 分鐘 (D) 55 分鐘。

【108 年第一次工業工程師考試—工作研究】

(　　) 6. 呈上題，請問每件之標準工時爲多少？ (A) 3.5 分鐘 (B) 2.8 分鐘 (C) 1.26 分鐘 (D) 0.26 分鐘。【108 年第一次工業工程師考試—工作研究】

本章習題

( ) 7. 工作抽查是一個瞭解事實最有效的工作之一，關於工作抽查之敘述何者爲非？ (A) 分析人員需要消耗長時間持續的觀察活動 (B) 由於只做瞬間的觀測，操作人員無法以改善工作方法來影響結果 (C) 一位分析人員可同時進行多項工作抽查研究 (D) 可以建立工作的標準工時，尤其適於文書行政性質的作業。

【107 年第一次工業工程師考試—工作研究】

( ) 8. 分析師用隨機方式對特定活動進行多次觀測，以求取該活動之觀測次數與總觀測次數之比例，此技術爲下列何者？ (A) 工作抽查法 (B) 動作研究法 (C) 預定時間系統 (D) 標準資料法。

【107 年第一次工業工程師考試—工作研究】

( ) 9. 鴻燦公司採用工作抽查法，以需求精度 A=5% 實施工作抽查時，首先測得 200 次之預備觀測資料以調查機台空閒百分率 p，結果得知有 50 次停止，試問觀測次數爲何？ (A) 6,600 次 (B) 5,800 次 (C) 4,800 次 (D) 3,600 次。

【107 年第一次工業工程師考試—工作研究】

( ) 10.作業員每天工作 8 小時，其空閒率爲 15%，平均績效指標爲 115%，日產量爲 400 件，試求每件標準時間？ (A) 0.883 分 (B) 1.069 分 (C) 1.173 分 (D) 1.257 分。 【107 年第一次工業工程師考試—工作研究】

( ) 11.調查機器空閒率時，做 100 次的預備觀測結果有 20 次爲停機狀態，試計算在 ±5% 精度和 95% 可靠界限下所需要的觀測次數。 (A) 4610 次 (B) 6147 次 (C) 7136 次 (D) 9834 次。 【106 年第一次工業工程師考試—工作研究】

( ) 12.賣場內工作種類繁多且不一致性偏高，如此作業的工作衡量方法較適合採用？ (A) 工作抽查法 (B) MTM 法 (C) 評比法 (D) 持續觀察法。

【106 年第一次工業工程師考試—工作研究】

( ) 13.某公司對其員工實施工作安全觀察，已知在觀察勞工 500 人次作業中有 50 人次不安全動 作，若信賴水準爲 95%(z = 1.96)，誤差在 ±10% 內，則應安全觀察次數接近多少次？ (A) 48 (B) 42 (C) 35 (D) 30。

【106 年第一次工業工程師考試—工作研究】

( ) 14.工作抽查法（Work Sampling）較適合用來直接量測下列何者資訊？ (A) 機器使用率 (B) 人工插件作業生產線員工標準工時 (C) 人機配置 (D) 動作經濟原則。

(　　) 15.在一段較長的期間內，用隨機的方式進行多次的觀測，求得作業所占時間的比率的技術，此方法稱爲？　(A) 工作抽查法　(B) 間接測量法　(C) 標準時間法　(D) 標準資料法。

(　　) 16 若某工廠實行空閒率的工作抽查，試行 100 次觀測，發現空閒的次數爲 25 次。如果信賴限度爲 95%，精確程度爲 ±5%，則其觀測次數爲？　(A) 3000　(B) 6000　(C) 4800　(D) 5500。

(　　) 17.學校研發處工作種類繁多且不一致性偏高，如此作業的工作衡量方法較適合採用？　(A) 持續觀察法　(B) 工作抽查法　(C) MTM 法　(D) 評比法。

(　　) 18.工作抽查進行時，若所設之精確度越高，則觀測次數　(A) 越多　(B) 越少　(C) 沒有直接關係　(D) 不一定。

(　　) 19.醫療服務人員的工作種類繁多，且不一致性偏高，如此作業的工作衡量方法較適採用？　(A) 持續觀察法　(B) 工作抽查法　(C) MTM 法　(D) 碼錶計時法。

(　　) 20.工作抽查法較適合用來直接量測下列何種資訊？　(A) 機器使用率　(B) 臨時插單作業之生產線員工標準工時　(C) 人機配置　(D) 動作經濟原則。

(　　) 21.下列何者不是工作抽查的優點？　(A) 分析人員不須進行長時間的連續觀測　(B) 無須任何估計時間的方法　(C) 適於短期而重複性高的工作　(D) 操作員不必接受長時間的連續觀測。

二、簡答題

1. 請說明工作抽查法優點與缺點。
2. 請說明基本作業分類之構成爲何？
3. 空閒時間（Idle Time）與工作時間（Working Time）佔總時間的比例爲？

Work Study

12

時間公式與標準數據法

標

預定動作時間（Predetermined Motion Time, PTS）是一種工作測量技術，根據人體的基本運動（依運動的性質和條件等分類），以標準值累積工作時間，建立工時標準的一種方法。使用預定時間系統時要考慮的因素：

使用預定時間系統時要考慮的因素：

- PTS 應用的要求，測量的操作分為基本動作。
- 首次採用 PTS 時，確定系統所產生的時間標準所代表的績效，並進行必要調整，以達公司績效平均水準。
- PTS 預定時間系統不包括寬放值，最後設定標準時間要納入寬放值。

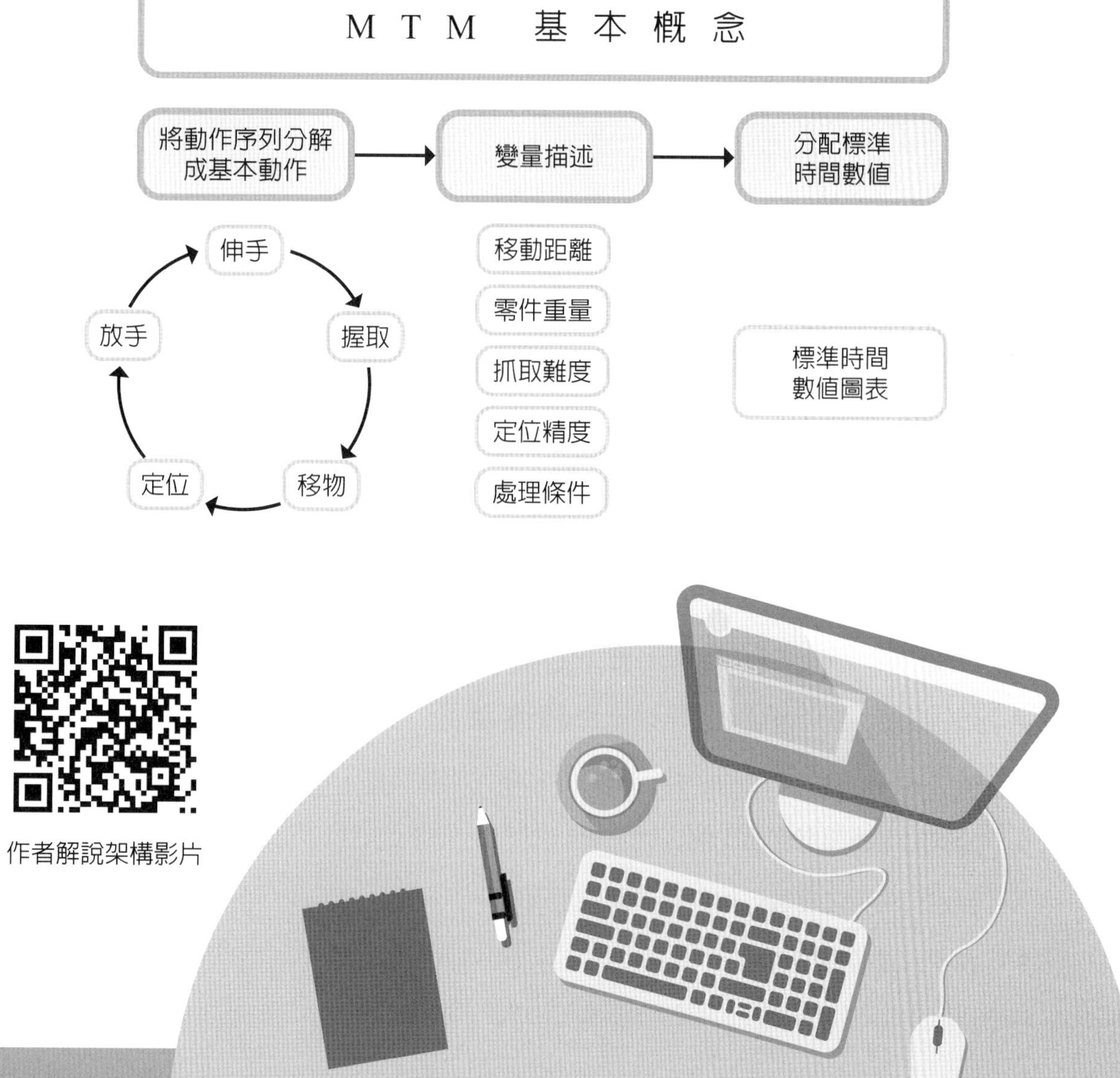

作者解說架構影片

預定動作時間（Predetermined Motion Time, PTS），PTS 基於是一種工作研究系統，PTS 基於對基本人類單元的工作分析，並根據每個動作的性質和進行動作的條件進行分類，以標準值建立工時標準的一種方法，將許多基本動作的工時標準值，工時分析時將資料、數據，訂定各類操作的標準時間數據（Standard Time Data），標準時間數據的工時加總，得到預定工時（Predetermined Time），方便日後參考及建立新工作時間標準，預定動作時間工時也成爲標準工時。

因 PTS 數據，需要進行大量研究，數據收集，綜合分析和驗證過程，初階 PTS 系統，詳細記錄手動工作，以 PTS 時間，由基本動作如手（Reach）、抓握（Grasp）、移動（Move）組成相關時間。高階系統，則是將這些基本動作組合成常見的簡單手動作業，爲更長週期活動的提供更快標準設置時間數據。

透過各個曲線圖，如系統曲線（System of Curves）、列線圖（Nomographs）、聯線圖（Alignment Chart）或表格的方式，分析、歸納可變單元時值之特性及掌握其趨勢後，建立簡單的數學等式之方式，使分析人員進行時間研究時的另一種可行而方便的方法。

12-1 預定動作時間的應用及特性

生產作業內之鑄造、鍛造、焊接、零件插入等標準化技術性，或清洗門窗、吸塵掃地、油漆、除草等庶務性直接工作，以及辦公室的特定且反覆的專務性間接工作，都可運用應用 PTS 公式。

預定動作時間公式注意下列事項，即可應用在各種類別的工作上。

1. 基本數據必須正確可靠且數量足夠。
2. 明確說明 PTS 公式的應用範圍及條件。
3. 清楚分辨的固定工作單元及可變工作單元。
4. 預估時值與實際時值之誤差以 ±5% 爲範圍。
5. 使用時與公式上之定義一致，明確界定單元的起迄點。
6. 公式的定義簡單容易了解。
7. 詳述公式中之變數，代表意義及應用範圍。
8. 說明公式的導出過程。

9. 應用公式中所提及的表格、圖形之說明，**應易懂易用**。
10. **電腦化**容易讀取時間公式。

PTS 時間研究建立數據公式（Fomula Construction）後，只要具經驗或受訓練的員工，不需進行評比，迅速且正確地使用時間公式，降低主觀判斷所引起之誤差。預定動作時間公式具有信度上的優越性，但是在進行推動預定動作時間之時間研究數據公式，設定標準數據所花費用甚高，不是一般中小企業能力所能承擔，是否採用仍需視情況而定。PTS 可運用的範圍：

1. 確定工作時間標準。
2. 比較替代方法的時間，生產運行之前，考量相關設備的經濟性。
3. 評估人力、設備和空間需求。
4. 裝配線人力安排，減少後續重新工作安排和重新產線平衡等方面的投資。
5. 改善和修改工作方法。
6. 設定各種工作時間標準。
7. 評估勞動成本和工資計劃之依據。
8. 作業人員和督導人員的教育訓練。
9. 輔導碼錶難以測量短而重複的動作。

預定動作時間之優點在於每一工作的標準單元時間的數據，分析者不需再重新量測員工的作業時間，不會導致工作中斷的現象，節省成本與努力。同時標準單元時間的數據已經進行評比，不需要再一步進行績效考評。但缺點則是標準單元時間的數據時間資料，可能因參數變化，有所偏誤或資料不正確。

12-2 預定動作時間公式的推行步驟

PTS 法是將構成工作單元的動作分解成基本動作，進行詳細觀測，成爲基本動作的標準時間表。預定動作時間公式能夠正確、易懂、電腦化，依表 12-1 所述之步驟逐步推行。

確定實際工作時，時間公式的推行步驟，首要步驟是把工作單元分解成基本動作，根據基本動作的標準時間表，查出基本動作的標準時間，加總合成基本動作的標準時間，得到工作的正常時間，接著加上寬放時間，可以獲得標準工作時間。

表 12-1 預定動作時間公式的推行步驟

步驟	關鍵	內容
1.	分解	分解工作或工作單元成基本動作
2.	調節因素	依據適當的表格值進行數據調節，調節考慮因素，包括重量、距離、尺寸以及動作的難度等
3.	正常時間	加總合成基本動作的標準時間，得出實際工作的正常時間
4.	寬放時間	標準工作時間：正常時間 + 寬放時間

1. 確認研究整個操作週期。
2. 一次觀察並記錄一隻手的活動。
3. 一次只記錄幾個符號。
4. 易於區分的時間點開始。如工作週期開始時撿起工件的活動，是一個很好的起點。
5. 記錄時應注意不要遺漏任何活動。
6. 應避免操作和搬運結合。

依工作範圍及其微程度，工作階次分爲動作（Motion）、單元（Element）、作業（Operation）、製程（Process）、活動（Activity）、機能（Function）及產品（Product）等 7 級，愈低階次所建立的數據及資料，因較易向上工作階次合成，故其使用範圍較廣泛。

PTS 用在第一階次動作工作上，標準資料法則適用於單元第二階次或第三（作業）、四階次（製程）的工作上。**時間公式中所使用的資料數據，則大多以單元階次爲主，以預定動作時間標準訂立「動作標準數據」（Motion Standard Data），進而建立時間公式。主要的原因是在於「單元」時值較易觀測且所使用的儀器價廉。**

12-3 操作單元的分類

操作單元的各項動作中，仔細分析觀測各時間之差異性，可分成不變單元（Constant Elements）與可變單元（Variable Elements）兩類。

區分不變單元與可變單元，依操作目的、特性而予以分類，所收集到的資料，更易顯現其趨勢及現象，如針對機械加工進行研究時，應分爲「鑽床工作」、「車床工作」、「銑床工作」等類別加以區分。

1. 不變單元（**Constant Elements**）：

某項特定條件範圍內時，時值約略相等，如按下開關、拿取物件、打開安全環扣等，即使在不同工作站之不同，時間值基本上是約略一致的。有時候在觀測時，因評比係數不一致或操作員的些微誤差，不變單元之值有差異存在。

但是只要時間值滿足公司所要的精確度在（±5%）的誤差範圍內，確定該單元是否爲不變單元，以平均值作爲該單元之代表時間值。

2. 可變單元（**Variable Elements**）：

同一工作站之同一作業員，**操作相同性質作業之時值，會因某些因素影響，程度上的差異性之可變單元，產生不同的時值：**

(1) 材料零件、工件重量、大小形狀、長度、面積、硬度等物理性質的不同。

(2) 機器設備的週轉數、馬力與效率等加工能力及條件的差異。

(3) 移動距離、阻力、重量、單位負荷量、方法、方式及安全性等客觀條件。

12-4 工作因素法

工作因素法（**Work Factor, WF**）**是方法研究和時間研究的詳細系統**，分析作業人員的動作和動素，**WF 把身體分成七部分**，依據各部分的運動爲中心，展開動作分析。從工作因素動作時間標準表，確認工作因素時間值，得出作業時間，加上寬放時間，設定標準時間。基本步驟如表 12-2 說明。

表 12-2 工作因素法的推行步驟

步驟	重點	說明
1.	展開動作分析	確認使用身體的哪一部位？ 身體部位運動到的程度？ 評估重量或阻力的係數？ 是否可以進行人為調節？
2.	確認工作因素時間值	將每一個動作從工作因素動作時間標準表，查出相對應的時間。
3.	加總工作因素時間值	把查到的時間值加起來。
4.	設定寬放時間	加上寬放時間，設定標準時間。

通過工作因素系統，研究人員可發現影響這些標準要素時間的不同影響因素，測量每個影響因素的時間延遲，明確描述的時間延遲單位。

影響因素和 WF 的數量提供了有關特定動作難度的資訊，降低特定動作難度減少身體和或精神負荷，也就減少必要的時間。工作因素法提供工作適應人的生理和心理素質資訊。

表 12-3　BWF 要素的動作

<table>
<tr><th>標準單元</th><th>單元</th><th colspan="2">影響因素</th></tr>
<tr><td rowspan="5">拿取（Pick Up）</td><td>1. 伸手 (R)</td><td colspan="2" rowspan="5">1. 拿取的距離。
2 握取的複雜性。
3. 東西的細小或重量。
4. 是否要預對。</td></tr>
<tr><td>2. 握取 (G)</td></tr>
<tr><td>3. 移動 (M)</td></tr>
<tr><td>4. 放下 (RL)</td></tr>
<tr><td>5. 預對 (PP)</td></tr>
<tr><td rowspan="2">組立（Assembly）</td><td>1. 機械組立</td><td>物體插入另一物體之槽或孔內。</td><td>如：鑰匙插入機車孔內。</td></tr>
<tr><td>2. 兩物體表面組立</td><td>沒有機械設備的輔助，動作達到有一定關係位置。</td><td>如：貼郵票。</td></tr>
<tr><td rowspan="2">搬運（Move）：改變物體的位置或在移動中做有用的工作</td><td>1. 鎖緊</td><td>手握起子，鎖緊螺絲。</td><td rowspan="2">距離、手的控制、重量或阻力。</td></tr>
<tr><td>2. 轉動</td><td>抓住曲柄，轉動飛輪。</td></tr>
<tr><td rowspan="2">放置（Lay Aside）：將目地物放回特定位置的動作</td><td>1. 搬運</td><td>手握物體，移動一段距離。</td><td rowspan="2">1. 距離。
2. 手的控制方向。
3. 物體重量或阻力。</td></tr>
<tr><td>2. 鬆手放置</td><td>目地物放在特定位置上。</td></tr>
<tr><td rowspan="5">身體動作（Body Movements）</td><td>1. 站立或坐下</td><td colspan="2" rowspan="5">1. 對準焦點。
2. 檢驗。
3. 反應。</td></tr>
<tr><td>2. 挺直或彎腰</td></tr>
<tr><td>3. 轉身動作</td></tr>
<tr><td>4. 走路</td></tr>
<tr><td>5. 上、下樓梯</td></tr>
<tr><td rowspan="5">心智操作（Mental Process, MP）：使用眼、耳、腦及神經系統從事活動</td><td>1. 眼睛蒐集相關資訊</td><td colspan="2" rowspan="5">1. 對準焦點。
2. 檢驗。
3. 反應。</td></tr>
<tr><td>2. 傳導資訊或信息到腦</td></tr>
<tr><td>3. 識別這個資訊或訊息</td></tr>
<tr><td>4. 做出必要決定</td></tr>
<tr><td>5. 反應出來的動作</td></tr>
</table>

12-5 時間測量方法

時間測量方法（Methods of Time Measurement, MTM）定義是一項 PTS 系統，將任何手動操作或方法，分析執行操作所需的基本動作，並爲每個動作設定預定的時間標準，預定的時間標準由動作的性質和操作條件決定。

MTM 法是 PTS 應用最爲廣泛的預定時間方法，MTM 廣泛研究基本單元的動作與時間。MTM 描述操作過程的方法，將工作劃分成基本單元、量測相關的距離、估計單元動作的困難度。而編碼的組合，反映工作方法，求得單元動作的時間，作爲某項工作的操作標準，確立改善的方向。

MTM 可以用來進行工作系統設計，如工作站（Working Station）、生產線（Production Line）、操作過程（Operation Process），也可以用來改善工作系統。

MTM 分析的目的：

1. 設計有效的工作方法與改善現行的作業方法。
2. 設定標準時間與預估所需要的時間。
3. 評價作業人員的動作經濟是否合理。
4. 設計製作合理的工具、治夾具。
5. 激勵員工重視作業的改善、合理化。

一 MTM 定義

方法時間衡量（MTM）是對手動作基本動作，如伸手、移動、轉動、握取、對準、拆卸及放手，依據其操作與方法，劃分成若干基本動作，並參考手動作的性質與工作環境，提供時間數值，將預定時間標準指定賦予各個基本動作。

時間量度單位的單位爲 TMU（Time Measurement Unit），並區分人工時間及機器時間。

1TMU = 0.0000l 小時 = 0.0006 秒 = 0.036 秒

1 秒 (Second, S) = 27.8TMU

1 分 (Minurte, Min) = 1667TMU

1 小時 (Hour, H) = 100000TMU

假如伸右手抓取（Grasp）桌上距右手 30cm 遠處的原子筆，再其移動 (Move) 到距離為 30cm 的左手上，動作的時間是 55.3TMU，大約相當 55.3/27.8TMU/ 秒 = 2 秒時間，這種直觀感覺更容易體會 1TMU 的含義。

二 方法時間衡量的基本動作

方法時間衡量作業基本動作分如表 12-4 所示，說明如下：

表 12-4　方法時間衡量法的基本動作要素

名稱	符號	說明	變動因素
伸手 (Reach)	R	手或指移動到目標區域	1. 手指移動的距離 2. 伸手動作的類型 3. 伸手動作的變化
移動 (Move)	M	物體搬運到目標區域的動作	
加壓 (Add Pressure)	AP	加力的動作	加壓動作類型
抓取 (Grasp)	G	手或指控制目標物體的動作	
定置 (Position)	P	兩個目標物體合在一起的動作，插入深度在 2cm 以下的動作	1. 鬆緊程度 2. 目標物體對稱性 3. 動的難易程度
放下 (Release Load)	RL	停止手或指的控制動作	放手的類型、放手動作的時間值
拆開 (Disengage)	D	用力拉開兩個合在一起的物體的動作	配合程度和操作的難易程度
眼睛移動時間 (Eye Travel Time，ET)	ET	眼睛的視線動作，從一處 (一點) 移到另一處 (一點)	視線移動距離 T 與眼睛對視線移動的軌跡的垂直距離 D
注視 (Eye Focus)	EF	眼睛的視線，集中在一個物體上的動作	

(一) 伸手（R）

手或手指移動距離的測定方法。手（或手指）移動的軌跡不是直線時，以捲尺等量具沿移動軌跡，準確量測實際移動的距離。

一般在移動手腕時，以人的食指根部從移動前的位置到終點的距離作爲量測基準。例如投擲石頭，開始動手的形態手腕彎曲，投擲終了的瞬間手腕伸直，測量移動距離時，應把手腕彎成與開始投擲的狀態相同，這樣測量的距離才準確。

如表 12-5 伸手動作有 A、B、C、D、E 5 種，時間值有 4 種（C 和 D 規定爲同一時間值）。

表 12-5 伸手動作的類型

類型	定義	特性
A 類	完全不需要用眼睛，能夠確定對象物的位置和伸手方向。	1. 習慣性地移動手的位置。 2. 固定位置。 3. 伸手到另一隻手上的對象物。
B 類	作業中最常發生的伸手動作，如伸手取桌子上的零件或工具，或伸手往辦公桌上取物等。	1. 位置稍稍變換，必須用眼睛觀察，及時調整手的移動方向和位置。 2. 伸手向無固定位置的對象物的動作。
C 類	伸手向堆放成雜亂無章的對象目標物的動作，如伸手向很亂的零件箱中的動作等。	需要配合尋找（Search）、選擇（Select）動作，如常常發生，表示有改善空間。
D 類	危險、易碎、或微小（斷面直徑在 3mm 以下）的對象物。	抓取這類東西，需要格外小心。
E 類	身體的自然位置伸手，放下手的自然動作。	動作對整體作業時間沒有影響，一般可以忽略。

從表 12-6 中查出狀態 I (A 類)、II (B 類) 的時間值，狀態III (C 類) 是，TMU III = TMU I -（TMU I - TMU II）×2。

例題 1

某作業人員裝好一個產品配件後，伸手取零件材料裝配下一個產品，在伸手取零件材料過程中，順便將手中產品配件放在成品箱中。成品放手到取零件的移動距離是 20cm，計算這個伸手動作的時間值。

解答

伸手開始時是移動狀態，符號爲：mR20B，m 表示移動中的手；R 表示基本動作種類，20cm 爲距離；B 爲動作的類型，把伸手重複操作一次位置。

從表 12-6 中可以查出，mR20B 是表示狀態II，時間值爲 7.1TMU。

表 12-6　伸手 R 因素值

距離 /cm	時間值 (TMU)				手移動時 (m)		情況說明
	A	B	C、D	E	A	B	A： 1. 手伸到指定的位置。 2. 手伸到另一只手中的目的物。 3. 手伸向另一只手中的目的物。 B： 手伸向重複操作一次位置，移動變化的目的物。 C： 手伸向雜亂放置處的目的物。 D： 把手伸方向非常小，需要牢固夾緊的目的物。 E： 1. 把手放回自然位置。 2. 放到下個動作要移動的位置上。 3. 移到側面，把手伸到大約位置上。
2 以下	2.0	2.0	2.0	2.0	1.6	1.6	
4	3.4	3.4	5.1	3.2	3.0	2.4	
6	4.5	4.5	6.5	4.4	3.9	3.1	
8	5.5	5.5	7.5	5.5	4.6	3.7	
10	6.1	6.3	8.4	6.8	4.9	4.3	
12	6.4	7.4	9.1	7.3	5.2	4.8	
14	6.8	8.2	9.7	7.8	5.5	5.4	
16	7.1	8.8	10.3	8.2	5.8	5.9	
18	7.5	9.4	10.8	8.7	6.1	6.5	
20	7.8	10.0	11.4	9.2	6.5	7.1	
22	8.1	10.5	11.9	9.7	6.8	7.7	
24	8.5	11.1	12.5	10.2	7.1	8.2	
26	8.8	11.7	13.0	10.7	7.4	8.8	
28	9.2	12.2	13.6	11.2	7.7	9.4	
30	9.5	12.8	14.1	11.7	8.0	9.9	
35	10.4	14.2	15.5	12.9	8.8	11.4	
40	11.3	15.6	16.8	14.1	9.6	12.8	
45	12.1	17.0	18.2	15.3	10.4	14.2	
50	13.0	18.4	19.6	16.5	11.2	15.7	
55	13.9	19.8	20.9	17.8	12.0	17.1	
60	14.7	21.2	22.3	19.0	12.8	18.5	
65	15.6	22.6	23.6	20.2	13.5	19.9	
70	16.5	24.1	25.0	21.4	14.3	21.8	
75	17.3	25.5	26.4	22.6	15.1	22.4	
80	18.2	26.9	27.7	23.9	15.9	24.2	

（二）移動 (Move, M)

定義：**某種預定的目的移動某物至一特定的地點**。移動的種類有 3 種：

1. **A 類**：對象物運送到另一隻手中，或到另一隻手處停止；或借助於機械設備的引導（如鎖螺釘），完全不需要控制的動作。例如：將原子筆從左手移動到右手，移動距離 20cm，則屬於 A 類，記作 M20A。

圖 12-1　從 1F 移動到 2F

2. **B 類**：是把對象物送到某一大約位置。例如：把原子筆放在桌上，移動距離若為 15cm，則屬於 B 類，記作 M15B。

3. **C 類**：是把對象物送到精確位置，這一類移動動作之後，變為定置動作。例如：將原子筆插入筆套中，移動距離是 9cm，動作屬 C 類，記作 M9C。

圖 12-2　對象物運動到另隻手的移動

在考慮運送重量時，動作符號上須表示出重量和負重方式。如：單手從貨車上搬下 5kg 的貨物，移動距離 25cm，符號記作 M25B–5。移動重量或阻力在 1kg 以下，不予考慮。

移動動作的時間值 TMU 計算：

移動時間值時，先從表 12-7 中查出有關數據，計算即可求得。

TMU 值 = 時間值 × 重量修正係數 + 重量修正常數

分析表 12-6，移動距離小於 35cm 時，A 類的時間值小於 B 類的時間值；當大於 40cm 時，則 A 類的時間值大於 B 類的時間值。設計和改善動作和作業域時，應注意這個轉折點。

表 12-7　移動因素值

<table>
<tr><th rowspan="2">距離 / cm</th><th colspan="4">時間值 (TMU)</th><th colspan="3">重量修正</th><th rowspan="2">情況說明</th></tr>
<tr><th>A</th><th>B</th><th>C</th><th>移動 B/m</th><th>重量 / Kg</th><th>係數</th><th>常數 (TMU)</th></tr>
<tr><td>2 以下</td><td>2.0</td><td>2.0</td><td>2.0</td><td>1.7</td><td rowspan="2">1</td><td rowspan="2">1.00</td><td rowspan="2">0.0</td><td rowspan="22">A.
1. 目的物送到另一隻手上。
2. 或到另隻手處停止。
B.
目的物送到適當位置。
C.
目的物送到正確位置。</td></tr>
<tr><td>4</td><td>3.1</td><td>4.0</td><td>4.5</td><td>2.8</td></tr>
<tr><td>6</td><td>4.1</td><td>5.0</td><td>5.8</td><td>3.1</td><td rowspan="2">2</td><td rowspan="2">1.04</td><td rowspan="2">1.6</td></tr>
<tr><td>8</td><td>5.1</td><td>5.9</td><td>6.9</td><td>3.7</td></tr>
<tr><td>10</td><td>6.0</td><td>6.8</td><td>7.9</td><td>4.3</td><td rowspan="2">4</td><td rowspan="2">1.07</td><td rowspan="2">2.8</td></tr>
<tr><td>12</td><td>6.9</td><td>7.7</td><td>8.8</td><td>4.9</td></tr>
<tr><td>14</td><td>7.7</td><td>8.5</td><td>9.8</td><td>5.4</td><td rowspan="2">6</td><td rowspan="2">1.12</td><td rowspan="2">4.3</td></tr>
<tr><td>16</td><td>8.9</td><td>9.2</td><td>10.5</td><td>6.0</td></tr>
<tr><td>18</td><td>9.0</td><td>9.8</td><td>11.1</td><td>6.5</td><td rowspan="2">8</td><td rowspan="2">1.17</td><td rowspan="2">5.8</td></tr>
<tr><td>20</td><td>9.6</td><td>10.5</td><td>11.7</td><td>7.1</td></tr>
<tr><td>22</td><td>10.2</td><td>11.2</td><td>12.4</td><td>7.6</td><td rowspan="2">10</td><td rowspan="2">1.22</td><td rowspan="2">7.3</td></tr>
<tr><td>24</td><td>10.8</td><td>11.8</td><td>13.0</td><td>8.2</td></tr>
<tr><td>26</td><td>11.5</td><td>12.3</td><td>13.7</td><td>8.7</td><td rowspan="2">12</td><td rowspan="2">1.27</td><td rowspan="2">8.8</td></tr>
<tr><td>28</td><td>12.1</td><td>12.8</td><td>14.4</td><td>9.3</td></tr>
<tr><td>35</td><td>14.3</td><td>14.5</td><td>16.8</td><td>11.2</td><td rowspan="2">14</td><td rowspan="2">1.32</td><td rowspan="2">10.4</td></tr>
<tr><td>40</td><td>15.8</td><td>15.6</td><td>18.5</td><td>12.6</td></tr>
<tr><td>45</td><td>14.7</td><td>16.8</td><td>20.1</td><td>14.0</td><td rowspan="2">16</td><td rowspan="2">1.36</td><td rowspan="2">11.9</td></tr>
<tr><td>50</td><td>19.0</td><td>18.0</td><td>21.8</td><td>15.4</td></tr>
<tr><td>55</td><td>20.5</td><td>19.2</td><td>23.5</td><td>16.8</td><td rowspan="2">18</td><td rowspan="2">1.41</td><td rowspan="2">13.4</td></tr>
<tr><td>60</td><td>22.1</td><td>20.4</td><td>25.2</td><td>18.2</td></tr>
<tr><td>65</td><td>23.6</td><td>21.6</td><td>26.9</td><td>19.5</td><td rowspan="2">20</td><td rowspan="2">1.46</td><td rowspan="2">14.9</td></tr>
<tr><td>70</td><td>25.2</td><td>22.8</td><td>28.6</td><td>20.9</td></tr>
<tr><td>75</td><td>26.7</td><td>24.0</td><td>30.3</td><td>22.3</td><td rowspan="2">22</td><td rowspan="2">1.51</td><td rowspan="2">16.4</td><td rowspan="2"></td></tr>
<tr><td>80</td><td>28.3</td><td>25.2</td><td>32.0</td><td>23.7</td></tr>
</table>

(三)加壓（Apply Pressure, AP）

定義：克服阻力所附加的力量。加壓動作可分爲兩類：

1. 類型 I：強壓，實際加壓之前，身體部位稍加預備調整（中斷、躊躇），時間值較大，符號爲 AP1。加壓時間值：AP1 = 16.2TMU
2. 類型 II：輕微加壓，身體部位不做準備調整，符號爲 AP2。加壓時間值：AP2 = 10.6TMU。

(四)抓取（Grasp, G）

定義：用手指或手充分控制一物或多個物體，實現下一動作，達到預定的目的（抓取是手的動作，不包括用手使用任何設備取物，如用治夾具工具物等）。抓取的類型有五種：G1、G2、G3、G4、G5。抓取動作的時間值 TMU 由表 12-8 得到。

1. **G1**：由 G1A、G1B、G1C 組成。

   G1A：容易抓取，沒有障礙的對象物，手指閉合的距離在 20mm 以下。

   G1B：抓取小的對象物，例如抓取桌上的硬幣、輕巧工具等物品。

   G1C：抓取並且擺放的圓柱形物體，底面和側面有障礙物，如粉筆。

表 12-8　抓取 G 因素值

情況	時間值 (TMU)	說明
G1A	2.0	易抓，直接抓小、中或大的目的物
G1B	3.5	極小的目的物或緊貼在平面上放置的物體
G1CI	7.3	圓柱形目的物（底部或單側有障礙物），直徑 12mm 以上
G1C2	8.7	圓筒形目的物（底部或單側有障礙物），直徑 6~12mm
G1C3	10.8	圓筒形目的物（底部或單側有障礙物），直徑 6mm 以下
G2	5.6	矯正抓法
G3	5.6	轉換到另一隻去拿著目的物
G4A	7.3	雜亂放著的目的物（尋找或選擇），大於 26×26×26mm
G4B	9.1	抓取雜亂放著的目的物（尋找或選擇），小於 26×26×26mm，大於 6×6×3mm
G4C	12.9	抓取雜亂放著的目的物（尋找或選擇），小於 6mm× 6mm × 6mm
G5	0	接觸，掛上

2. **G2**：需要重抓，才能夠控制目的物體的動作。

3. **G3**：使用一般的努力程度，將一隻手抓取的對象物轉到另一隻手。

4. **G4**：從零亂的同種類或不同種類對象物中抓取的動作，伴隨有探索和考慮心智內容，如從多種零件的容器內抓取某零件的動作。對象物的大小分爲三級：

   (1) G4A 爲 26mm × 26mm × 26mm 以上。

   (2) G4B 爲 6mm × 6mm × 3mm ~ 25mm × 25mm × 25mm。

   (3) G4C 爲 5mm × 5mm × mm 以下。

5. **G5**：包括接觸、滑動、鉤抓的抓取。動作時間值 = 零。

（五）定置（Position, P）

定義：定位或對準，將一目的物與另一目的物對準。

1. **配合的鬆緊程度分爲 3 級：**

   (1) 1 級（P1），配合程度很鬆，不需要加力，依靠物體重量自行套入；套入物體時幾乎感覺不到用力者。

   (2) 2 級（P2），配合程度稍緊，稍稍加力就可將對象目的物物套入；介於兩者之間爲 P2。

   (3) 3 級（P3），是指配合程度緊密，需要較大的力才能將對象物壓入，用力明顯時 P3。

2. **對稱性：**

   以對象物結合後的軸線爲中心，旋轉一周後的相對配合位置，去判斷兩物體配合情況，以及其對稱性的類型，共有以下三類：

   (1) 對稱性（Symmetry , S）：兩個圓柱形物體任意位置均可配合。

   (2) 半對稱性（Semi-Symmetry , SS）：兩個正方形物體的配合情況。

   (3) 非對稱性（Non-Symmetry , NS）：兩個梯形物體的配合，只有一個配合位置。

3. **操作的難易性分爲操作容易和操作困難兩種情況：**

   (1) 操作容易（Easy , E）：操作的物體很堅固，配合程度鬆弛，沒有重抓的需要，即可控制目的物的動作（G2）。如套鋼筆套的動作，可記爲 P2SE = 16.2 TMU。

(2) 操作困難（Difficulty , D）：操作的物體柔軟或細小，配合位置遠且必定有重抓的需要，才能控制目的物的動作（G2）。如把線穿縫衣針眼中的動作，可記爲 P3SD = 48.6 TMU。

表 12-9 定置 P 因素值

配合程度		對稱性	容易處理 (E)（TMU）	難處理 (D)（TMU）
鬆 (P1)	不必壓	對稱 (S)	5.6	11.2
		半對稱 (SS)	9.1	14.7
		非對稱 (NS)	10.4	16.0
緊 (P2)	輕壓	對稱 (S)	16.2	21.8
		半對稱 (SS)	19.7	25.3
		非對稱 (NS)	21.0	26.6
極緊 (P3)	重壓	對稱 (S)	43.0	48.6
		半對稱 (SS)	46.5	52.1
		非對稱 (NS)	47.8	53.4

(六) 放手（Release Load, RL）

定義：放下用手指或手控制的目的物。

1. **RL1**：鬆開手指，將對象物釋放的動作，手指移動的距離在 2 厘米（mm）以下，時間值 2.0TMU。
2. **RL2**：鬆開已經用手或手指接觸、控制的對象物，其動作時間值爲 0。是與抓取（G5 包括接觸、滑動、鉤抓）相反的動作。

(七) 拉開或拆開（Disengage, D）

定義：合成件分開。

1. 根據拉開時所需力的大小，配合程度分爲以下三種類型：

   (1) 類型 I（D1）：反向作用不明顯，阻力小。

   (2) 類型 II（D2）：存在反向作用力，並且是在 10~13cm 以下的範圍內。

(3) 類型III（D3）：兩物體結合牢固，因爲阻力大所以需要很大的力，反向作用的範圍爲 13~15cm，甚至達 30cm。

2. 操作的難易程度分爲操作容易和操作困難兩種：

(1) 操作容易（Easy, E）：拿好對象物之後，只需很少的控制力，就能一下子拉開的操作，如拉開鋼筆套的動作，用符號 D1E=4.0 TMU。

(2) 操作困難（Difficulties, D）：需要有抓取（G2）動作的拉開操作，施加控制力比較困難。

表 12-10　拉開 D

配合的程度		操作容易 (E)	操作困難 (D)
類型 I (D1)	用極小的力，一直到下一個動作為止。	4.0	5.7
類型 II (D2)	用一般的力，稍有反作用力。	7.5	11.8
類型 III (D3)	用很大的力，手上明顯感到反作用力。	22.9	34.7

本章習題

一、選擇題：

(　　) 1. 方法時間衡量（MTM）制度，是由下列何人所創設？ (A) 泰勒（Taylor） (B) 吉爾伯斯（Gilbreth） (C) 賽格（Segar） (D) 梅那特（Maynard）。
【經濟部所屬事業機構 102 年新進職員甄試試題—航空生產規劃】

(　　) 2. 方法時間衡量（MTM）中的 2,000TMU 相當於多少時間？ (A) 33 秒 (B) 1 分 6 秒 (C) 1 分 12 秒 (D) 33 分 18 秒。
【經濟部所屬事業機構 102 年新進職員甄試試題—航空生產規劃】

(　　) 3. MTM（Motion and Time Study，方法時間衡量）數據之時間單位 TMU 與下列何者相等？ (A) 0.001 分鐘 (B) 0.0006 分鐘 (C) 0.000001 小時 (D) 0.1 秒鐘。

(　　) 4. MTM 數據之時間單位爲 TMU（Time Measurement Unit），則 1 秒約等於多少 TMU？ (A) 1.667 (B) 100,000 (C) 27.8 (D) 1666.7。

(　　) 5. MTM 中的 1000TMU 相當於： (A) 16 秒 (B) 26 秒 (C) 36 秒 (D) 46 秒。

(　　) 6. 方法時間衡量（MTM）系統中影響搬運時間的因素除了搬運距離和重量等條件外，還考慮哪個因素？ (A) 搬運物品之大小 (B) 搬運物的材質 (C) 搬運的角度 (D) 動作形態。

(　　) 7. 在動素分析中有十七種操作基本要素，符號ＲＬ代表？ (A) 移動 (B) 伸手 (C) 尋找 (D) 放手。

(　　) 8. 使用手指環繞放在桌上的原子筆是屬於下列哪一個動素？ (A) 伸手 (B) 握取 (C) 對準 (D) 裝配。

(　　) 9. 下列動素中，費時最少之動素爲？ (A) 握取 (B) 計劃 (C) 放手 (D) 對準。

(　　) 10. 由幾個工作站集合而成之研究階次，稱之爲？ (A) 作業 (B) 製程 (C) 活動 (D) 動作。

(　　) 11. 請用下表的 MTM，計算動素 mR30Bm 的時間值？

表　伸手 R（Reach）

距離（cm）	時間值（TMU）				手在移動中（m）	
	A	B	C、D	E	A	B
30	9.5	12.8	14.1	11.7	8.0	9.9

(A) 12.8 TMU (B) 9.9 TMU (C) 7.0 TMU (D) 5.8 TMU。

二、簡答題

1. 請說明預定動作時間公式的推行關鍵步驟。
2. 依工作範圍及其微程度等分爲哪 7 級？
3. 操作單元的各項動作中，仔細分析觀測各時間之差異性，分成哪兩類？
4. 請說明工作因素法的推行步驟重點。

NOTE

Work Study

13

工作管理與獎工制度

13-1　工作管理之意義

13-2　管理項目之設定

13-3　生產力的衡量與管理

13-4　消除浪費－豐田式生產管理與精實生產

13-5　工作管理與標準工時

13-6　效率管理

生產力是生產或服務能力的總體衡量，衡量如何管理特定資源，按數量和質量及時完成目標的基準。生產力也可以定義為衡量相對於投入（勞力、材料、能源等）的產出（商品和服務）比例。因此，提高生產率的方法：增加分子（生產力）或減少分母（投入）。如果輸入和輸出都增加，但是輸出比輸入快，則會達看到類似的效果，或者輸入和輸出減少，但輸入下降快於輸出。

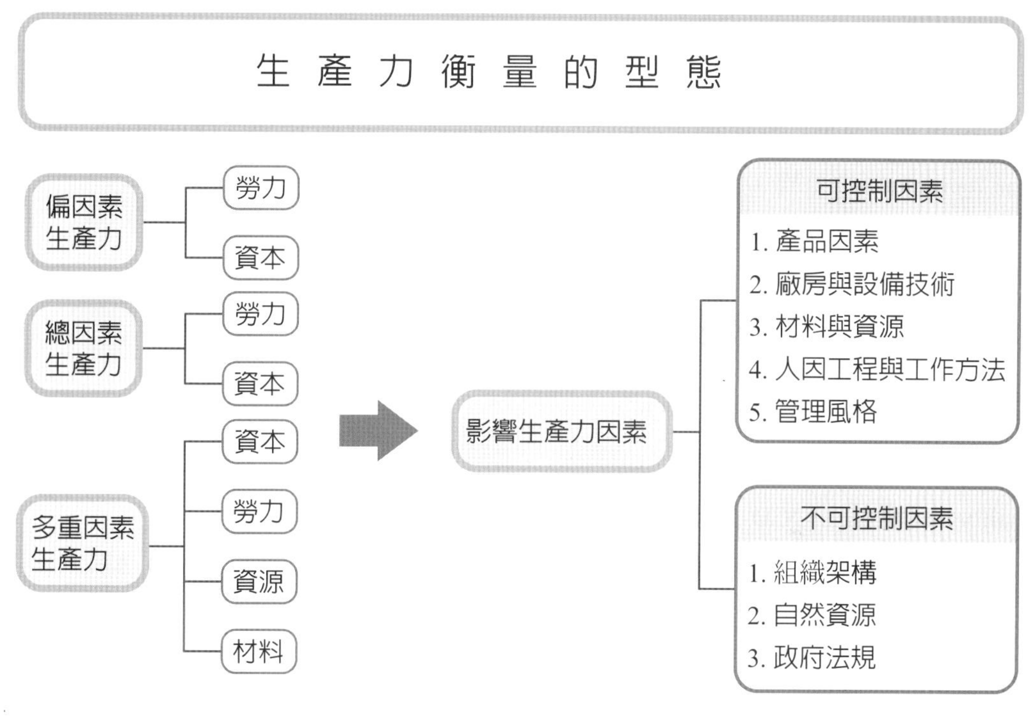

作者解說架構影片

生產力是一個客觀的概念，也是一個科學概念，「生產力」是各行各業追求卓越的具體表徵，也是「競爭力」的先行指標。

組織可以出於策略原因（如公司計劃、組織改善或與比較競爭對手），也可以出於戰術原因，如產品項目控管或控制預算執行情況，訂定生產力。

企業有很多使用生產力公式的選項，包括勞動生產力、機器生產力、資本生產力、能源生產力等。可以爲單一因素操作、部門、設施、甚至整個組織計算生產力。

13-1 工作管理之意義

工作管理（Work Management）之前，須明確什麼是作業（Operation）與管理（Management）之差異。

一 作業

作業是依照經由建立標準作業程序（SOP）過程所制訂的工作方法，由4M資源，人員（Man）使用機器設備（Machine）將材料（Materials），依照作業方法（Method）加以變形或變質，期望成本（Cost）與交期（Delivery）爲目標，製造所要求品質（Quality）的產品之QCD目標行爲。

二 管理

管理是透過人員達成企業的工作，因此必須設定管理項目、衡量單位與設定目標，爲了達成企業目標，必須採取計畫、實施、差異檢核、對策等PDCA之管理循環。

由上述的作業與管理說明，工作管理是指爲了使工作能夠依照QCD目標（品質、成本、交期）進行，有效的運用4M資源，人員、設備、材料與方法等生產的四要素，擬訂工作計畫，衡量及檢討有關實績與目標間的差異，便採取必要的矯正措施，促進生產力，降低工時，提高工作效率。

13-2 管理項目之設定

爲了有效的管理生產活動，針對產品製作之前，規劃各項標準程序、製程規格、負責單位以及檢驗方式，執行制定的規劃，準確的執行各項工作、查核執行計劃和實際執行。發生落差時，隨時提出改善的辦法與行動來進行活動，確保靠管理目標之達成，並進而促使管理持續改善。

圖 13-1　透過管理使目標達成

在日常的生產活動管理上，分爲兩類管理對象，依 **QCD 目標（品質、成本、交期）作爲第 1 次管理對象，而以 4M 資源，作業員、機器、材料與作業方法（Method）爲第 2 次管理對象**。其管理項目如下：

一　第 1 次 QCD 管理對象

1. **品質的管理項目：**不良率、不良內容、抱怨件數、抱怨內容等。
2. **成本的管理項目：**實績時間、材料使用量及不良金額等。
3. **交期、數量的管理項目：**生產金額、附加價値生產金額、生產量（數量、重量、長度等）、交期延誤件數、交期延誤天數及產量工時等。

二　第 2 次 4M 管理對象

1. **人員的管理項目：**配置人數、就業時間、出勤率、間接時間率、準備作業次數、準備作業時間等。
2. **機器的管理項目：**機器使用時間、故障件數、故障率、機器閒置台數、生產線停止時間、故障復原時間等。
3. **材料的管理項目：**材料採購量、材料使用量、在製品數量、間接材料使用量、電力使用量、瓦斯使用量等。
4. **方法的管理項目：**作業方法、製造工程、作業條件、製造條件、加工方法、裝配方法等。

13-3 生產力的衡量與管理

一 生產力的意義

生產力（Productivity）之概念，投入（Input）資源與產出（Output）相對比值，投入包括勞動力（Labor）、資本（Capital）、物料（Materials）與能源（Energy）等資源，產出爲產品或服務，可以參考第一章圖 1-1 所示生產力之概念。生產力的衡量包含單一輸入資源所計算之偏生產力（Partial Productivity）與所有的資源計算之總生產力（Total Productivity）兩類。偏生產力如勞動生產力，總生產力則是計算生產要素的投入量。

$$\text{生產力} = \frac{\text{產生}}{\text{投入}} \quad \text{或} \quad \text{生產力} = \frac{\text{生產量（金額）}}{\text{生產要素的投入量}}$$

$$\text{勞動生產力} = \frac{\text{生產量（金額）}}{\text{勞動量（時間）}} \quad \cdots\cdots\cdots\cdots\cdots \quad (13\text{-}1)$$

假設一家工廠每月生產價值 1,000,000 美元的電視，所有員工總共投入工作 800 小時。生產力公式 = 1,000,000 美元 / 800 小時 = $ 1,250 / 小時，表示工廠每小時生產價值 1,250 美元的電視。但與利潤沒有直接關係，因爲生產力價值未考慮運營成本，員工工資以及工廠的其他間接費用。

表 13-1　各種生產力管理指標

	管理指標	計算式
勞動生產力	1. 附加價值勞動生產力	附加價值／勞動量（人數或勞動時間）
	2. 物的勞動生產力	生產量／勞動量（人數或勞動時間）
	3. 產量工時	標準工時／實績工時
	4. 直接時間率	直接時間／總作業時間
	5. 出勤率	出勤人數／在籍人數－請假人數
	6. 加班率	加班時間／規定就業時間
設備生產力	1. 設備生產力	生產量／設備使用時間或附加價值生產量／設備評估金額
	2. 設備每台生產量	生產量／設備台數
	3. 可作業率	規定作業時間－（故障時間＋修理時間）／規定作業時間
	4. 設備閒置率	閒置時間／設備可能使用時間

	管理指標	計算式
材料生產力	1. 原材料生產力	生產量／原材料消費量或附加價值／原材料消費金額
	2. 材料週轉率	在製數量（材料、中間、製成品）／生產量
	3. 材料不良率	不良品製品／生產量
	4. 材料收率	製成品重量／原材料重量
	5. 能源生產力	能源（瓦斯、水電等）消費量／生產量
品質	1. 不良率	不良品數／全加工品數或不良品數／檢驗個數
	2. 抱怨率	抱怨件數／生產量或累計抱怨件數／累計生產量
成本	1. 成本達成率	實際成本／目標成本
交期	1. 計畫達成率	實績數／計畫數或生產量－日程延誤量／計畫數
	2. 交期延誤率	交期延誤數量／生產量

二 附加價值（Value-added）生產力

為重視企業內損益改善狀況，**附加價值是指在產品的原有價值的基礎，透過生產過程中的有效勞動，新創造的價值。從生產金額減去原材料費與外包費等外購費用，企業所能創造的附加價值。**

附加價值 = 生產報酬 + 營業利益 + 折舊攤提

$$\text{附加價值（勞動）生產力} = \frac{\text{附加價值金額}}{\text{勞動量（時間）}} \quad \cdots\cdots\cdots\cdots\cdots\cdots \quad (13\text{-}2)$$

三 阻礙生產力的要因

影響生產力的因素有很多，如生產方法、作業方法之提升，可以透過簡化製程或是減少需要工時中的浪費，可以使生產力提高。作業過程的浪費說明如下：

圖 13-2　冗長的會議會使生產力降低

表 13-2　需要工時中的浪費分類

<table>
<tr><th>作業過程</th><th>效率</th><th colspan="2">定義</th></tr>
<tr><td>製程設計的浪費</td><td>價值效率</td><td colspan="2">製品設計不良，導致生產困難所發生的無效作業（工時）。</td></tr>
<tr><td>製造方法的浪費</td><td>方法效率</td><td colspan="2">方法設計不良，導致生產困難所發生的無效作業（工時）。</td></tr>
<tr><td rowspan="2">執行製造的浪費</td><td rowspan="2">推動效率</td><td>管理浪費</td><td>工作計畫與管制不周所產生的延誤、等待。</td></tr>
<tr><td>績效浪費</td><td>工作能力與努力不足所產生的錯誤、速度緩慢與短暫的空閒。</td></tr>
</table>

1. **製程設計的工時浪費**

在利潤經營的生產環境下，不允許工時浪費的存在，這些無效浪費是提高製程成本，侵蝕企業的利潤。生產現場經常發生多種型態，製程設計裝配與加工的無效浪費，呈現於無效工時、浪費工時與損失工時的型態上。

近年開發的價值工程 VE 手法，從作業工程技術面與經營管理技術面，改善製程設計，削減無效益的浪費，提升製程設計接近合理可行高標境界，達成高績效現場管理的水準。

2. **製造方法的工時浪費**

因製造方式、人員、設備、材料與方法設計不當而造成的工時浪費，例如機械沒有作好預防保養，導致無法發揮有效工時，產生無效作業，改善設備利用率，分析非生產性原因，故障原因的及時排除，品質異常的及時處理，可有效減少此浪費。

3. **執行製造的工時浪費**

(1) 管理浪費：因工作計畫與管制不周所產生的延誤、等待，導致生產中斷的工時浪費，如設備故障或物料供應來不及，導致作業人員等待閒置。

(2) 績效浪費：因作業人員的能力、意願態度問題所發生的工時浪費，如作業人員因加工的不良品或是意願不足導致加工速度緩慢等。

四　生產力的衡量方法與管理

製造管理直接衡量的方法，是依據現場的浪費衡量生產力，有助於現場的管理與指導，採取綜合勞動效率為衡量指標：

$$\text{綜合勞動效率} = \text{有效率} \times \text{實施效率}$$
$$= \text{價値效率} \times \text{方法效率} \times \text{作業率} \times \text{作業效率} \quad \cdots\cdots \text{(13-3)}$$

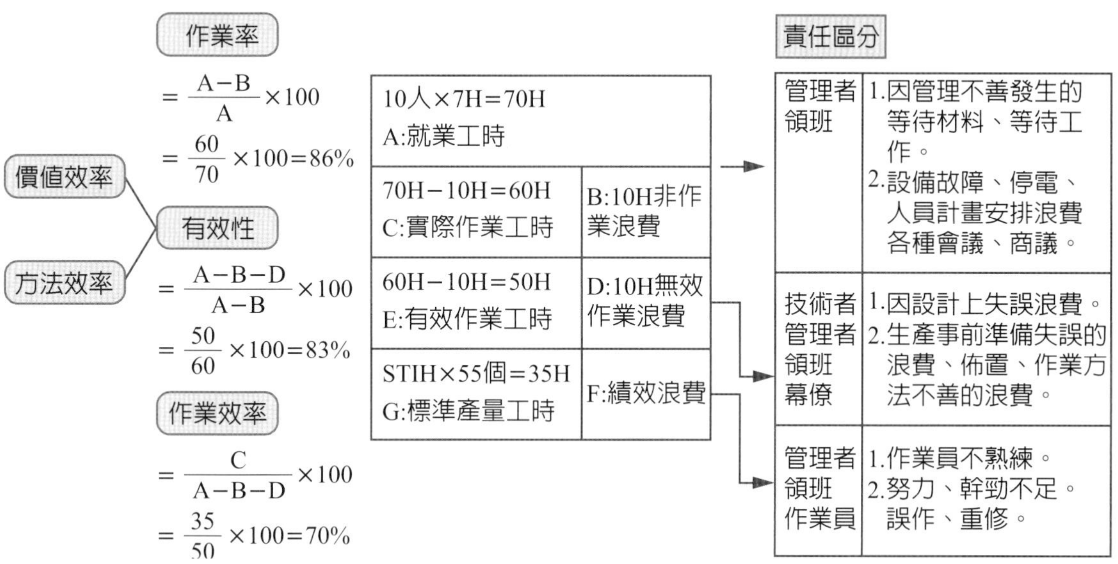

圖 13-3　就業工時的分類

13-4 消除浪費－豐田式生產管理與精實生產

豐田生產方式（Toyota Production System, TPS），生產方不只適用在汽車業，亦可適用於產品種類繁多、產品生命週期短、接單後生產等條件下的產業，特別目前產業都屬於多樣少量需求型態，豐田生產方式更能彰顯經營績效。

豐田生產系統（TPS）的基礎是追求最有效的方法，徹底消除所有浪費，根源可追溯至豐田佐吉（Sakichi Toyoda, 1867-1930）的自動織機，當初是以豐田汽車公司的本社工廠爲中心，TPS 經過多年試行錯誤後，所形成不斷發展，以提高效率爲基礎，初期稱爲大野方式管理，豐田汽車公司的創始人（兼第二任總裁）豐田章男一郎（Kiichiro Toyoda, 1894-1952）正式定名爲豐田生產方式。

豐田生產系統帶領製造業超越大量生產制度，帶動全球所有產業轉型，改寫全球產業的歷史，促成全球製造業與服務業的經營管理變革；近年來逐漸爲歐美各大企業競相採用的生產管理技術 - 精實生產（Lean Manufacturing）便是源自於豐田生產系統

（TPS）。豐田集團向來以高品質、高效率、高獲利打造市值超越美國通用三大車廠市值總和，成爲全世界最賺錢的汽車製造商，關鍵除了各式各樣的管理工具與技術，如超級市場、看板、拉式生產系統、TPM 等之外，豐田集團能夠打敗無敵手靠的是豐田的 DNA- 文化和流程。

其實從基本面觀點，豐田管理系統強調及時系統（JUST IN TIME）以及浪費（Muda）排除，本來就是企業經營管理的硬道路，與是否爲豐田生產方式沒有絕對的關連，只是豐田把管理系統應用到極佳化。

但爲了達到這種極致的管理藝術，**豐田必須整合三位一體（TQC, TPS 與 TPM），亦就是全面品質管制（Total Quality Control, TQC）、全面生產系統（Total Production System, TPS）、全面預防保養（Total Preventive Maintenance, TPM）管理系統，**三位**一體的推動架構與導入技術方法各有其優先順序，若是沒有達到整合性**三位一體，則導入過程是會變成四不像的管理系統，企業實施最後後果可能是未蒙其利，反受其害。

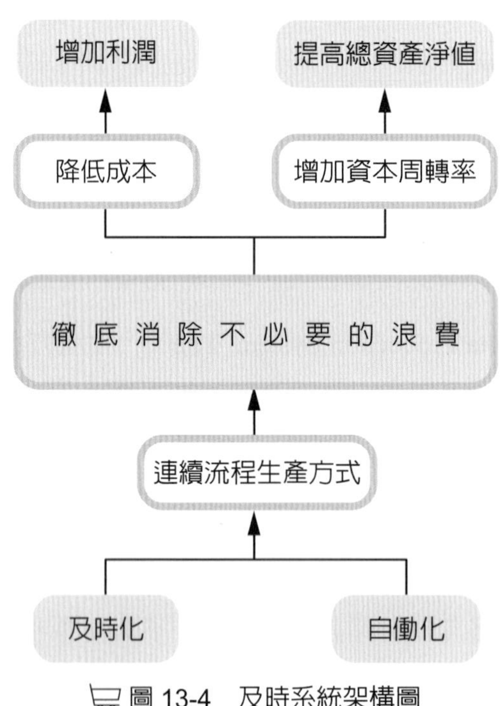

圖 13-4　及時系統架構圖

豐田生產方式認爲，不產生附加價值的一切作業都是浪費，浪費分爲以下 7 種：

1. 生產過剩的浪費

生產過剩消耗過多的原材料，產品可能變質或過期，需要丟棄，可能會產生非常嚴重的環境影響，如果產品涉及危險物質，則會產生不必要的更多危險物質，導致排放、廢物處置的額外成本，作業人員暴露以及廢物本身造成的潛在環境問題。

2. 不合格產品的浪費

不合格產品代表偏離設計標準或客戶期望的產品。不合格產品必須更換，需要文書和人工來處理，可能會失去客戶。因爲不合格產品，產品上的資源已浪費。

此外，不合格產品意味著可能導致缺陷整體生產過程的浪費，包括原材料的消耗，重工處置或回收的不合格產品，所需的額外空間和消耗的能源。

3. 待工的浪費

機械加工時，機器發生故障無法正常作業，或因缺乏零部件而停工待料，生產鏈的一個步驟中的生產變慢或停止，作業者呈現等待的狀態，什麼也沒有辦法實際作業，因工作流程效率降低，而產生的浪費狀態。

4. 動作的浪費

作業者或機械的動作中，沒有產生附加價值的動作，如不合理的操作、效率不高的姿勢和動作都是浪費。

5. 搬運的浪費

搬運是將物料從一個位置移動到另一個位置，意味著在生產中將一個部門靠近另一個部門，如在不同倉庫間移動、轉運、長距離搬運、過多運輸次數等，搬運本身不會爲產品增加任何價值，搬運的本身就是浪費，因此將這些成本降至最低至關重要。搬運還可能造成等待的浪費，因爲生產過程的一部分必須等待物料到達。

6. 加工本身的浪費

加工本身的浪費是製造過程中不必要的任何部分，不必要的加工步驟、工程，或因工具與產品設計不良，和產品質量沒有任何關係，卻當做是必要的加工而進行操作。簡化加工操作程序，減少加工本身浪費，提高效率，有益於公司和工作環境。

7. 庫存的浪費

因爲原材料、零件、作業過程的半成品過多而產生的浪費，庫存過度積壓會引起庫存管理費用的增加，如庫存中的資金成本浪費，庫存搬運的浪費，存放庫存的容器與照明儲存空間。

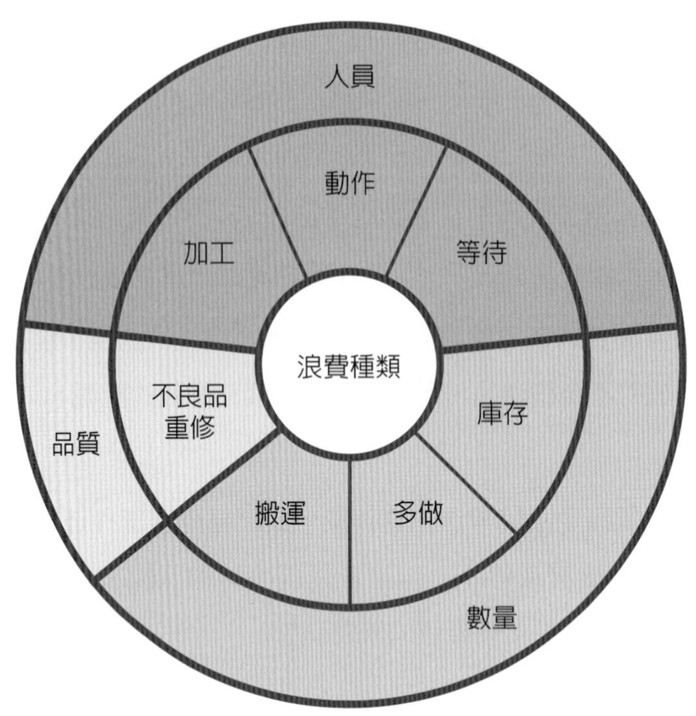

圖 13-5　豐田生產方式 7 種浪費

從基本面觀點，豐田管理系統強調及時系統（JUST IN TIME）以及浪費（Muda）排除，本來就是企業經營管理的硬道路，與是否為豐田生產方式沒有絕對的關 連，只是豐田把管理系統應用到極佳化。

13-5 工作管理與標準工時

一 工作管理

工作管理指標係達成工作目標生產量的投入工時與標準工時之間的衡量，其指標如下：

$$\text{工作管理} = \frac{\text{生產量的標準總工時}}{\text{生產量的實際總工時}} \quad \cdots\cdots\cdots\cdots \quad (13\text{-}4)$$

圖 13-6　責任影響作業率

工作管理指標可做爲衡量績效之用，但要考慮影響生產量變動的因素，如作業人員因加工的不良品，意願不足導致加工速度緩慢；設備故障或物料供應來不及，導致作業人員閒置等。爲衡量各項指標，有以下各項基準（基準單位時間或數量）：

1. $作業效率 = \dfrac{標準工時 \times 生產數量}{作業工時} = \dfrac{標準產量工時}{作業工時}$

2. $作業員責任作業率 = \dfrac{實際作業工時 - 作業員責任非作業工時}{作業工時} = \dfrac{作業工時}{實際作業工時}$

3. $作業員責任良品率 = \dfrac{良品數}{生產數量 - 作業員責任外不良品數}$

4. $管理者責任良品率 = \dfrac{生產數量 - 作業員責任外不良品數}{生產數量}$

5. $管理者責任設備作業率 = \dfrac{計畫作業工時 - 設備停止工時}{設備計畫作業工時}$

6. $管理者責任作業率 = \dfrac{生產工時 - 管理者責任非作業工時}{生產工時} = \dfrac{實際作業工時}{生產工時}$

二 作業績效分析

作業績效分析與管理 (Performance Analysis & Control , PAC) 制度，為一提高勞動生產力的有效辦法，以嚴正的標準工時為衡量基準，透過激勵第一線管理者與領班，期望能維持高度的管理水準，並以實績衡量與回饋，明確定義浪費的責任歸屬，做成改進報告，以利管理上採取必要措施。

PAC 是一套完整的制度，包括績效考核、人力運用、激發基層管理能力與探討作業員士氣等主題。PAC 係以各職位責任別的實績與成果，計算其作業的實施效率（綜合效率）。如圖 13-7 之說明：

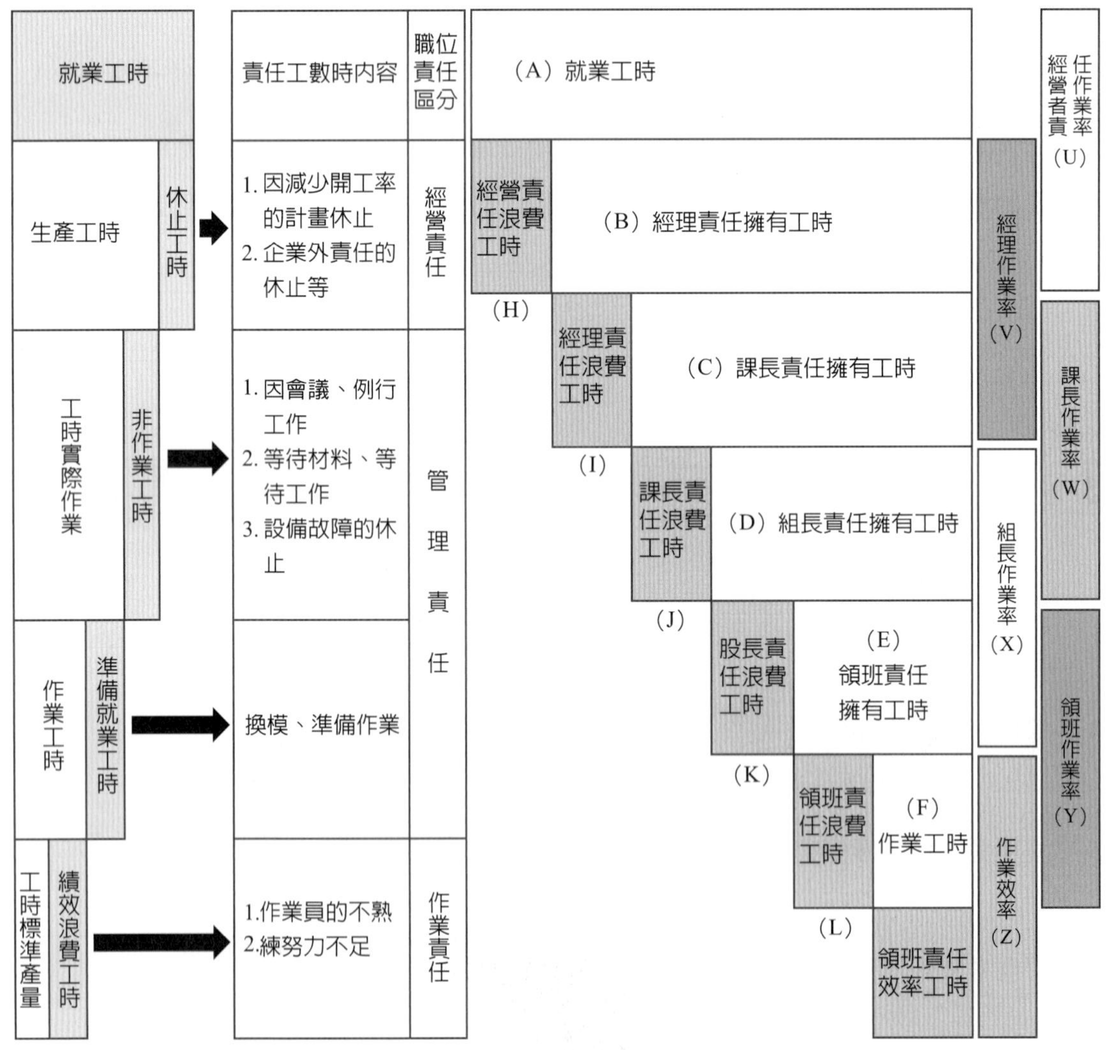

圖 13-7 效率衡量概念圖

1. 綜合效率衡量方式

(1) 作業效率（Z）$= \dfrac{\text{標準工時} \times \text{生產量}}{\text{作業工時（F）}} = \text{標準產量工時（G）} \times 100\%$

(2) 領班責任作業率（Y）$= \dfrac{\text{作業工時（F）}}{\text{領班責任擁有工時（E）}} \times 100\%$

(3) 領班責任綜合作業率＝領班責任作業率（Y）×作業效率（Z）

$$= \frac{F}{E} \times \frac{G}{F} \times 100\% = \frac{G}{E} \times 100\%$$

(4) 組長責任作業率（X）$= \dfrac{\text{領班責任擁有工時（E）}}{\text{組長責任擁有工時（D）}} \times 100\%$

(5) 組長責任綜合作業率＝組長責任作業率（X）× 領班責任作業率（Y）× 作業效率（Z）

$$= \frac{E}{D} \times \frac{F}{E} \times \frac{G}{F} \times 100\% = \frac{G}{D} \times 100\%$$

(6) 綜合作業率（T）$= \dfrac{\text{作業工時（F）}}{\text{就業工時（A）}} \times 100\%$

(7) 綜合效率（T）$= \dfrac{\text{標準產業工時（G）}}{\text{就業工時（A）}} \times 100\%$

＝綜合作業率（T）× 作業效率（Z）

$$= \frac{F}{A} \times \frac{G}{F} \times 100\% = \frac{G}{A}\ \%$$

2. 名詞說明

(1) 就業工時：

支付工資對象的工時，包含早到加班、假日上班時間，但去除遲到早退外出。

(2) 休止工時：

因經營者或管理者責任的作業員空閒工時，如因減少開工率的休假，指計畫企業外責任的彈性休止。

(3) 生產工時：

管理者責任可以運用的工時，以就業工時減去就業工時。

生產工時：就業工時 – 就業工時

(4) 非就業工時：

管理者責任導致作業員的空閒工時，如管理不當所發生的等待工作待料、設備故障的等待與開會。

(5) 實際作業工時：

管理者責任可以運用的工時，以就業工時減去休止工時與非就業工時。

實際作業工時 = 就業工時 – (休止工時與非就業工時)

(6) 作業工時：

作業員可以直接作業的工時，以就業工時減去休止工時、非就業工時與準備就業工時。

作業工時 = 就業工時 – (休止工時 + 非就業工時 + 準備就業工時)

= 就業工時 - (經營者責任工時 + 經理責任工時 + 課長責任工時 + 組長責任工時 + 領班責任工時)

(7) 績效浪費工時：

因作業員責任的浪費工時，受作業員的技術能力與意願的影響。

績效浪費工時 = 作業工時 – 標準產量工時

(8) 標準產量工時：單位產品的標準工時與生產量的相乘。

標準產量工時 = 標準工時 × 生產量 = 作業工時 – 績效浪費工時

(9) 浪費工時：

因經營者或各層別的管理者責任的作業員空閒工時與準備就業作業所耗費的工時。

(10) 責任擁有工時：

以就業工時減去上位層別的管理者責任工時，如經理責任。擁有工時 = 就業工時 – 經營者的責任工時

(11) 作業效率：

$$作業效率 = \frac{標準產量工時}{作業工時} \times 100\%$$

(12) 責任作業率：

$$經理責任作業率 = \frac{課長責任擁有工時}{經理責任擁有工時} \times 100\%$$

$$課長責任作業率 = \frac{組長責任擁有工時}{課長責任擁有工時} \times 100\%$$

$$組長責任作業率 = \frac{領班責任擁有工時}{組長責任擁有工時} \times 100\%$$

$$領班責任作業率 = \frac{作業工時}{領班責任擁有工時} \times 100\%$$

(13) 綜合作業率：

評估各階層管理者責任擁有工時，透過自已的管理能力活用支程度。

$$綜合作業率 = \frac{作業工時}{就業工時}$$

(14) 責任綜合效率：

(A) 領班責任綜合效率 = 領班責任作業率 × 作業效率

(B) 組長責任綜合效率 = (A) 領班責任綜合效率 × 作業效率

(C) 課長責任綜合效率 = (B) 組長責任綜合效率 × 作業效率

(D) 經理責任綜合效率 = (C) 課長責任綜合效率 × 作業效率

(E) 綜合效率 = (D) 經理責任綜合效率 × 經營者責任作業率

$$= 經理責任綜合效率 \times \frac{經營者責任擁有工時}{就業工時} = \frac{標準產量工時}{就業工時}$$

表 13-3　實施效率報告

組別	實施效率			產量工時	就業工時	實績工時(人時)	
	作業效率	責任作業率	綜合效率			組長	課長
A	64.5	92.3	59.6	700	1200	90	25
B	66.2	90.0	59.6	950	1650	160	55
C	80.1	93.2	74.7	1210	1650	110	30
(課)合計	71.0	91.8	64.0	2860	4500	360	110

例題 1

設有某生產課分成 A、B、C 三組，上週的工時實績如表，計算上週的實施效率與責任效率。

組別	產量工時	就業工時	除外工時	
			組長責任	課長責任
A	700	1200	90	25
B	950	1650	160	55
C	1210	1650	110	30
合計	2860	4500	360	110

解答

1. A 組

$$作業效率=\frac{700}{1200-90-25}=64.5\%$$

$$組長責任作業率=\frac{1200-90-25}{1200-25}=92.3\%$$

$$組綜合效率=\frac{700}{1200-25}=59.6\%$$

2. B 組

$$作業效率=\frac{950}{1650-160-55}=66.2\%$$

$$組長責任作業率=\frac{1650-160-55}{1650-55}=90.0\%$$

$$組綜合效率=\frac{950}{1650-55}=59.6\%$$

3. C 組

$$作業效率=\frac{1210}{1650-110-30}=80.1\%$$

$$組長責任作業率=\frac{1650-110-30}{1650-30}=93.2\%$$

$$組實施效率=\frac{1210}{1650-30}=74.7\%$$

4. 綜合效率 $= \dfrac{2860}{4500-360-110} = 71.0\%$

課長責任作業率 $= \dfrac{4500-110}{4500} = 91.8\%$

綜合效率 $= \dfrac{2860}{4500} = 64.0\%$

13-6 效率管理

效率的管理是否良好，是要針對數值的進行相對性評估，如欲提高效率評估值，必須展開效率管理活動。

圖 13-8　良好的效率應避免工時浪費

一 效率管理活動

效率管理有三個基本活動：

(一) 標準值設定活動

標準時間目的在衡量效率管理，發現問題的原因顯現出來進行改善。標準值設定條件，是針對必要的技能，適合的作業環境，熟練作業人員以正常的作業速度，完成一個符合品質要求的產品所需要的數值。

制訂標準值，打破人爲認知的偏執與判斷，確認研究對象已經到達已標準化程度，再針對人、機、料、法逐項檢討改善，確定標準工作方法。

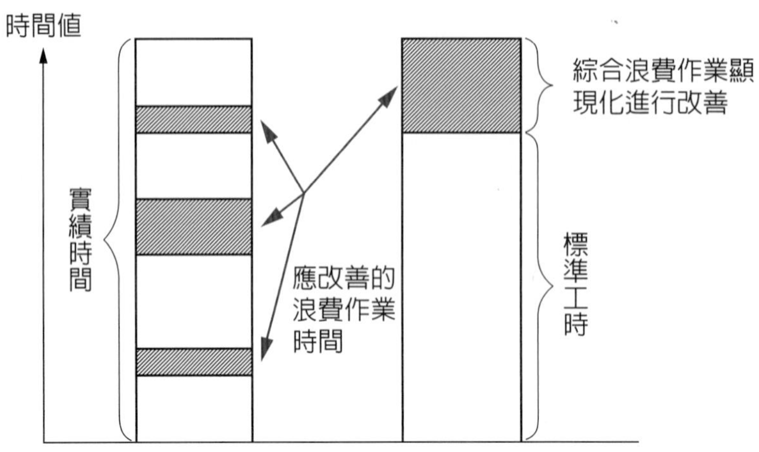

圖 13-9　標準作業的分析與改善

(二)提高效率活動

效率管理活動就是在於提高效率，以數值（Data）表示作業的實施效率，異常值採取改善行動，爲了一定的管理水準，設定上下管制界線，對於超過的數值（異常值），了解原因採取必須要的改善對策。

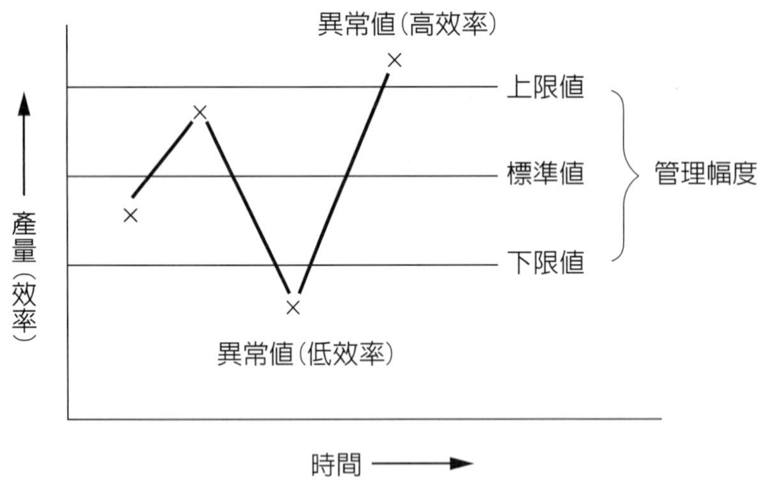

圖 13-10　效率評價與管理活動

(三)降低標準工時活動

制定標準化作業流程，降低標準工時活動，排除現場不需要的多餘動作與浪費，減少作業員的作業時間及作業員的疲勞度，提高管理效率，減少管理成本。

無法整合的動作與步驟程序，使用更簡單的作業方法，節省人力、物力，或夾、治、工具設備等資源進行改善，減少人爲因素造成的資源浪費，從而提升工時效率。

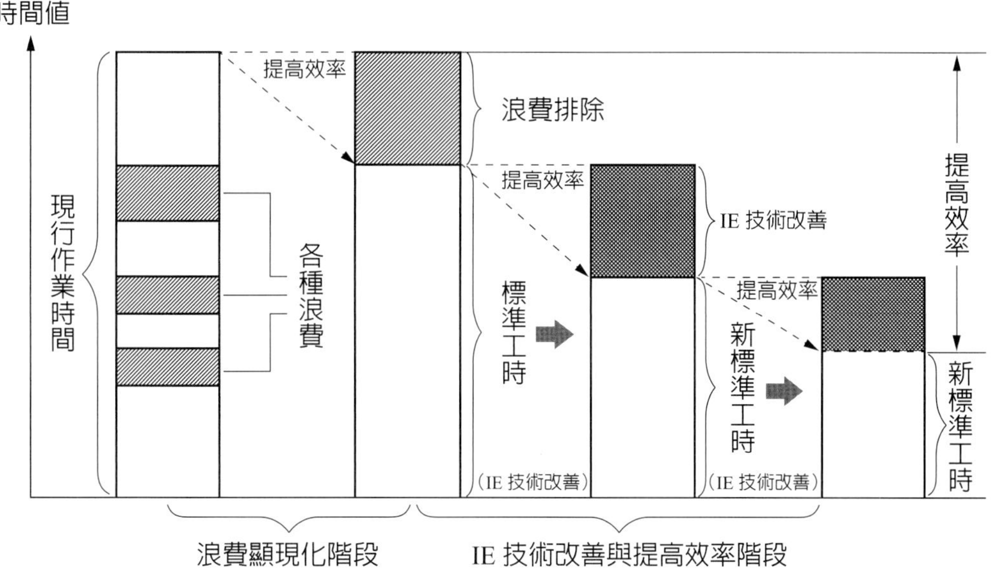

圖 13-11　降低標準工時活動

二 影響效率之指標

爲提高效率，評估實際工作時間的基本效率，有以下三種指標：

1. 人員

(1) 效率：直接時間內，是否依照標準工時進行作業的指標。遵守標準作業爲現場人員共同的責任。

$$效率 = \frac{正常工時}{直接時間} \quad \cdots\cdots \quad (13\text{-}5)$$

(2) 直接率：實際工作時間內，從事正常作業時間的比例指標。直接率偏低，表示現場管理有改善的空間，管理幹部必須負起改善的責任。

$$直接率 = \frac{直接時間}{實際工作時間} \quad \cdots\cdots \quad (13\text{-}6)$$

(3) 綜合效率：投入的實際工作時間，表示生產力的水準。

$$綜合效率 = \frac{直接時間}{實際工作時間} = \frac{直接時間}{實際工作時間} \times \frac{正常工時}{直接時間} \quad \cdots\cdots \quad (13\text{-}7)$$

例題 2

實際工作時間 8 小時，間接作業 50 分鐘，等待時間 30 分鐘，實際生產 1800 個，每個標準工時為 0.1 分鐘。

解答

實際工作時間 = 8 小時 ×60 分鐘 = 480 分鐘

直接時間 = 480 分鐘 − (50 分鐘 + 30 分鐘) = 400 分鐘

正常工時 = 0.1 分鐘 ×1800 個 = 180 分鐘

$$效率 = \frac{正常工時}{直接時間} = \frac{180}{400} = 45\%$$

$$直接率 = \frac{直接時間}{實際工作時間} = \frac{400}{480} = 83.3\%$$

$$綜合效率 = \frac{直接時間}{實際工作時間} = \frac{180}{480} = 37.5\%$$

2. 機器設備效率

機器設備的實際作業時間內，有效生產的指標。對於高單價的機器設備，掌握開工率或作業效率等指標掌握其作業狀況，提高其生產力。

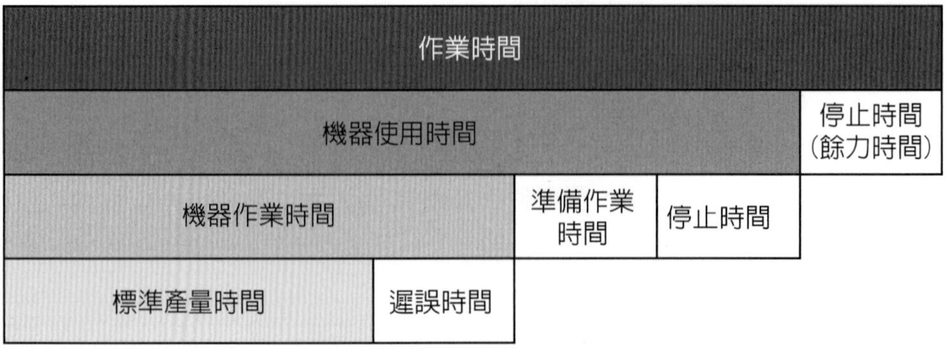

作業時間			
機器使用時間			停止時間(餘力時間)
機器作業時間	準備作業時間	停止時間	
標準產量時間	遲誤時間		

圖 13-12　機器設備的作業時候內容

機器設備效率的基本指標如下：

1. $機器效率 = \dfrac{標準產量時間}{機器作業時間}$

2. $直接率 = \dfrac{機器作業時間}{機器使用時間}$

3. $作業效率 = \dfrac{標準產量時間}{機器使用時間}$

$$= \frac{標準產量時間}{機器作業時間} \times \frac{機器作業時間}{機器使用時間}$$

$$= 機器效率 \times 直接率$$

4. $開工率(負荷率) = \dfrac{機器使用時間}{可能作業時間}$

例題 3

生產量為 4000 個，機器標準工時為 0.1 分鐘，使用時間 500 分，機器直接作業時間為 450 分。

解答

作業效率 = 4000 × 0.08/450 = 88.89%

直接率 = 450/500 = 90%

機器效率 = 4000 × 0.08/500 = 80.0%

本章習題

一、選擇題

(　　) 1. 生產力（Productivity）之概念？　(A) 產出 / 投入　(B) 生產要素投入量 / 生產量金額　(C) 勞動量 (時間) / 生產量 (金額)　(D) 產出 / 投入。

(　　) 2. 一家工廠每月生產價值 1,000,000 美元的電視，所有員工總共投入工作 800 小時。生產力公式？　(A) $ 1,250 / 小時　(B) $ 2,250 / 小時　(C) $ 0,250 / 小時　(D) $ 1,150 / 小時。

(　　) 3. 影響生產力的因素有很多，可以使生產力提高，何者爲非？　(A) 如生產方法改善　(B) 作業方法之提升　(C) 簡化製程　(D) 爲其方便性，增加工時中的作業。

(　　) 4. 豐田生產方式認爲，不產生附加價值的一切作業都是浪費，因爲原材料、零件、作業過程的半成品過多而產生的浪費？　(A) 加工本身的浪費　(B) 庫存的浪費　(C) 搬運的浪費　(D) 動作的浪費。

(　　) 5. 方法設計不良導致生產困難所發生的無效作業 (工時)，代表該爲：　(A) 價值效率　(B) 方法效率　(C) 推動效率　(D 勞動效率。

(　　) 6. 工作管理指標係達成工作目標生產量的投入工時與標準工時之間的衡量，其指標？　(A) 生產量的實際總工時 / 生產量的標準總工時　(B) 標準總工時 / 實際總工時　(C) 實際總工時 / 標準總工時　(D) 生產量的標準總工時 / 生產量的實際總工時。

設有某生產課分成 A、B、C 三組，上週的工時實績如表，計算上週的實施效率與責任效率：

組別	產量工時	就業工時	除外工時	
			組長責任	課長責任
A	700	1200	80	50
B	950	1650	150	60
C	1210	1650	110	20
合計	2860	4500	340	130

(　　) 7. A 組作業效率？　(A) 67.4%　(B) 63.4%　(C) 65.4%　(D) 69.4%。

(　　) 8. B 組組長作業率？　(A) 92.6%　(B) 90.6%　(C) 88.6%　(D) 89.8% 。

(　　) 9. C 組實施率？　(A) 71.2%　(B) 72.2%　(C) 73.2%　(D) 74.2%。

(　　) 10.課作業效率？　(A) 73.0%　(B)71.0%　(C) 72.0%　(D) 74.0%。

二、簡答題

1. 請解釋生產力（Productivity）之概念。
2. 請說明作業過程的浪費。
3. 請說明綜合勞動效率爲衡量指標的公式。
4. 豐田生產方式認爲，不產生附加價值的一切作業都是浪費，浪費分爲哪 7 種？
5. 工作管理指標係指？

三、計算題

1. 某工廠由上而下分別爲廠長、課長、組長、班長、作業員等，今有一作業員的某日上班記錄如下：

   (1) 就業工時 = 480 分

   (2) 產量工時 = 360 分

   (3) 除外工時：

   組長訓話 10 分鐘 (8：00 ～ 8：10)，課長派工不當致停工 10 分鐘 (10：20 ～ 10：30)，廠長命令全廠掃除 30 分鐘 (13：00 ～ 13：30)，班長未領料致待料 40 分鐘 (15：20 ～ 16：00)

   試針對該作業員的實績，說明其作業效率，及各級主管的責任作業率各爲多？

Work Study

14

間接工作的時間標準

14-1 間接人工及其浪費

14-2 重複性間接工作

14-3 非重複性間接工作

14-4 建立標準的實施步驟

14-5 重複性工作的標準數據

14-6 非重複性工作的表現標準

14-7 工業 4.0

間接工作是指不直接負責生產產品的人員，間接執行的工作或任務。間接工作人員如品管檢查人員、物料搬運人員、運輸 / 接收人員、辦公文書人員和維修員工 等。間接的勞動力或工作是非重複性的，通過方法工程和時間研究，對間接人工操作進行評估，詳細說明工作內容以及完成給定工作所需的時間，還是 可以改進和降低成本、改善操作和間接人員績效，準確的計劃和安排進度，有助於按時完成工作增加，企業的經營利潤。

浪費的類型	案 例
過量生產的浪費 (Overproduction)	1. 過量的影印與印刷 2. 採購未需要的物料 3. 提早處理報表作業
庫存的浪費 (Inventory)	1. 文件存檔(電腦與文件) 2. 辦公室資料 3. 處理批量報表文件
等待的浪費 (Waitung)	1. 系統反映時間 2. 報表核准時間 3. 顧客反應的時間
過度加工的浪費 (Over-processing)	1. 資料重輸入時間 2. 額外影印的文件 3. 超過預算的費用
不良品的浪費 (Defects)	1. 輸出錯誤 2. 設計錯誤 3. 設計變更錯誤
動作的浪費 (Motion)	1.走路到影印室 2. 走路到資料室 3. 傳真的移動
搬運的浪費 (Transport)	1.過量的傳送 Email 信件 2. 過量的重複處理 3. 過量的多重核准流程
未充分的人力浪費 (Underutilized People)	1. 授權受限制 2. 責任的不完整 3. 沒有完整的企業工具可供運用

作者解說架構影片

由於機械化、自動化的到臨，直接人工需求量已大幅降低。商業的興起以及爲了掌握更多資訊與管理上的方便，文書資料大量增加，間接員工人數也相隨的劇增。因此，已逐漸有企業的管理人員，開始訂定間接工作的時間標準與研究方法之使用，藉此降低人工成本及提升間接人工之生產力。

14-1 間接人工及其浪費

間接人工至目前爲止無明確的定義，依產業之業種及特性，了解企業的產品，界定間接人工之範圍，再對間接人工內容進行明確的定義。普遍性的區分方式如下：

1. **直接工作：**對產品直接進行加工或處理之反覆性高的作業（操作）。
2. **間接性工作：**聚集、協助、整理及管制直接工作進行之業務或作業。

進一步以工作的性質及功能，去細分間接工作內容，較常見的概可分爲表 14-1 之 6 種，也是企業在進行間接工作時，理應先著手分析的對象。

表 14-1　間接作業及其工作內容

作業性質	工作內容
物料管理	發貨、接貨、運送、搬運、倉儲、保管等
資訊管理	打字、撰稿、製表、蒐集、整理、文書、電腦等
顧客關係	市調、介紹、營業、銷售、服務、修理、宣傳、廣告等
設施相關	警備、警衛、安全、工程、維護、電氣、技術等
管理功能	總經理、經理、課長、會計、人事、總務等
研發管理	翻譯、實驗、設計、製圖、分析等

間接作業分析及改善，依提高生產力的先後順序，優先考量是作業重覆性高、普遍性強，及操作程序可以標準化。至於需用思考、溝通及受干擾性作業比較多者，可置於後期再進行研討改善，就其程序及可量化的項目，予以明確規範，方便計劃及部門間的融合與協調，也是流程再造工程（Reengineering），所追求的主要目標。

因此，**前者強調固定模式下之標準化；後者則要求流程的創新與協調（Coordination），兩者之間若能善加運用，應可以達成相輔相成的效果。**

間接工作中，不管是著重於標準化的改善，或是以程序的創新爲主，其過程中會產生浪費的主因，大致上也與直接工作相近，下表 14-2 爲常見 7 種浪費，浪費所佔比例也比較高，是間接工作中首要之改善要務。

表 14-2　間接作業浪費分類

No	浪費分類	浪費內容
1.	溝通說明不足	派工單條件、指示、商談、管道等的不足，導致重工與錯誤。
2.	硬體設施不足	零件、材料、工器具、治夾具；電腦儀器等不足，影響效率及正確性。
3.	軟體系統不佳	管理制度、方法、程序、目標，以及電腦系統的統合等設計之不善，生內部整合力量不佳，對外界環境變化之反應力差。
4.	工作均衡性差	工作的份量未能確實掌握或權責分配不均，個別人員浪費時間且整體的工作效益低落。
5.	欠缺有效新法	未能充分發揮現場改善能力及其效果、未導入先進的工作方法，目前效率較差的作業方式，無法達成縮短工時的目標。
6.	標準化不徹底	未能全盤訂定及執行操作方法、工器具、量測精度、檢測基準、條件設定等標準化內容，造成事後的維修與不良完成品的出現。
7.	成本觀念淡薄	操作或執行計劃時，疏忽時間、材料、品質等各項所可能產生的浪費，造成過多的存貨。

14-2 重複性間接工作

爲消除間接人工所發生的各種浪費現象，可運用各種管理制度及改善提案，以改革間接人工的意識形態。透過追求標準化（Standardization）流程，能明確問題的重心及掌握解決後所產生之績效，相關人員得以確定改善方向及目標。

在研究及分析重複性較高的間接性工作，訂定其各項可能建立的標準資料時，都將發現群體平衡（Crew Balance）及干預（Interference），是兩項最爲嚴重的問題。

1. **群體平衡**：成員相互配合，以完成同一工作。
2. **干預**：成員相互等待，以進行下一任務。

表 14-3　重複性間接工作之訂定標準的方法

工作性質		直接性工作	間接性工作			搬運性工作	遲延與無效性工作
			器具	物料	計畫		
相關操作單元		加工、製作、整理、說明分析、記錄、監督、看管等管理工作。	取得、裝配調查、清潔、修護	取料、清點、檢查、處理	討論、規劃、檢查、測試、確認活動	上下樓梯、乘坐電梯、行走、負荷行走、推台車等使物料移動之活動。	管理上的疏失，導致不必的重工、等待、修復、空閒非工作需要之活動產生、應進行改善、方可訂定工作標準。
訂定標準的方法	碼錶測時	✓			✓	✓	
	標準時間數據	✓		✓			
	基本動作單元	✓					
	工作抽查	✓	✓		✓	✓	✓
	等候線		✓	✓			
	等候理論	✓	✓	✓		✓	
	歷史資料	✓		✓	✓	✓	✓
	BWF		✓	✓	✓	✓	

群體平衡及干預兩者所引起的不可避免之遲延，成為間接工作的浪費項目中之主要問題，是改善間接工作的浪費項目中之首要工作，改善方式是依標準化（Standarization）程序及流程（Process），找出間接工作重複性之作業要素，進一步改善達到作業標準化。

重複性間接工作的主要部份（Divisions），如表 14-3 所示，訂定標準的方法欄內之內容，依公司現有能力及對象工作之性質而定，如雖可用歷史資料、工作抽查或碼錶測時等方法，建立會計人員的標準時間。但是，為了時間上的考量及現有分析人員的能力，需彈性採用工作抽查進行研討。

14-3 非重複性間接工作

工作研究範疇中所提及的各種技術、方法，大多以工作細分的角度，尋求最佳的操作方法，進而訂定時間標準，對重複性高的直接性工作而言，以細分工作及分權負責的處事模式，易於分析與對策。

圖 14-1　科技智慧發展使工作面臨更多挑戰

但是，**隨著工業4.0智慧自動化及資訊社會的來臨，商業行爲更加擴大之際，細分工作與分權負責，將因協調不足使整體工作效率滑落。因此，再造工程（Reengineering），提出各種解決實例，引導出其共同的解決特性。**

再造工程就是將企業內工作的整體程序（Process），進行最基本的（Fundamental）重新思 考與定位、更強烈的（Radical）創新思維，重新設計程序中的各項工作，成本（Cost）、品質（Quality）、服務（Service）及速度（Speed）等效率指標，獲得關鍵性且戲劇性的（Dramatic）改善。

再造工程，是針對企業的整個程序中之各工作的內容，大都屬非重複且間接性的工作，針對此類工作進行標準化，強調流程整合及流程內聚力。企業流程再造過程中，並不是觀測與修正、擬定各項工作的操作標準；而是以系統 念爲出發點，設計各項工作間的程序標準，整合電腦系統及相關軟體，加速程序流程標準化之目的，除此之外，企業員工意識的改革，也是不可或缺的一環，更是成敗的關鍵因素。

進行企業流程再造所使用的技術及方法，常見者約如表 14-4 所示之 6 種項目。

表 14-4　非重複性間接工作之程序標準法與意識改革

<table>
<tr><th>項目</th><th>專案管理（Project Management）</th><th>協調技術（Coordination Tech.）</th><th>模組化技術（Modeling Tech）</th><th>專業程序分析（Business Process Analysis）</th><th>人力資源分析與設計（Human Resource Analysis & Design）</th><th>系統工程（System Engineering）</th></tr>
<tr><td>說明</td><td>專案控管的工作包含監督紀錄、分析進度、評估問題及更正行動</td><td>互相調適、直接監督以及工作過程的標準化</td><td>將企業功能切分為抽象的、可擴充的、可重複使用的作業模組</td><td>企業資源、人員配置、活動項目、流程任務間的連結進行重新規劃</td><td>系統性評價人力資源的需求量、甄選合適的人力資源、制定人力資源培訓計劃</td><td>整體系統開發項目的技術力，企業功能、技術領域、專業流程關注點</td></tr>
<tr><td>應用工作研究手法</td><td colspan="6">1. IE 七大改善手法：
(1) 程序分析法 (2) 動作分析法 (3) 人機配合法 (4) 雙手操作法 (5) 工作抽樣法
(6) 防止錯誤法 (7)5W1H 法
2. ECRS 原則：
E：刪除、C：合併、R：重排、S：簡化
3. 品質管理新七大手法：
(1) üKJ 法（親和圖法）(2) 關聯圖法 (3) 系統圖法 (4) 矩陣圖法
(5) 過程決策計劃圖法 (6) 箭條圖法 (7) 矩陣數據分析法
4. PERT（Project Evaluation & Review Technique）
(1) 事件（Events） (2) 活動（Activities） (3) 關鍵路線（Critical Path）
5. 設置流程管制點 PCP（Process Control Point）
(1) 能夠衡量此流程的指標性產物 (2) 關鍵性活動執行品質的衡量指標
6. 品質績效指標 QPI（Quality Performance Indicator）</td></tr>
<tr><td>意識改革</td><td colspan="6">1. 進行全公司改善活動：QCC、KAIZEN、5S 等改善活動。
2. 推動自我管理的工作理念。
3. 促進尊重人性，顧客滿意之觀念。
4. 建立企業生產共同體之認同感。</td></tr>
</table>

14-4 建立標準的實施步驟

重複性間接工作所要達成的「操作標準」與非重複性間接工作所欲架構的「程序標準」，是完全不同的想法與目標，建立標準的實施步驟過程中，其作法自然也是不同的。

表 14-5 實施步驟之比較，包括 (1) 準備、(2) 確認、(3) 方針、(4) 解決與處理、(5) 完成，並說明兩者間各步驟及目標的差異性。雖然本表僅作項目上的定性比較，卻能幫助我們掌握兩者間思維上與目標上之差距，避免在管理上混爲一談，造成管理方式的錯用，或誤判工作改善上的重點。

表 14-5　實施步驟之比較

步驟	重複性間接工作	非重複性工作
1. 準備	(1) 了解工作要求。 (2) 造訪與諮詢現場。 (3) 對人力、物料、刀具、設備及計劃，進行評估及改善。 (4) 了解相關技法。	(1) 了解需要。 (2) 智商座談。 (3) 成立訓練小組。 (4) 列示計劃改變之項目。
2. 確認	(1) 新法中與刀具、物料及計劃相關之單元。 (2) 單元的程序及其動作之標準化。 (3) 決定觀測方法及相關人員、時間和部門。	(1) 顧客模式。 (2) 效率與衡量指標。 (3) 模式程序。 (4) 活動項目。 (5) 擴充程序。 (6) 組織圖示。 (7) 人力資源圖示。 (8) 優先順序程序。
3. 方針	(1) 依觀測方法、目標，建立相關紀錄及資料。 (2) 符合時代的需要，累積新資料。	(1) 程序的架構與流程。 (2) 活動的價值及效率。 (3) 評估機會。 (4) 內外環境。 (5) 整合目標與方針。 (6) 預定今後方針。

步驟	重複性間接工作		非重複性工作	
	技術面	人際面	技術面	人際面
4. 解決與處理	(1) 歷史經驗資料。 (2) 簡便（略）工作因素。 (3) 碼錶測時。 (4) 標準數據。 (5) 基本動作數據。 (6) 工作抽查。 (7) 等候理論。 (8) 蒙地卡羅模擬。 (9) 環球時間標準。	(1) 公平、公正、公開。 (2) 親切、隨和。 (3) 仔細、用心。 (4) 有經驗、受過訓練。 (5) 說服力。	(1) 相互關係模式。 (2) 程序間的關聯。 (3) 工具與資訊。 (4) 介面與資訊。 (5) 可行方案。 (6) 重佈置及規劃。 (7) 劃分模組。 (8) 展開方式及步驟。 (9) 相關技術。	(1) 客戶服務員。 (2) 工作特性組群。 (3) 工作及小組之目標。 (4) 組員及其能力之要求。 (5) 管理架構。 (6) 組織權限。 (7) 工作改變後之預期效果。 (8) 員工生涯規劃。 (9) 現況組織之權責、目標。
5. 完成	(1) 完成方便使用的基本數據及操作模式，以為日後操作之標準。 (2) 訂定時間標準，作為生產力評估之基礎。		(1) 完成系統設計。 (2) 執行技術面。 (3) 測試與展示計劃成果。 (4) 評估員工與計劃。 (5) 確立系統。 (6) 訓練 (7) 測試新程式。 (8) 修正與轉換。 (9) 持續性改進。	

14-5 重複性工作的標準數據

若以碼錶長時間觀測某一重複性高的間接性工作，能得知其眞實時值，但是甚爲費時費力。對於重複性低的間接工作，所需觀測的時間，更是難以掌控。因此，除工作抽查法之外，標準數據法的應用，是較合宜且具長久使用性的。

重複性工作推行步驟，最重要是建立標準數據，如訂定堆高機操作的標準數據時，分析結果發現其內共含 (1) 行駛、(2) 煞車、(3) 昇高鋼叉、(4) 降低鋼叉、(5) 傾斜鋼叉、(6) 其他手動作等六項單元，確定各工作的相關單元之後，進行碼錶時間的研究。

訂定各單元的時間標準，將各單元的容許時間彙編成標準數據表，方便分析人員日後累計所需之單元，訂定實施任何堆高機所需的標準時間。

當所面對的工作之範圍過廣且多標準化時，若以標準數據訂定個別操作時間標準，所需付出的代價卻可能高於預期的目標。因此，**必須發展共用間接人工標準（Universal Indirect Labor Standards）法**。**共用間接人工標準原則是將主要部分間接操作的分配給適當的組別，確定完成滿意工作的標準數量與確定每個操作組別的數字標準，再分配標準間接人工時的適當位置，降低訂定時間標準的次數，共用間接人工標準之施行規則，**下列六點：

1. 找出能代母體的操作及其單元（數量愈多愈佳，最好在 200 個以上）。
2. 進行測時或工作抽查，確立基準操作之標準時間。
3. 依標準時間值，由小而大順序排序。
4. 選擇 (1) 均一分配（Uniform Distribution）(2) 常態分配（Normal Distribution）或 (3) 珈瑪分配（Gamma Distribution）中之一種方法，決定各基準操作資料之分組（Slot）。
5. 基準操作分配完成後，計算各組的平均值，做爲該組的時間標準。
6. 製作 UILS 標準數據表格，以供日後擇取之用。

上述各步驟之作法與標準數據，工作抽查或碼錶測時等方法相似。至於 UILS 法中之第 4 項，應選均一分配、常態分配或珈瑪分配。何種方法爲佳，則依公司要求、分析員能力及對象工作之特性，決定合宜、簡便者來使用。

14-6 非重複性工作的表現標準

一般的非重複性間接工作，大多數屬於工程、會計、採購、業務及總經理室等部門的經理專業人員。

對這些以協調、思考、整合、決策及輔導爲主要業務的人員，**訂定其專家標準（Professional Standards）時，評核時所需的兩項設計：**

(1) 衡量項目。

(2) 衡量方法。

表 14-6　訂定表現標準之步驟

步驟	步驟說明	舉例說明
1. 業務機能	(1) 調查歷史紀錄，了解過去業務項目的重點。 (2) 訪談確認現況與未來欲造成之目標及方針。 (3) 收集其業務項目、機能。	整理某採購人員六個月來的歷史紀錄資料及訪談後發現：(1) 準時交貨 (2) 品質一致 (3) 價格合理 (4) 採購次數 (5) 採購金額等五項，是採購人員的總體表現標準。
2. 評價因子	設定足以表現其業務項目機能之評價因子或指標。	經分析後，決定以採購次數與準時到貨次數之比率值的平均與採購品的合格次數率，分別來表現採購人員的採購能力表現。
3. 數據	依歷史紀錄資料或進行工作抽查，以收集所要的數據。	以過去六個月的歷史資基準，而不再對目前情況進行工作抽查。
4. 單項基準	綜計各指標或評價因子之比率平均值，以作為該項間接工作各單項表現標準。	經分析人員決定後，以 (1) 準時到貨率 (2) 到貨不良率低於 5% 之次數比 (3) 每年以 5% 降價之品種率 (4) 採購次數（百次）。 (5) 採購金額（千萬元）等五項，分表各單項表現之標準值。
5. 訂定權數	以腦力激盪方式，訂定各單項表現之權數。	經議決後，賦予 (1) ~ (5) 各項之權數，分別為 1.0、1.0、1.2、1.3、1.0。
6. 總標準值	將各權數乘上各數值後再加總，即得其總體表現標準值。	計算採購人員的總體表現標準值應為： $1.0\times72\%+1.0\times86\%\div1.2\times1.17+$ $1.3\times0.94+1.0\times1.24=5.446\doteq5.5$

一般傳統的組織架構下，大多早已設定組織部門，當內外產業環境變遷後，順應潮流而將顧客的新需求，依其特性予以分類並納入相關部門，增加部門新責任及增編新人員。

對分析人員而言，如何取捨新增與原有責任項目間之重要性，並非易事，新增責任部份之業務特性，若與原有的特性相近，不必再訂定其衡量方法，因爲重新擬定衡量方法，是很耗時與精力的工作。

目前大多數的分析人員，發展專業的非重複性間接工作者之標準，都以表 14-6 基準，訂定工作表現標準之步驟。但是，分析人員畢竟不比部門當事人了解衡量項目之需要性與輕重緩急，沿用表 14-6 所述之方法時，極力予以排除被觀測者之排拒心態，尋求確實與公平性。

14-7 工業 4.0

工業 4.0 是工業革命中一個新的階段，工業 4.0 焦點主要集中在互連性（Interconnectivity）、自動化（Automation）、機器學習（Machine Learning）與即時數據（Real-time data）。

工業 4.0，有時也稱爲 IIoT（Industrial Internet of Things, IIoT）或智能製造，結合實體生產和運營與智能數字技術，機器學習和大數據，從而創建更全面、更好連接的生態系統，專注於製造和供應鏈管理的系統。雖然每個公司和組織都不盡相同，但它們都面臨著共同的挑戰，需要連通性與跨流程的合作夥伴，以及對產品和人員的即時見解，此爲工業 4.0 可以發揮作用的地方。

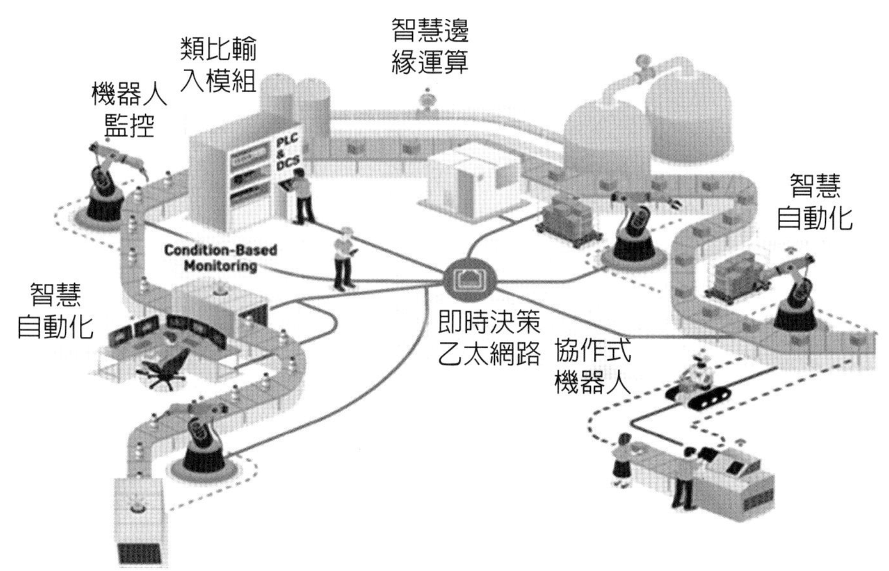

圖 14-2　工業 4.0 概念架構

工業 4.0 不僅投資新技術和工具，提高製造效率，還徹底改變整個企業的運營和成長方式。有關 Industry 4.0 概述，包括以下內容：

1. 從工業 1.0 到工業 4.0 的演變。
2. 工業 4.0（IIoT）基本概念和術語。
3. 智能製造應用。
4. 工業 4.0 模式的好處。

一 工業 1.0 到工業 4.0 的演變

1. 工業 1.0 機械化（Mechanization）

第一次工業革命發生在 1700 年代末至 1800 年代初。這段時間裡，瓦特改良了蒸汽機，開啓工業革命。製造業已經從專注於由人力執行並由工作人力輔助的體力勞動，開始以蒸汽或者水力作爲驅動動力。

實現工廠機械化，以大規模的工廠生產取代個體手工生產，人員執行的更加優化的勞動形式，社會經濟從手工業、農業爲主的小農經濟，逐漸發展成爲以工業和機械製造等帶動經濟快速發展的新模式。

2. 工業 2.0 電氣化（Electrity）

20 世紀初期，隨著鋼鐵的引進和工廠電氣化，世界進入了第二次工業革命。內燃發動機和發電機的發明，電器被廣泛使用，電氣自動化控制機械設備生產的年代，使製造商能夠提高效率，機器生產分爲零組件加工與產品裝配相互結合的生產方式，使工廠機械更具移動性，提高生產率，產品得以大量生產。在此階段，引入了諸如裝配線的大規模生產概念。

3. 工業 3.0 自動化（Automation）

從 1950 年代後期開始，網路的資訊發展應用連結全球各地，製造商開始將資訊技術整合到第一線生產工廠中，第三次工業革命開始慢慢出現。此時各種精密機器的發明，大幅提升工業生產的效率與品質，生產製造開始轉變對數字技術和自動化軟體的關注。

4. 工業 4.0 智慧化（IOT）

在過去的幾十年，2010 年至今，出現第四次工業革命，即工業 4.0。德國於 2013 年正式於漢諾威工業博覽會中提出「工業 4.0」概念，並收納於《高技術戰略 2020》。核心概念是利用虛實整合系統，通過物聯網（IoT）的互連性，將製造業、甚至整個產業供應鏈互聯網化。工業 4.0 將數字技術的重點提升到一個全新的水平。

工業 4.0 爲製造業提供更全面，相互關聯且整體的方法。讓工業、工業產品和服務全面交叉滲透，許部門，合作夥伴，供應商，產品和人員之間更好的協作和整合，實現生產智慧化、設備智慧化、能源管理智慧化、供應鏈管理智慧化的目標。

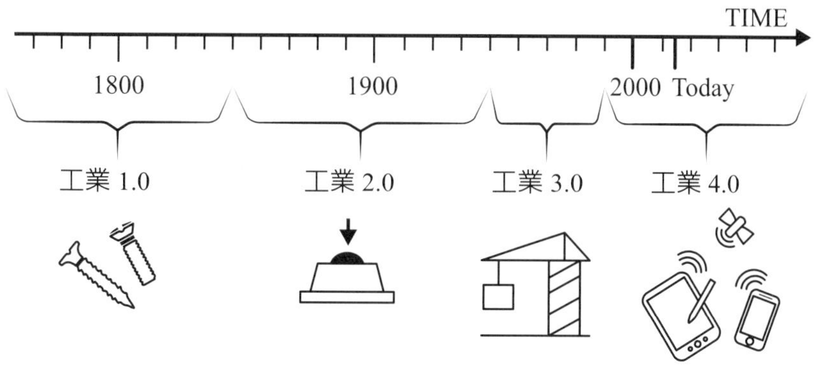

圖 14-3 從工業 1.0 到工業 4.0 的演變

二 工業 4.0（IIoT）基本概念和術語

有不同與 IIoT 和工業 4.0 相關的概念和術語，但是在決定是否要爲投資工業 4.0 解決方案之前，對與工業 4.0 有關的一些核心概念有了更好的了解，可以更深入地研究智能製造如何改變營運和發展方式，以下分 13 個基本術語：

1. **企業資源計劃 Enterprise Resource Planning（ERP）：用於在整個組織中資訊管理的業務流程管理工具。**
2. **IoT：IoT（Internet of Things），代表物聯網，指的是傳感器或機器等物理對象與 Internet 之間的連接。**
3. **IIoT：IIoT 代表工業物聯網，該概念指的是與製造業相關的人，數據和機器之間的連接。**

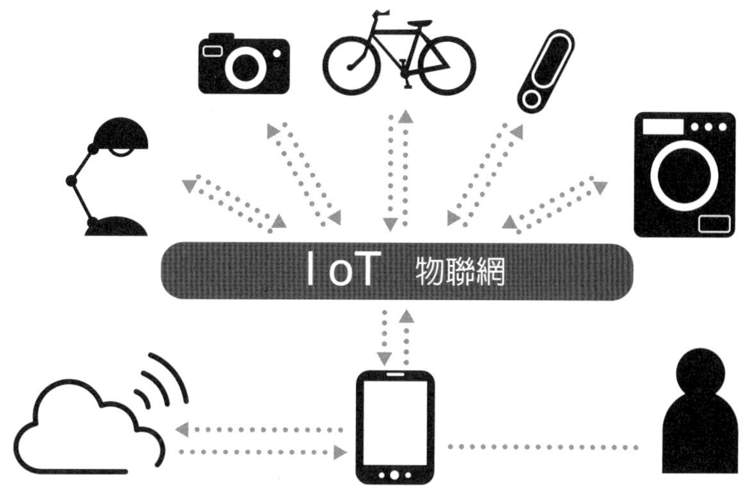

圖 14-4 物聯網概念

圖 14-5　工業物聯網概念

4. **大數據：**大數據是指可以編譯、存儲、組織和分析以了解其生產模式，趨勢變化，關聯性和改善機會之大型結構化或非結構化數據集。

5. **人工智能（AI）：**人工智能是一個概念，指的是資訊執行任務和做出決策的能力，這些能力在流程一直需要有一定程度的人工智能。

6. **M2M：**M2M 代表機器對機器，是指通過無線或有線網絡在兩台單獨的機器設備之間進行的聯網。

7. **數字化：**數字化（Digitization）是指收集不同類型的資訊並將其轉換爲數字格式的過程。

8. **智能工廠：**智能工廠（Smart factory）是投資並利用工業 4.0 技術，解決方案和方法的工廠。

9. **機器學習：**機器學習（Machine learning）是指計算機或電腦通過人工智能自己學習和改進的能力，而無需明確地告訴他們或對其進行編程。

10. **雲計算：**雲計算（Cloud computing）是指使用 Internet 上託管的互連遠程伺服器存儲，進行管理和資訊的處理。

11. **即時數據處理：**即時數據處理（Real-time data processing）是指連續電腦系統和機器，不斷地自動處理數據，提供即時或近即時輸出和理解的能力。

12. **生態系統：**就製造而言，生態系統（Ecosystem）指的是整個營運的關聯性 - 庫存和計劃，財務，客戶關係，供應鏈管理和製造執行。

13. **網絡實體系統（CPS）：**網絡物理系統（Cyber-physical systems），指啓用了 Industry 4.0 的製造環境，可在製造操作的各個方面提供即時數據收集，分析和透明性。

三 智能製造應用

要能夠理解智能製造概念，最佳方法就是將其應用於相館業務或個案。以下是 3 個個案，可以了解工業 4.0 在製造過程中的價值：

1. **供應鏈管理的優化**

   工業 4.0 解決方案爲企業提供了整個供應鏈的洞察力，控制力和數據可視性。通過利用供應鏈管理功能，公司可以更快，更便宜，更優質地向市場提供產品和服務，從而獲得競爭優勢。

2. **預測性維護／分析**

   工業 4.0 解決方案使製造商能夠在潛在問題眞正發生之前進行預測。如果製造過程沒有 IoT 系統，只能根據例行或時間進行預防性維護，形成一項被動動任務。有了物聯網系統，預防性維護將更加自動化和簡化。IoT 系統可以感知何時出現問題或需要修復機械，並可以使您在潛在問題變成大問題之前進行解決。預測分析使公司不僅可以提出諸如「發生什麼狀況？」或「問題爲什麼發生？」之類的反應性問題，還可以提出諸如「將要發生的問題」以及「可以做什麼改善」之類的主動性問題，使製造商從預防性維護轉向預測性維護。

3. **掌握和優化資產狀態**

   工業 4.0 解決方案可幫助製造商提高其在供應鏈各個階段的資產效率，從而使能夠把握與物流相關的庫存數量優化的機會。通過在工廠物聯網，員工可以更好地了解其資產配置狀況。

四 工業 4.0 模式的好處

工業 4.0 涵蓋完整產品生命週期與供應鏈，包括設計、銷售、庫存、生產計劃、品質管理量、工程技術及客戶和現場服務，全員共享生產、業務流程的最新資訊情報，以及更豐富、及時的分析，以下是列出了爲企業採用工業 4.0 模型的一些好處：

1. 企業更具競爭力

隨著競爭對手繼續優化物流和供應鏈管理，企業需投資於可幫助改善和優化的營運技術。企業為了保持競爭力，必須擁有適當的系統和流程，才能爲客戶提供比競爭對手的公司相同或更高的服務水平。

2. 工業 4.0 對年輕的勞動力更具吸引力

創新的工業 4.0 技術上，可以更好地吸引和留住新員工。

3. 工業 4.0 整合團隊協同運作

Industry 4.0 解決方案能提高效率，促進部門的協同運作。啓用預測性和規範性分析，讓管理者和執行人員在內的人員，充分地利用即時數據和情報，日常工作的同時做出更好的決策。

4. 工業 4.0 使潛在問題變成大問題之前解決

預測性分析，即時數據，連接互聯網的機器設備和自動化，可以幫助更加主動的解決潛在盲點和供應鏈管理的問題。

5. 工業 4.0 可以削減成本，提高利潤並促進企業增長

工業 4.0 技術協助管理和優化製造過程和供應鏈的各方面，可以透過即時數據和洞察力，制定更明智、快速的業務決策，從而最終提高整個運營的效率和盈利能力。

五 結論

工業 4.0 雖然已經從概念走向應用，但並不能把焦點放在技術，這會限縮工業 4.0 的效益。事實上，有些企業根本不適合工業 4.0，產業如在在國際間小有名氣，再升級一點點智慧製造，應用現有設備加上一些感測器，工廠就能連線，整體的營運管理更有效益。因此，以工業工程觀點，並不需要投資高達幾千萬元以上，只爲添購所謂的工業 4.0 新設備。

如果傳統師徒制的企業組織設計，導入智慧製造只是白做工而已，因爲工業 4.0 的目的，就是要把師傅的經驗換成數據，複製、學習，但如果企業跟人的觀念沒有改變，用一台最先進的機器人，是沒有辦法達到工業 4.0 的境界。

工業 4.0 理念，技術、自動化，但自動化、機器人都是工具之一，重點還是觀念要改變、要換腦袋思考、企業組織要重新定義，該思考的是如何利用自身優勢因應變局，

組織改造開始。工業 4.0 中，組織運作是分散式、協同式，強調生態系，跟供應商、客戶也要資料共享，對組織「組織」的定義與過去截然不同。

本章習題

一、選擇題：

(　　) 1. 下列觀點，何者爲非？　(A) 隨著人口逐漸增多，直接人工數，將更增加　(B) 對於間接人工的分析及改善選擇上之情況，以強調標準化之固定模式爲主　(C) 在間接人工的分析及改善選擇上，應以普通性、操作程序易標準化者，爲最優先　(D) 對溝通及干擾性多的間接工作，應以追求程序的創新與協調爲主。

(　　) 2. 常見的 7 種造成間接工作上浪費的主因，下列觀點，何者爲非主因？　(A) 溝通說明不足　(B) 標準化不徹底　(C) 獎懲不明　(D) 品質觀念。

(　　) 3. 企業再造工程，不強調　(A) 整合與內聚力之形成，不可缺乏的　(B) 要達此目的，則需沿著過去的作法及規則，以避免過多問題的產生　(C) 其目的在使品質、成本、服務及速度都能改善　(D) 企業內工作的整體程序（Process），進行最基本的（Fundamental）重新思考與定位。

(　　) 4. 下列觀點，何者爲非？　(A) 隨著人口逐漸增多，直接人工數，將更增加　(B) 對於間接人工的分析及改善選擇上之情況，以強調標準化之固定模式爲主　(C) 在間接人工的分析及改善選擇上，應以普通性、操作程序易標準化者，爲最優先　(D) 對溝通及干擾性多的間接工作，應以追求程序的創新與協調爲主。

(　　) 5. 若以「準時到貨率」、「到貨品不良率低於 5%之次數」及「每年以 5%降價之品種率」等三者來評估採購人員之總體表現，則採購員 A 之歷史資料顯示，所得實績爲「90%」、「80%」及「80%」，而採購員 B 爲「85%」、「90%」及「70%」。因此，若附予各項目合理權數「1.4」、「2.0」及「3.0」則　(A) A 之總體表現值爲 3.26　(B) B 爲 2.09　(C) B 比 A 之表現佳　(D) A 與 B 之表現值和爲 10.35。

(　　) 6. 若以派工單條件、指示、商談、管道等的不足，導致重工與錯誤，浪費分類爲　(A) 溝通說明不足　(B) 硬體設施不足　(C) 欠缺有效新法　(D) 軟體系統不佳。

(　　) 7. 未能充分發揮現場改善能力及其效果、未導入先進的工作方法，目前效率較差的作業方式，無法達成縮短工時的目標，浪費分類爲：　(A) 溝通說明不足　(B) 硬體設施不足　(C) 欠缺有效新法　(D) 軟體系統不佳。

(　　) 8. 群體平衡及干預兩者所引起的不可避免之遲延，成爲間接工作的浪費項目中之主要問題，改善方式，何者爲非　(A) 標準化（Standarization）程序　(B) 流程（Process）　(C) 找出間接工作重複性之作業要素　(D) 進行硬體系統。

(　　) 9. 研發管理，間接作業及其工作內容　(A) 總經理、經理、課長、會計、人事、總務等　(B) 翻譯、實驗、設計、製圖、分析等　(C) 警備、警衛、安全、工程、維護、電氣、技術等　(D) 打字、撰稿、製表、蒐集、整理、文書、電腦等。

(　　) 10.設施相關，間接作業及其工作內容　(A) 總經理、經理、課長、會計、人事、總務等　(B) 翻譯、實驗、設計、製圖、分析等　(C) 警備、警衛、安全、工程、維護、電氣、技術等　(D) 打字、撰稿、製表、蒐集、整理、文書、電腦等。

(　　) 11.常見的 7 種造成間接工作上浪費的主因，下列觀點，何者為非主因？ (A) 溝通說明不足　(B) 標準化不徹底　(C) 獎懲不明　(D) 品質觀念。

(　　) 12.企業再造工程，不強調　(A) 整合與內聚力之形成，不可缺乏的 (B) 要達此目的，則需沿著過去的作法及規則，以避免過多問題的產生　(C) 其目的在使品質、成本、服務及速度都能改善　(D) 企業內工作的整體程序（Process），進行最基本的（Fundamental）重新思考與定位。

二、簡答題

1. 請列出並說明一般常見間接作業及其浪費。
2. 間接工作中，常見哪 7 種浪費分類？
3. 在研究及分析重複性較高的間接性工作，訂定其各項可能建立的標準資料時，都將發現哪兩項最為嚴重的問題？
4. 何謂再造工程（Reengineering）？

NOTE

Work Study

A

附錄

參考文獻

學後評量－工業工程師（102-109 年）壓撕線證照考題

一、證照相關

1. 社團法人中國工業工程學會，工作研究歷屆考題，https://www.ciie.org.tw/about1-c1hs8。
2. 鼎文公職名師群等作，〈國營事業招考（台電、中油、台水）新進職員，工業工程套書〉，鼎文出版社。

二、教學 youtube

1. 鄭榮郎老師 — 教學園地，http://120.118.226.200/member/chengll/
2. 工作研究 - 飯糰，https://www.youtube.com/watch?v=bhgx7XyzJcc
3. 中國工業工程學會，IE 宣導短片，https://www.youtube.com/watch?v=R8HC-J5DaUM
4. 中國工業工程學會，工業工程與管理宣導短片，https://www.youtube.com/watch?v=VcOChiP8Rwk
5. 工作研究簡介，https://www.youtube.com/watch?v=mgIBrrqwQj4
6. 工作研究介紹 -Part 1 動作研究，https://www.youtube.com/watch?v=xGEq_ONxHWc
7. 工作研究是要學啥 ?Part 2- 程序及整體改善，https://www.youtube.com/watch?v=_s5i7ew8hG8
8. 21 世紀的全員工業工程 - 程序分析，https://www.youtube.com/watch?v=1rUmfDyGam0
9. 工作研究 - 健行科技大學教師網頁空間，http://w3.uch.edu.tw/fdchou/Folder_D/D_03.pdf
10. IE 手法 - 動作分析、時間分析盧昆宏博士，http://www.factory.org.tw/upload/course/online/3054/IE%E6%89%8B%E6%B3%95-%E5%8B%95%E4%BD%9C%E5%88%86%E6%9E%90%E3%80%81%E6%99%82%E9%96%93%E5%88%86%E6%9E%90%E8%AC%9B%E7%BE%A9%E6%AA%94
11. IE 改善 7 大手法，http://120.118.226.200/member/chengll/IE%E6%94%B9%E5%96%847%E5%A4%A7%E6%89%8B%E6%B3%95.pdf
12. （日文版）動作研究の概要【IE 実践講座 動作研究】，https://www.youtube.com/watch?v=gHNtFL-QtwI
13. （日文版）時間研究の概要【IE 実践講座時間研究】，https://www.youtube.com/watch?v=dd_zBuN37OU&list=PLbxgCCUH3vOHub7HwH9JdjglSmYa_Nthe

三、參考書籍

1. 鄭榮郎（2019.1.7），《工業工程與管理（第六版）》，全華圖書。
2. 鄭榮郎（2018.4.20），《生產與作業管理（第五版）》，全華圖書。
3. 簡德金（2008.8.4），《工作研究（修訂二版）》，全華圖書。
4. 何月華等譯，《工廠管理實務》，日本能率協會顧問公司（JAMC），中國生產力中心。
5. 楊鐵城等作《全員 IE 改善手冊：工作現場改善的關鍵技巧》，中國生產力中心。
6. 呂育任、蔡銘裕等作（2013.1.1），《現場管理實務手冊：提升競爭力的不二法門》，中國生產力中心。
7. 中村茂弘（社）日本能率協會（2011），《IE 手法：その実践的活用法，製造現場において、常に新たな改善の切り口と、人材育成を求めて！》，QCD 革新研究所，URL : http://qcd.jp。
8. Introduction to Work Study4th rrevised edition，International Labor Organization,（1992）, pp.524。
9. Shyam Bhatawdekar,Dr Kalpana Bhatawdekar. ,（2012）.Essentials of Work Study, “Method Study and Work Measurement”.

國家圖書館出版品預行編目資料

工作研究 / 鄭榮郎編著. -- 初版 --
新北市 : 全華圖書, 2020.10
面 ; 公分
ISBN 978-986-503-496-2 (平裝)
1. 工作研究
494.54 109014290

工作研究

作者 / 鄭榮郎
發行人 / 陳本源
執行編輯 / 郜愛婷
封面設計 / 盧怡瑄
出版者 / 全華圖書股份有限公司
郵政帳號 / 0100836-1 號
印刷者 / 宏懋打字印刷股份有限公司
圖書編號 / 08282
初版一刷 / 2020 年 11 月
定價 / 新台幣 420 元
ISBN / 978-986-503-496-2
全華圖書 / www.chwa.com.tw
全華網路書店 Open Tech / www.opentech.com.tw
若您對書籍內容、排版印刷有任何問題，歡迎來信指導 book@chwa.com.tw

臺北總公司(北區營業處)
地址：23671 新北市土城區忠義路 21 號
電話：(02) 2262-5666
傳真：(02) 6637-3695、6637-3696

中區營業處
地址：40256 臺中市南區樹義一巷 26 號
電話：(04) 2261-8485
傳真：(04) 3600-9806

南區營業處
地址：80769 高雄市三民區應安街 12 號
電話：(07) 381-1377
傳真：(07) 862-5562

得　分

全華圖書（**版權所有，翻印必究**）

工作研究
學後評量
CH01　工作研究序論

班級：＿＿＿＿＿＿＿＿
學號：＿＿＿＿＿＿＿＿
姓名：＿＿＿＿＿＿＿＿

一、選擇題

(　　) 1. 動作或工作研究，首先重視____，沒有人應常常曝露於易受傷的工作環境中。　(A)工作成本　(B)人員安全　(C)工作效率　(D)人員士氣。
【109年第一次工業工程師考試—工作研究】

(　　) 2. 以下哪項不是工作研究經常包括或完成的項目？　(A)經濟有效率的工作方法　(B)工作標準化　(C)訂定標準工時　(D)標準成本。
【109年第一次工業工程師考試—工作研究】

(　　) 3. 為瞭解兩個品質特性間或原因影響結果的相關程度的技巧為？　(A)特性要因圖　(B)柏拉圖　(C)散佈圖　(D)層別圖。　【105年第一次工業工程師考試—工作研究】

(　　) 4. 工作研究之分析圖中，分析一群人共同作某項工作應採用何種分析圖？　(A)操作人程序圖（Operator Process Chart）　(B)組作業程序圖（Gang Process Chart）　(C)操作程序圖（Operation Process Chart）　(D)人機程序圖（Man-Machine Chart）。　【105年第一次工業工程師考試—工作研究】

(　　) 5. 使用流程程序圖分析出問題後，較佳的操作單元改善考量順序應為？　(A)簡化、刪除、合併和重排　(B)刪除、合併、重排和簡化　(C)合併、刪除、重排和簡化　(D)刪除、重排、簡化和合併。　【103年第一次工業工程師考試—工作研究】

(　　) 6. 方法、標準及工作設計的目標為？　(A)減少工時與生產者　(B)提高產品成本　(C)增加生產力及產品可靠度　(D)抑制消費者購買潛力。
【102年第一次工業工程師考試—工作研究】

(　　) 7. 關於動作研究（Motion study）下列何者為非？　(A)創始者為季布利斯（Frank Lilian Gilbreth）　(B)將必要的動作複雜化　(C)可以定義為操作員人體動作的研究　(D)旨在消除不必要的動作。　【102年第一次工業工程師考試—工作研究】

(　　) 8. 紀錄與分析工具中的操作程序圖（Operation process chart）：　(A)只顯示所有零組件進入，而不顯示裝配線及主裝配線　(B)直徑3/8吋之小型圓圈代表檢驗；邊長3/8吋的小正方形代表操作　(C)水平線通常表示製程的流程　(D)水平線表示外購或該製程自製的材料之進入。【102年第一次工業工程師考試—工作研究】

（請沿虛線撕下）

(　　) 9. 何謂產品佈置之特點？ (A)把相同的設備集中在一起 (B)外觀整潔有秩序，容易管理 (C)各種不同的職務集中在相當小的領域內 (D)容易訓練新的操作員。 【102年第一次工業工程師考試—工作研究】

(　　) 10.下列那一位學者被尊稱爲「動作研究之父」？ (A)甘特（H.Gantt）(B)孟尼（J.Mooney） (C)泰勒（F.W.Taylor） (D)吉爾勃斯（F.Gilbreth）。

(　　) 11.吉氏夫婦將手部動作歸併成爲十七個基本項目，稱之爲 (A)作業 (B)步驟 (C)流程 (D)動素。

(　　) 12.吉氏夫婦將手部動作歸併成爲幾個基本項目？ (A) 16 (B) 17 (C) 18 (D) 19。

(　　) 13.下列何者有科學管理之父之稱？ (A)泰勒 (B)費堯 (C)甘特 (D)道格拉斯·碼格瑞戈。

(　　) 14.泰勒的貢獻 (A)專業分工 (B)例外管理 (C)時間研究 (D)按件計酬。

(　　) 15.泰勒1881年，泰勒開始在米德維爾鋼鐵廠進行作業時間和工作方法的研究，以後創建科學管理奠定基礎。1903年，什麼正式出版？ (A)分工 (B)工廠管理 (C)時間研究 (D)科學管理。

二、簡答題

1. 請說明泰勒科學管理四大原則。
2. 吉爾勃斯夫婦認爲要取得作業的高效率，就必須做到什麼？

得　分

全華圖書

工作研究

學後評量

CH02　工作研究的推行

班級：＿＿＿＿＿＿

學號：＿＿＿＿＿＿

姓名：＿＿＿＿＿＿

一、選擇題

(　　) 1. 工作研究中柏拉圖（Alfredo Pareto）和 Joseph Juran 發現關鍵少數（Vital few）即是一般的法則。 (A) 60%、40%　(B) 70%、30%　(C) 80%、20%　(D) 90%、10%。【109年第一次工業工程師考試─工作研究】

(　　) 2. 作業人員在操作機器操作中，操作週程分為人員操作週程時間、機器操作週程時間兩項， 工作研究分析結果應製成比較可以同時看到兩者時間上的關係。　(A)柏拉圖分析（Pareto diagram analysis）　(B)人機程序圖（Worker & machine process chart）　(C)流程程序圖（Flow process chat）　(D)魚骨圖（Fish bone chart）。【109年第一次工業工程師考試─工作研究】

(　　) 3. 以下符號哪一個代表為流程程序圖（Flow process chat）中的操作符號：(A) △　(B) ▽　(C) □　(D) ○。【109年第一次工業工程師考試─工作研究】

(　　) 4. 方法標準及工作設計的目標為：　(A)減少工時與生產者　(B)提高產品成本　(C)增加生產力及產品可靠度　(D)抑制消費者購買潛力。【106年第一次工業工程師考試─工作研究】

(　　) 5. 有關現代時間研究之父泰勒（Frederick W. Taylor）之理念，下列何者為非？　(A)泰勒提議每位員工的工作應在至少一天前由管理者事先加以規劃　(B)操作員應收到詳載工作內容以及完工方法的說明書　(C)每項工作都有時間研究專家所決定之標準工時　(D)為了生產結果雇主可強制員工加班。【106年第一次工業工程師考試─工作研究】

(　　) 6. 下列工具何者不能提高生產力？　(A)方法工程　(B)密集勞動　(C)時間研究　(D)工作設計。【106年第一次工業工程師考試─工作研究】

(　　) 7. 關於關鍵路徑法（Critical Path Method, CPM）下列何者不正確？　(A)計算完成專案所需的時間方法為，首先於節點中標示工作代號及所需時間，其次自右而左計算每個工作完成的天數　(B)是專案管理中，考量成本與時間以尋找出最佳均衡點的方法　(C)能找出完成專案所需的時間，並與限制做比較，確認專案是否能即時完成　(D)決定專案時間的工作所連成的路徑就是所謂的要徑（亦稱為關鍵路徑）。【106年第一次工業工程師考試─工作研究】

(　　) 8. 紀錄與分析工具中的操作程序圖（Operation process chart）　(A)只顯示所有零組件進入，而不顯示裝配線及主裝線　(B)直徑 3/8 吋之小型圓圈代表檢驗；邊長 3/8 吋的小正方形代表操作　(C)水平線通常表示製程的流程　(D)水平線表示外購或該製程自製的材料之進入。【106年第一次工業工程師考試─工作研究】

（請沿虛線撕下）

(　　) 9. 紀錄與分析工具中的人機程序圖（Worker and machine process chart）　(A)能顯示人的工作週程與機器操作週程之間的確切時間關係　(B)實務上有多人操作一機的情形，稱作機器連結（Machine coupling）　(C)能顯示機器裝/卸期間的時間稱爲閒置時間　(D)不需有精確的工作單元時間值。

【106年第一次工業工程師考試—工作研究】

(　　) 10.工作週程內，工人時間爲 40 秒，機器運轉時間爲 3 分 20 秒，在理想況狀下，工人可操作幾台機器：　(A) 3　(B) 4　(C) 5　(D) 6。

【106年第一次工業工程師考試—工作研究】

(　　) 11.下列那一個圖表工具，可做爲流程程序圖的補充說明？　(A)操作程序圖　(B)人機圖　(C)組作業程序圖　(D)線圖。　【106年第一次工業工程師考試—工作研究】

(　　) 12.關於控制/反應比（Control-response ratio）何者爲眞？　(A)定義爲反應移動量除以控制器移動量　(B)低的 CR 比表示高的敏感度　(C)高的 CR 比表示高的敏感度　(D)在低的 CR 比下，長時間的延遲，系統績效降低。

【105年第一次工業工程師考試—工作研究】

(　　) 13.在操作上，當控制器與顯示器之間的關係與使用者的認知期望一致時，稱爲 (A)相容性　(B)一致性　(C)相關性　(D)正確性。

【105年第一次工業工程師考試—工作研究】

(　　) 14.關於計劃評核術PERT：　(A)稱爲網路圖或要徑圖　(B)是魚骨圖（Fish diagrams）的一種　(C)圖形爲簡單的長條圖　(D)又稱因果關係圖。

【102年第一次工業工程師考試—工作研究】

(　　) 15.門的高度設計是屬於人體計測值的哪一個百份位數設計？　(A)第5百分位數　(B)第50百分位數　(C)第75百分位數　(D)第95百分位數。

【103年第一次工業工程師考試—工作研究】

二、簡答題

1. 請說明ECRS 分析法。
2. 5S 是工作改善的原點，何謂5S？

得分

全華圖書（版權所有，翻印必究）

工作研究

學後評量

CH03　程序分析

班級：＿＿＿＿＿＿

學號：＿＿＿＿＿＿

姓名：＿＿＿＿＿＿

一、選擇題

(　　) 1. 工作研究中流程程序圖常用操作、檢驗、延遲、搬運、＿＿五種事項構成。(A)儲存　(B)安全　(C)效率　(D)士氣　。【109年第一次工業工程師考試—工作研究】

(　　) 2. 以下符號哪一個代表為流程程序圖（Flow process chat）中的儲存符號：(A) △　(B) ▽　(C) □　(D) ○　。【109年第一次工業工程師考試—工作研究】

(　　) 3. 美國機械工程學會（ASME）制定符號，以組成程序圖，下列敘述何者為非？　(A) ○：操作　(B) □：檢驗　(C) △：儲存　(D) D　：搬運。【108年第一次工業工程師考試—工作研究】

(　　) 4 下列何者選項是工作研究正確實施步驟？①實施新方法、②評選新方案、③追檢與再評價、④發掘問題、⑤設計新方法、⑥現狀分析　(A) ④⑤⑥②③①　(B) ④⑥⑤②①③　(C) ⑥④②⑤①③　(D) ④⑥⑤②③①。【108年第一次工業工程師考試—工作研究】

(　　) 5. 若需完整地實施工作研究的所有技術時，則應該最先實施的技術為？　(A)先進行時間研究以制訂標準工時　(B)先實施著眼於單一作業的詳細分析的作業分析技術　(C)先實施著眼於操作人員之細微動作分析的動作分析技術　(D)先實施著眼於整個製程的輪廓的程序分析技術。【108年第一次工業工程師考試—工作研究】

(　　) 6. 下列敘述何者為非？　(A)操作程序圖依照物料移動程序，視情況運用操作、搬運、儲存、延遲及檢驗等五種 符號，來顯示由原物料的進料到最後包裝完成的整個過程　(B)人機程序圖是為研究、分析以及改善一特定工作站時所用的工具，此圖可顯示人員工作週期與機器運轉週期兩者間準確的時間關係　(C)使用流程程序圖分析出問題後，較佳的操作單元改善考量順序，應為刪除、合併、重排和簡化　(D)人機程序圖最適用於一人操作多部機器之程序分析。【108年第一次工業工程師考試—工作研究】

(　　) 7. 隱藏成本的降低最容易由何種分析工具顯現出來？　(A)流程程序圖（Flow Process Chart）　(B)人機程序圖（Man-Machine Chart）　(C)操作程序圖（Operation Process Chart）　(D)操作人程序圖（Operator Process Chart）。【104年第一次工業工程師考試—工作研究】

（請沿虛線撕下）

(　　) 8. 關於計劃評核術 PERT　(A)是魚骨圖的一種　(B)稱爲網路圖或要徑圖　(C)圖形爲簡單的長條圖　(D)又稱因果關係。

【104年第一次工業工程師考試—工作研究】

(　　) 9. 流程程序圖繪製而成後可接著製作以下那一種圖？　(A)工作負荷圖　(B)組作業程序圖　(C)人機程序圖　(D)線圖。【104年第一次工業工程師考試—工作研究】

(　　) 10. 下列哪一個不是改善製造程序時，分析師應考量的方法？　(A)更有效率地操作機器設備　(B)製造精確的形狀　(C)重新安排作業　(D)不使用機械手臂。

【104年第一次工業工程師考試—工作研究】

(　　) 11. 哪一個不是流程程序圖應出現的標準符號？　(A)等待　(B)延遲　(C)檢驗　(D)搬運。【104年第一次工業工程師考試—工作研究】

(　　) 12. 某些製程本身太過龐雜，有好幾位操作員操作數個工作。爲要了解其機台與作業員之間 的閒置狀態，使用下列何種圖形來分析較爲恰當？　(A)操作程序圖　(B)左右手程序圖　(C)組作業程序圖　(D)人機圖。

【103年第一次工業工程師考試—工作研究】

(　　) 13. 下列何者屬於程序分析？　(A)多人圖（Multi-man chart）　(B)人機程序圖（Man-machine chart）　(C)線圖（Flow diagram）　(D)操作人程序圖（Operator process chart）。【102年第一次工業工程師考試—工作研究】

(　　) 14. 下列何者不屬於程序改善的原則 ？　(A)增加生產時程　(B)改變程序的組合　(C)減少程序次數　(D)安排適任人員。【102年第一次工業工程師考試—工作研究】

(　　) 15. 程序圖符號「○」代表何種意義？　(A)操作　(B)延遲　(C)檢驗　(D)儲存。

【102年第一次工業工程師考試—工作研究】

二、簡答題

1. 哪一個圖將各參與者的操作過程，依序並排在一起，作用在於研究一些人共同從事的作業？
2. 哪一個圖爲IE 改善之最基本、最重要的技術也是降低「隱藏成本」分析解決的最有力的工具，可清楚地標示所有的操作、搬運、檢驗與遲延等事項？

得　分

全華圖書（版權所有，翻印必究）

工作研究

學後評量

CH04　作業分析

班級：＿＿＿＿＿＿＿＿

學號：＿＿＿＿＿＿＿＿

姓名：＿＿＿＿＿＿＿＿

一、選擇題

(　　) 1. 工作標準化（Job standardization）必須要把工作程序、工作動作、工作時間予以標準化　(A)工作壓力　(B)工作與休閒　(C)工作條件　(D)工作文化。

【109年第一次工業工程師考試－工作研究】

(　　) 2. 下列關於操作人程序圖（Operator process chart）的敘述，何者為非？　(A)又稱為左右手程序圖（Left and right-hand process chart）　(B)構圖很複雜，工人不易了解　(C)不受工人工作地點變更的限制，隨時隨處可進行分析　(D)通常運用在具有高度重複性的工作上。　【108年第一次工業工程師考試－工作研究】

(　　) 3. 下列哪一項動作屬於流程程序圖中的「延遲」？　(A)以輸送帶搬運物料　(B)以推車搬運物料　(C)物料在推車上，等待加工　(D)檢驗物料的品質與數量。　【108年第一次工業工程師考試－工作研究】

(　　) 4. 某一生產線包括四個工作站，依序為 A、B、C、D。假設各工作站的操作時間依序為 0.42，0.72，0.8，1 分鐘，每站分別有 3，6，6，7 個員工。若欲增進生產效率，應改善那一個工作站？　(A) A 站　(B) B 站　(C) C 站　(D) D 站。

(　　) 5. 製作移動圖（Travel Chart）或從至圖（From-To Chart）時，表中的數值不適合以下列何者作紀錄？　(A)不良品的比例　(B)堆高機移動的距離　(C)搬運半成品的重量　(D)人員走動的頻率。　【108年第一次工業工程師考試－工作研究】

(　　) 6. 下列哪項動作違反動作經濟原則？　(A)雙手同時開始同時結束　(B)運用身體的自然節奏　(C)運用彈道的運動來減少施力　(D)使用非慣用手握持加工物件以增加穩定性。　【108年第一次工業工程師考試－工作研究】

(　　) 7. 費茲定律（Fitts' Law）敘述移動時間（MT）與目標寬度（W）及距離（D）之關係：MT = a + blog2（2D/W），關於使用不同等級動作進行費茲定律的實驗量測後，下列描述何者為真？　(A)第一級動作所量測到的 a 較大　(B)第一級動作所量測到的 a 較小　(C)第四級動作所量測到的 b 較小　(D)第四級動作所量測到的 b 較大。　【108年第一次工業工程師考試－工作研究】

(　　) 8. 以下何者並非決定工廠最有利的工具準備量時需要考慮的因素？　(A)生產數量　(B)重複商機　(C)交貨條件　(D)人員傷害。

【108年第一次工業工程師考試－工作研究】

（請沿虛線撕下）

( )9. 下列何者「不屬於」使用機器手臂的優點？ (A)比人工作業更快速的調整彈性 (B)穩定可預期的產出 (C)耐用性 (D)比人工作業更高的生產力。

【107年第一次工業工程師考試—工作研究】

( )10.有關要徑圖的描述，下列何者正確？ (A)計畫完成最短路徑為要徑（Critical path） (B)在要徑上的活動會有浮時（Float） (C)透過控管非要徑上的活動來管理時程 (D)可使用試誤法來尋找要徑。【107年第一次工業工程師考試—工作研究】

( )11.進行工作改善須要有創意，透過腦力激盪術（Brain storming）可以積極提出創意。下列哪一 項不是參加腦力激盪術的成員必須遵守的規則？ (A)不可批評好壞 (B)歡迎自由奔放 (C)向他人提出要求更多的創意點子 (D)不要把別人的創意發揚光大。【106年第一次工業工程師考試—工作研究】

( )12.某一作業製程包括四個工作站，依序為甲、乙、丙、丁。假設各站所需的操作時間為依 序為 0.6，1.0，1.3，0.5 分鐘，每站依序分配 3，4，5，2 個員工，若欲增進作業效率，應改善那一個工作站？ (A)甲 (B)乙 (C)丙 (D)丁。【105年第一次工業工程師考試—工作研究】

( )13.一名作業員操作五部機器，5 部機器每小時共可生產 3 件產品，若作業員每小時工資率為12 元，每部機器每小時運轉成本 22 元，則每件產品預期成本為？ (A) 22.21 元 (B) 27.12 元 (C) 40.67 元 (D) 50.21 元。

【105年第一次工業工程師考試—工作研究】

( )14.某鋼筆筆身以半自動車床進行，程序包含：進料 30 秒；車削 120 秒；退料 10 秒。此機器能自動車削和自動停止，但進料與退料需人員操作。操作者由一部車床移動至緊鄰著 的一部車床約需時 5 秒。請問一位人員最多約可同時操作幾部車床而不會增加該作業的 週期時間？ (A) 1 部 (B) 2 部 (C) 3 部 (D) 4 部。【104年第一次工業工程師考試—工作研究】

( )15.下列何者最適合用來分析重複性高的人工操作？ (A)工作中心負荷圖 (B)甘特圖 (C)操作人程序圖 (D)流程程序圖。

【103年第一次工業工程師考試—工作研究】

二、簡答題

1. 請說明「操作人程序圖」之製作過程應用哪三種作業符號？
2. 請說明標準作業程序（Standard Operating Procedure, SOP）之概念。

得　分

全華圖書

工作研究

學後評量

CH05　動作經濟原則與動素分析

班級：＿＿＿＿＿＿＿＿

學號：＿＿＿＿＿＿＿＿

姓名：＿＿＿＿＿＿＿＿

一、選擇題

(　　) 1. 動作研究與分析的主要目的有哪些？ (A)簡化操作動作方式 (B)減少工作疲勞 (C)發現無效動作 (D)以上皆是。　【109年第一次工業工程師考試—工作研究】

(　　) 2. Gilbreth 夫婦動作分析把操作分 17 種動素（Therblig），以下哪個代表對工作無益的要素： (A) 持住（HOLD） (B)伸手（REACH） (C)發現（FIND） (D)選擇（SELECT）。　【109年第一次工業工程師考試—工作研究】

(　　) 3. Gilbreth 夫婦動作分析把操作分 17 種動素（Therblig），以下哪一個代表作動進行要素： (A)持住（HOLD) (B)伸手（REACH） (C)發現（FIND） (D)選擇（SELECT）。　【109年第一次工業工程師考試—工作研究】

(　　) 4. Gilbreth 夫婦動作經濟原則，關於人體運用以下哪一個是正確？ (A)雙手應不同開始，同時完成動作 (B)雙手應同開始，不同時完成動作 (C)雙手應同開始，同時完成動作 (D)雙手應不同開始，不同時完成動作

(　　) 5. 動作分析，關於人體運用分 5 種活動等級，以下哪一個動作是身體全身級？ (A)雙腳踏板動作 (B)雙手按鈕動作 (C)伸手抓起動作 (D)手指按鍵動作。　【109年第一次工業工程師考試—工作研究】

(　　) 6. 動作分析，關於人體運用分 5 種活動等級，手指按鍵動作是何等級？ (A)手指 (B)手腕 (C)肩膀關節 (D)人體全身。【109年第一次工業工程師考試—工作研究】

(　　) 7. 工具或必須加工物料，應設計或放置時工作者的範圍爲理想也最符合動作經濟原則？ (A)最大工作範圍 (B)一般工作範圍 (C)正常工作範圍 (D)公告工作範圍。　【109年第一次工業工程師考試—工作研究】

(　　) 8. 在執行鎖緊螺絲釘的裝配工作時，右手正拿著起子鎖螺絲，此時右手的動作應記載爲？ (A) Hold (H) (B) Use (U) (C) Pre-position (PP) (D) Release (RL)。　【106年第一次工業工程師考試—工作研究】

(　　) 9. 動素（Therblig）爲所有動作（Movement）之基本分化單位，爲組成動作之基本要素。下列何者不是有效益動素？ (A)伸手（Reach） (B)移物（Move） (C)放手（Release） (D)尋找（Search）。　【106年第一次工業工程師考試—工作研究】

（請沿虛線撕下）

( ) 10.人員雙手自然下垂的姿勢下，以手肘爲中心，前臂爲半徑，手部輕易可及範圍，稱爲以下何者？ (A)作業區域 (B)拘束因素 (C)最大工作範圍 (D)正常工作範圍。【106年第一次工業工程師考試—工作研究】

( ) 11.動素的分類中，下列何者爲有效動素，不需要予以消除？ (A) Select (S) (B) Position (P) (C) Pre-position (PP) (D) Inspect (I)。

【104年第一次工業工程師考試—工作研究】

( ) 12.在作鎖緊螺絲釘的裝配工作時，右手伸手 27 公分能拿起子時，若左手中正拿著一顆螺絲 準備使用，此時左手的動作應記載爲： (A) Hold (H) (B) Use (U) (C) Pre-position (PP) (D) Release (RL)。

【104年第一次工業工程師考試—工作研究】

( ) 13.下列那一個敘述不符合動作經濟原則？ (A)曲線運動較直線且有方向轉折的運動爲佳 (B)雙手的動作應同時、反向、對稱 (C)手之動作應以級次最高者爲之 (D)儘量應用物之自然重力。【103年第一次工業工程師考試—工作研究】

( ) 14.下列何者並不屬於吉爾博斯（Gilbreths）所研究出的動素？ (A)握取 (B)對準 (C)旋轉 (D)裝配。【103年第一次工業工程師考試—工作研究】

( ) 15.人體五種活動等級中，以手指及手腕動作屬於何種等級？ (A)等級1 (B)等級2 (C)等級3 (D)等級4。【102年第一次工業工程師考試—工作研究】

二、簡答題

1. 動作經濟原則，是由哪四項基本原則之延伸？
2. 統計人體動作之基本動作，是由基本動作動素（Therbligs）構成，動素可細分爲十七種動素，歸納爲哪三大類？

得　分

全華圖書

工作研究

學後評量

CH06　影片分析

班級：＿＿＿＿＿＿

學號：＿＿＿＿＿＿

姓名：＿＿＿＿＿＿

一、選擇題

(　　) 1. 下面何種評比法可利用影片或錄影帶方式進行訓練？ (A)合成評比法 (B)客觀評比法 (C)平準比法 (D)速度評比法。
【108年第一次工業工程師考試—工作研究】

(　　) 2. 微速度動作研究（Memo-motion study），它通常可適用於下列各種情形，下列描述何者爲非？ (A)單一個體之工作狀態下 (B)長時間之操作週期 (C)長時期研究 (D)不成週期等不規則之操作。【108年第一次工業工程師考試—工作研究】

(　　) 3. 微速度動作研究（Memo-motion study）用以作爲動作研究之工具，下列描述何者爲非？ (A)減少影片費用 (B)減少影片之分析時間 (C)減少增置新設備 (D)減少對操作人員心理上的干擾。【108年第一次工業工程師考試—工作研究】

(　　) 4. 影片分析（Film analysis）可將錄製的作業重複再現，詳細作成分析，下列描述何者爲非？ (A)影片分析（Film analysis）可依拍攝速度之不同，探討一連貫之基本動作 (B)觀察作業中的動作，當場要使用「動素」來記錄，需要具有高度熟練的人才能勝任 (C)分析細部動作時，可採用每秒 16 框的速度錄影，詳細檢討目視分析上容易疏忽動作 (D)普通速度錄影，對於長時間作業與非重複性作業分析，掌握其作業流程甚爲有效。
【107年第一次工業工程師考試—工作研究】

(　　) 5. 下列哪一個變數不會影響基本動作「移動（Move）」的時間？ (A)距離 (B)次數 (C)重量 (D)移動種類。【107年第一次工業工程師考試—工作研究】

(　　) 6. 單位預定時間標準（Modapts），利用人體動作與時間標準之間的關係建立數據，以人體基本動作時間作爲衡量單位（Module，簡稱 MOD）。下列何者不是？ (A)除以符號表示動作外，並以數字表示其時間或工作量 (B)正常時間 1 MOD=0.129 秒（NS），必須包含寬放時間 (C)數據卡以圖像方式表示，容易記憶 (D)手運動（Movement）不須考慮運動距離，只需要分析手的那一部分運動即可。【107年第一次工業工程師考試—工作研究】

（請沿虛線撕下）

(　　) 7. 從事物料流程分析時，如果欲瞭解流程是否有迂迴（Backtracking）與交叉（Cross traffic）現 象，不常用下列哪一個圖表：(A)多產品程序圖（Multi-products process chart）(B)操作程序圖（Operation process chart）(C)從至圖（From to chart）(D)線圖（String diagram）。

【105年第一次工業工程師考試—工作研究】

(　　) 8. 在做流程程序圖（Flow Process Chart）時，正方形符號「□」代表？ (A)操作(B)搬運 (C)儲存 (D)檢驗。【105年第一次工業工程師考試—工作研究】

(　　) 9. 流程程序圖常被用來描述一個製品的完整製造程序，程序圖中最重要之因素爲？ (A)距離 (B)時間 (C)流程 (D)方法。

【105年第一次工業工程師考試—工作研究】

(　　) 10. 使用手指環繞放在桌上的原子筆是屬於下列哪一個動素？ (A)伸手 (B)握取 (C)對準 (D)裝配。【105年第一次工業工程師考試—工作研究】

(　　) 11. 爲改善作業方法，採用逐步分析整個工作程序的技術稱爲？ (A)程序分析 (B)作業分析 (C)時間分析 (D)同步分析。【105年第一次工業工程師考試—工作研究】

(　　) 12. 在下列動素中，費時最少之動素爲？ (A)握取 (B)計劃 (C)放手 (D)對準。【105年第一次工業工程師考試—工作研究】

(　　) 13. 由幾個工作站集合而成之研究階次，稱之爲？ (A)作業 (B)製程 (C)活動 (D)動作。【105年第一次工業工程師考試—工作研究】

(　　) 14. 可顯示機器之運轉和閒置週期與共同操作該機器的多位作業員之每週期閒置和操作時間 之間的確切關係，稱之爲？ (A)組作業程序圖 (B)操作程序圖 (C)流程程序圖 (D)人機程序圖。【104年第一次工業工程師考試—工作研究】

(　　) 15. MTM（Methods-Time Measurement）的拿取動作（Get）可細分爲幾個等級？ (A) 1 個 (B) 2 個 (C) 3 個 (D) 4 個。【104年第一次工業工程師考試—工作研究】

二、簡答題

1. 何謂微速度動作研究（Memo-motion Study）？
2. 何謂對動圖（Simo Chart）？

得 分

全華圖書（版權所有，翻印必究）
工作研究
學後評量
CH07 時間研究概論

班級：________________
學號：________________
姓名：________________

一、選擇題

(　　) 1. 時間研究（Time study）又稱特定工作之容許工作時間標準（Allowed time standard)，研擬標準工時的基礎爲：　(A)工作衡量（Work measurement）　(B)價值衡量（Value measurement）　(C)分析衡量（Analysis measurement）　(D)以上皆是。【109年第一次工業工程師考試—工作研究】

(　　) 2. 設在直線作業的各製程作業時間分爲 25 秒、26 秒 24 秒、22秒，則此直線作業的標準時間爲：　(A) 22 秒　(B) 24 秒　(C) 25 秒　(D) 26 秒。【109年第一次工業工程師考試—工作研究】

(　　) 3. 碼錶測時經由實際觀測所得加以評比，即得：　(A)標準時間　(B)正常時間　(C)變動時間　(D)平時時間。【109年第一次工業工程師考試—工作研究】

(　　) 4. 下列何者不能列入外來單元（Foreign Element）的計算當中？　(A)作業員換工件　(B)作業員上廁所　(C)清除工件上的灰塵　(D)詢問領班休假問題。【109年第一次工業工程師考試—工作研究】

(　　) 5. 一個合格之操作員在不受製程限制下，在正常速度及有效時間利用的情下，每日所能工作的數量，稱作：　(A)「一日之合理工作量」　(B)「正速度之工作量」　(C)「有效時間之工作量」　(D)「合理利用之工作量」。【106第一次工業工程師考試—工作研究】

(　　) 6. 關於時間研究的實施步驟，下列何者錯誤？　(A)選擇實施操作之操作員　(B)分析待研究之工作並將工作分割成不同單元　(C)不考慮寬放值並評比操作員之績效　(D)計算訂定時間標準，已完成時間研究。【106第一次工業工程師考試—工作研究】

(　　) 7. 下列測時法中，何者較適用於長操作單元的時間研究？　(A)彈回測時法　(B)歸零法　(C)連續法　(D)觀察法。【106年第一次工業工程師考試—工作研究】

(　　) 8. 若裝配線上五位作業員的標準工時爲 0.54 秒、0.48 秒、0.60 秒、0.50 秒及 0.44 秒，則決 定產量的時間爲？　(A) 0.50 秒　(B) 0.44 秒　(C) 0.60 秒　(D) 0.54 秒。【106年第一次工業工程師考試—工作研究】

(　　) 9. 時間研究的程序中，不包括下列那一項？　(A)訂定寬放　(B)建立公式　(C)劃分單元　(D)針對操作員的表現進行評比。【105年第一次工業工程師考試—工作研究】

（請沿虛線撕下）

(　　) 10.哪一個不是時間研究分析師在執行觀測工作時應遵守的事項？　(A)避免與作業員交談　(B)應盡量採取坐姿　(C)應站在作業員身後數呎的地方　(D)應避免妨礙作業員進行操作。【104年第一次工業工程師考試—工作研究】

(　　) 11.利用碼錶時間研究，當觀測時間大於正常時間時，其評比係數應為：　(A)大於 1　(B)小於 1　(C)等於 0　(D)大於 2。【104年第一次工業工程師考試—工作研究】

(　　) 12.下列何者不是使用錄影機進行時間研究的主要目的？　(A)可訓練分析人員進行速度評比　(B)制定正常時間　(C)進行流程改善　(D)對影片中的作業人員進行評比。【103年第一次工業工程師考試—工作研究】

(　　) 13.一個合格之操作員在不受製程限制下，以正常速度及有效時間利用的情況，下每日所能工作的數量，稱作？　(A)「一日之合理工作量」　(B)「正常速度之工作量」　(C)「有效時間之工作量」　(D)「合理利用之工作量」。【102年第一次工業工程師考試—工作研究】

(　　) 14.若整燙衣服的標準時間為每件5分鐘，則在一天８小時的工作期間，我們期望操作員的產量為？　(A) 40件　(B) 56件　(C) 96件　(D) 100件。【102年第一次工業工程師考試—工作研究】

(　　) 15.碼錶時間研究通常應用在第幾類工作階次（Level）？　(A)第一階次：動作　(B)第二階次：單元　(C)第三階次：作業　(D)第四階次：製程。【102年第一次工業工程師考試—工作研究】

二、簡答題

1. 請列出正常時間的公式？
2. 時間研究最需要的基本資料為何？

得 分

全華圖書（版權所有，翻印必究）

工作研究

學後評量

CH08　碼錶時間研究

班級：＿＿＿＿＿＿

學號：＿＿＿＿＿＿

姓名：＿＿＿＿＿＿

一、選擇題

(　　) 1. 某一操作在碼錶觀後所得平均時間爲1.7分，若評比120%，寬放率10%，則一天工作八小時之合理工作量爲：　(A) 282 件　(B) 213 件　(C) 235 件　(D) 200 件。【109年第一次工業工程師考試—工作研究】

(　　) 2. 決定理論觀測次數時要考量因素：　(A)觀測時間平均數（Mean）　(B)觀測時間標準差（Standard deviation）　(C)觀測時間的需求精度&誤差（Relative error）　(D)以上皆是。【109年第一次工業工程師考試—工作研究】

(　　) 3. 工作階次（Level）通常有七種，碼錶時間研究通常應用在第幾類工作階次？　(A)第一階次動作（Motion）　(B)第二階次單元（Element）　(C)第三階次作業（Operation）　(D)第四階次製程（Process）。【106年第一次工業工程師考試—工作研究】

(　　) 4. 下列何者不能列入外來單元（Foreign Element）的計算當中？　(A)作業員上廁所　(B)作業員去喝水　(C)用氣槍清除工件上的鐵屑　(D)領班詢問問題。【104年第一次工業工程師考試—工作研究】

(　　) 5. 一般進行測時工作時，記錄單元的操作時間有連續法及歸零法兩種，下列對此兩種敘述，何者爲非？　(A)歸零法可直接讀取單元的經過時間，故許多在連續測時法中的書面工作均可免去　(B)歸零法亦稱按鈕法　(C)連續法可以呈現整個觀測過程的完整記錄，所有遲延和外來單元均完整記載　(D)歸零法較適用於短操作單元之時間研究，連續法適用於長操作單元。【104年第一次工業工程師考試—工作研究】

(　　) 6. 在碼錶時間的研究當中，爲了便於衡量，通常能夠將「操作」分割成若干個：　(A)製程（Process）　(B)動作（Motion）　(C)單元（Elements）　(D)作業（Operation）。【104年第一次工業工程師考試—工作研究】

(　　) 7. 在碼錶時間研究中，工作單元劃分的考慮，下列何者不正確？　(A)外來單元應詳細記錄　(B)人力與機器單元應分開　(C)工作單元劃分愈長愈佳　(D)規則單元與間歇單元應分清楚。【103年第一次工業工程師考試—工作研究】

(　　) 8. 下列何者在制定標準時間時，不應列入寬放？　(A)領班交代的工作任務　(B)作業員調整工作椅高度　(C)待料 15 分鐘　(D)工作中途喝水。【103年第一次工業工程師考試—工作研究】

（請沿虛線撕下）

(　　) 9. 某公司運用工作抽查法，試抽測 30 次其某一被測工作之空閒率為 35%，觀測結果的可靠性希望維持在 95%左右，所容許的誤差為± 3%，則所需的樣本數最少應為若干？(提示：採無條件進入法) $n=(\frac{z}{e})^2\hat{p}(1-\hat{p})$
(A) 972　(B) 1072　(C) 1172　(D) 1272。　【103年第一次工業工程師考試—工作研究】

(　　) 10.依據速度評比法，以 100%為正常，若評比係數為 90%，平均觀測時間為 4 分鐘，則正常 時間為多少分鐘？　(A) 5.6 分　(B) 4.4 分　(C) 3.6 分　(D) 3.0 分。　【103年第一次工業工程師考試—工作研究】

(　　) 11.調查機器空閒率時，做100次的預備觀測結果有20次為停機狀態，試計算在±5%精度和95%可靠界限下所需要的觀測次數。　(A) 4610次　(B) 6147次　(C) 7136次　(D) 9834次。　【102年第一次工業工程師考試—工作研究】

(　　) 12.工作週程內，工人時間為40秒，機器運轉時間為3分20秒，在理想況狀下，工人可操作幾台機器：　(A) 3　(B) 4　(C) 5　(D) 6。
【102年第一次工業工程師考試—工作研究】

(　　) 13.下列何者最適合用來分析重複性高的人工操作？　(A)流程程序圖　(B)甘特圖　(C)工作中心負荷圖　(D)操作人程序圖。
【102年第一次工業工程師考試—工作研究】

(　　) 14.若裝配線上五位作業員的標準工時為0.54秒、0.48秒、0.60秒、0.50秒及0.44秒，則決定產量的時間為？　(A) 0.50 秒　(B) 0.44 秒　(C) 0.60 秒　(D) 0.54 秒。　【102年第一次工業工程師考試—工作研究】

(　　) 15.下列何者是以單一工作時間為基礎來計算之標準時間公式（外乘法）？　(A)標準時間=正常時間 ／ (1 + 寬放率)　(B)標準時間=正常時間 × (1 + 寬放率)　(C)標準時間=正常時間 × (1 – 寬放率)　(D)標準時間=正常時間 ／ (1 – 寬放率)。　【102年第一次工業工程師考試—工作研究】

二、簡答題

1. 劃分動作單元，其理由有哪四點？
2. 觀測過程中，觀測分析人員及操作員，難免仍會有意外的異常值，美國機械工程師協會（American Society of Mechanical Engineers, ASME）對異常值（Abnormal Time）的定義為何？

得 分

全華圖書（版權所有，翻印必究）

工作研究

學後評量

CH9 評比

班級：＿＿＿＿＿＿＿

學號：＿＿＿＿＿＿＿

姓名：＿＿＿＿＿＿＿

一、選擇題

( ) 1. 西屋法或稱平準化法的評比過程中未考量下列哪一因素？ (A)熟練 (B)努力 (C)使用者 (D)工作環境。 【109年第一次工業工程師考試—工作研究】

( ) 2. 作業者練習次數會影響作業週期平均時間評比結果為下列哪一因素？ (A)努力因素 (B)學習因素 (C)工具使用因素 (D)工作環境因素。 【109年第一次工業工程師考試—工作研究】

( ) 3. 將影響工作之困難度，分成六個成分，為下列何種評比方法？ (A)客觀（Objective）評比 (B)平準化（Leveling）評比 (C)合成平準（Synthetic leveling）評比 (D)以上皆非。 【109年第一次工業工程師考試—工作研究】

( ) 4. 西屋法或稱平準化法的評比過程中分成(極佳、優、良、平均、可、欠佳)六個等級，下列哪一等級熟練係數訂為0.00？ (A)極佳 (B)優 (C)平均 (D)可。 【109年第一次工業工程師考試—工作研究】

( ) 5. 在速度評比中，若評比為 90 %，則表示正常時間為實測時間分之多少呢？ (A) 110% (B) 111% (C) 115% (D) 90%。 【109年第一次工業工程師考試—工作研究】

( ) 6. 評比時考量到室溫高低，為評比考量到下列何種因素？ (A)熟練 (B)努力 (C)一致性 (D)工作環境。 【109年第一次工業工程師考試—工作研究】

( ) 7. 在速度評比法中，若以 100% 為正常狀況，且正常時間是 12 分鐘，則當評比係數120%時，其觀測時間接近多少分鐘？ (A)10 分鐘 (B)8 分鐘 (C)6 分鐘 (D)14 分鐘。 【109年第一次工業工程師考試—工作研究】

( ) 8. 下列何者不屬於績效評比（Performance Rating）的方法？ (A)速度評比法（Speed rating） (B)基礎評比法（Fundamental rating） (C)客觀評比法（Objective rating） (D)西屋系統 （Westinghouse rating）。 【104年第一次工業工程師考試—工作研究】

( ) 9. 一般而言，若是作業員的操作績效介於標準的何種範圍內，則分析師所建立的時間標準 與眞實評比結果的誤差範圍應在±5%以內。 (A) 85%至 115% (B) 80%至 120% (C) 75%至 125% (D) 70%至 130%。 【104年第一次工業工程師考試—工作研究】

（請沿虛線撕下）

(　　) 10.設某一操作單元，其觀測時間之平均數爲 0.07 分鐘，評比係數爲 120%，總寬放率爲 15%， 求標準時間爲多少分鐘？ (A) 0.0926 (B) 0.0941 (C) 0.0966 (D) 0.1208。【104年第一次工業工程師考試—工作研究】

(　　) 11.利用碼錶時間研究，當觀測時間大於正常時間時，其評比係數應該： (A)等於 0 (B)小於 1 (C)大於 1 (D)大於 2。【103年第一次工業工程師考試—工作研究】

(　　) 12.每一個評比系統（Rating system）最重要的特性爲？ (A)正當性 (B)適當性 (C)簡易性 (D)準確性。【102年第一次工業工程師考試—工作研究】

(　　) 13.西屋系統（Westinghouse system）評比方法中，下列何者非爲評估操作員表現之因素？ (A)技術與努力 (B)組織忠誠度 (C)工作環境 (D)一致性。【102年第一次工業工程師考試—工作研究】

(　　) 14.當使用速度評比法（Speed rating）時以60爲標準，此方法以標準小時爲基礎，即每小時生產60分鐘的工作： (A)如評比爲49，操作員的速度爲 81.67 % (B)如評比爲49，操作員的速度爲 89.67 % (C)如評比爲87，操作員的速度爲 149.67 % (D)如評比爲87，操作員的速度爲187.67 %。【102年第一次工業工程師考試—工作研究】

(　　) 15.客觀評比中，工作困難係數的調整不包括下列那一項？ (A)手眼之配合 (B)重量 (C)身體使用部位 (D)工作環境。【102年第一次工業工程師考試—工作研究】

二、簡答題

1. 請列出客觀評比法公式。
2. 請列出合成評比法（Synthetic Rating），計算評比係數（Performance）。

得　分

全華圖書

工作研究

學後評量

CH 10　寬放

班級：＿＿＿＿＿＿＿＿

學號：＿＿＿＿＿＿＿＿

姓名：＿＿＿＿＿＿＿＿

一、選擇題

(　　) 1. 不可避免的遲延寬放，為下列何者：　(A)突然咳嗽　(B)加工刀具突然損壞　(C)突然要上廁所　(D)突然要喝水。【109年第一次工業工程師考試─工作研究】

(　　) 2. 考量工作環境 的噪音因素所訂定的寬放稱為　(A)不可延遲的寬放　(B)私事寬放　(C)疲勞的寬放　(D)額外的寬放。【109年第一次工業工程師考試─工作研究】

(　　) 3. 寬放作業正常操作時間為 10 分鐘，假設在一天 480　分鐘的工作時間內，機器保養時間30分鐘，工作指示占 15 分鐘，私事寬放 15 分鐘，則此裝配作業之標準時間為多少分鐘？　(A) 11.22　(B) 11.32　(C) 11.42　(D) 11.52。

【109年第一次工業工程師考試─工作研究】

(　　) 4. 寬放作業正常操作時間為 20 分鐘，　寬放率 15% 則此　配作業之標準時間為多少分鐘？　(A) 22　(B) 23　(C) 24　(D) 25。

【109年第一次工業工程師考試─工作研究】

(　　) 5. 工作需要的晨間小組會議(Tool box meeting)所訂定的寬放，放在以下哪寬放類別最恰當？　(A)管理的寬放　(B)私事的寬放　(C)疲勞的寬放　(D)延遲的寬放。【109年第一次工業工程師考試─工作研究】

(　　) 6. 考量工作需要的寬放中應考慮：　(A)操作不便　(B)機器故障率　(C)工作環境　(D)以上皆是。【109年第一次工業工程師考試─工作研究】

(　　) 7. 經連續觀測結果，某產品包裝作業需有 10%的寬放，則在 480 分鐘的工作天中，作業員容許約有幾分鐘的休息時間？　(A) 41 分鐘　(B) 42 分鐘　(C) 43 分鐘　(D) 44 分鐘。【106年第一次工業工程師考試─工作研究】

(　　) 8. 承上題，設正常作業時間為 10 分鐘，則標準時間為：　(A) 10 分鐘　(B) 11 分鐘　(C) 12 分鐘　(D) 13 分鐘。【106年第一次工業工程師考試─工作研究】

(　　) 9. 下列何者不屬於寬放（Allowance）涵蓋之範圍？　(A)事故寬放（Accident allowances）　(B)私事寬放（Personal allowances）　(C)疲勞寬放（Fatigue allowances）　(D)不可避免的寬放（Unavoidable allowances）。

【106年第一次工業工程師考試─工作研究】

（請沿虛線撕下）

(　　) 10.某工廠之產品包裝員每天工作期間爲 7 小時，並有 15%的寬放　(A)容許 15 分鐘之休息時間　(B)容許 53 分鐘之休息時間　(C)容許 63 分鐘之休息時間　(D)容許 123 分鐘之休息時間。【106年第一次工業工程師考試—工作研究】

(　　) 11.維持工作舒適的事務如喝水、擦汗、更衣、上廁所等所給的寬放屬於：(A)疲勞寬放　(B)私事寬放　(C)遲延寬放　(D)偶然寬放。

【103年第一次工業工程師考試—工作研究】

(　　) 12.下列哪一項不屬於變動疲勞寬放的原因？　(A)原物料之硬度　(B)噪音程度　(C)工作單調或冗長　(D)溫度或濕度。【103年第一次工業工程師考試—工作研究】

(　　) 13.某工廠之產品包裝員每天工作期間爲7小時，並有15%的寬放：　(A)容許15分鐘之休息時間　(B)容許53分鐘之休息時間　(C)容許63分鐘之休息時間　(D)容許123分鐘之休息時間。【102年第一次工業工程師考試—工作研究】

(　　) 14.在良好工作環境下，以坐姿進行較輕鬆的工作人員操作，給予多少基本的疲勞寬放值？　(A) 4%　(B) 5%　(C) 6%　(D) 7%。

【102年第一次工業工程師考試—工作研究】

(　　) 15.下列何者不屬於特殊寬放？　(A)不可避免的遲延　(B)可避免的遲延　(C)額外寬放　(D)疲勞寬放。【102年第一次工業工程師考試—工作研究】

二、簡答題

1. 外乘法計算方式爲何？
2. 內乘法計算方式爲何？

得　分

全華圖書（版權所有，翻印必究）

工作研究

學後評量

CH11　工作抽查

班級：＿＿＿＿＿＿＿＿

學號：＿＿＿＿＿＿＿＿

姓名：＿＿＿＿＿＿＿＿

一、選擇題

(　　) 1. 一般而言，實施工作抽查時，若要求的精確度越高，則觀測次數： (A)越少 (B)越多 (C)不變 (D)多少不一定　。【109年第一次工業工程師考試—工作研究】

(　　) 2. 作業現場實施工作抽查法時，經常發現的缺點爲下列哪一項？ (A)碼錶不準 (B)成本相當高 (C)需應用統計概念，員工不易瞭解 (D)以上皆非。【109年第一次工業工程師考試—工作研究】

(　　) 3. 作業現場工作抽查法之觀測樣本大小的決定，係根據 (A)二項分配 (B)指數分配 (C)Beta 分配 (D)Alfa 分配。【109年第一次工業工程師考試—工作研究】

(　　) 4. 某工作抽查人員，觀測機器之運轉情形，結果在 5，000次以中，機器停止運轉 1，800次的情形下，其機器運轉率爲？ (A) 36 % (B) 46% (C) 34 % (D) 64 %。【109年第一次工業工程師考試—工作研究】

(　　) 5. 適合間接人工的標準工時設定應採用，下列何者方法？ (A)碼錶測時 (B)工作抽查 (C)方法時間衡量 (D)工作因素分析法。【106年第一次工業工程師考試—工作研究】

(　　) 6. 在一段較長的期間內，用隨機的方式進行多次的觀測，求得作業所占時間的比率的技術，此方法稱爲？ (A)工作抽查法 (B)間接測量法 (C)標準時間法 (D)標準資料法。【105年第一次工業工程師考試—工作研究】

(　　) 7. 若某工廠實行空閒率的工作抽查，試行 100 次觀測，發現空閒的次數爲25次。如果信賴 限度爲 95%，精確程度爲±5%，則其觀測次數爲（取近似値）？ (A) 3000 (B) 6000 (C) 4800 (D) 5500。【105年第一次工業工程師考試—工作研究】

(　　) 8. 某生產線共有四名作業員，且做同樣的工作，在一次工作抽查中，得到四名員工上班共2000 分，總空閒時間爲 150 分，四人共生產 1500 件合格產品，若其平均績效指標爲 120%， 寬放率爲 20%，求此生產線每件產品的標準時爲多少分？ (A) 3.15 (B) 1.42 (C) 2.15 (D) 1.78。【105年第一次工業工程師考試—工作研究】

（請沿虛線撕下）

(　　) 9. 工作抽查進行時，若所設之精確度越高，通常觀測次數需要：(A)越少 (B)越多 (C)不變 (D)不一定。【105年第一次工業工程師考試—工作研究】

(　　) 10. 下列何者不是工作抽查法的優點？(A)工作抽查可適用在訂定機器使用率、寬放及標準時間 (B)一位分析人員可同時觀測多人操作 (C)適於短期而重覆性高的工作 (D)操作員不必接受長時間的連續觀測。

【104年第一次工業工程師考試—工作研究】

(　　) 11. 調查機器空閒率時，做 100 次的預備觀測結果有 20 次爲停機狀態，試計算在 ±5%精度和95%可靠界限下（查表得 Z0.025 值爲 1.96；Z0.05 值爲 1.64）所需要的觀測次數 (A) 6147 次 (B) 4303 次 (C) 269 次 (D) 164 次。

【104年第一次工業工程師考試—工作研究】

(　　) 12. 有關工作抽查，下列焐述何時爲非？(A)適用於訂定時間標準 (B)相較於時間研究，需耗費更多的時間與成本才能完成 (C)適用於決定寬放 (D)適用於決定機器與人工的利用率。【104年第一次工業工程師考試—工作研究】

(　　) 13. 工作抽查法（Work Sampling）較適合用來直接量測下列何者資訊？(A)機器使用率 (B)人工插件作業生產線員工標準工時 (C)人機配置 (D)動作經濟原則。【103年第一次工業工程師考試—工作研究】

(　　) 14. 工作抽查進行時，若所設之精確度越高，則觀測次數？(A)越多 (B)越少 (C)沒有直接關係 (D)不一定。【103年第一次工業工程師考試—工作研究】

(　　) 15. 大賣場內服務人員工作種類繁多，且不一致性偏高，如此作業的工作衡量方法較適採用：(A)持續觀察法 (B)碼錶計時法 (C)MTM 法 (D)工作抽查法。【103年第一次工業工程師考試—工作研究】

二、簡答題

1. 決定寬放之績效指標（Performance Index, PI）與設定標準工時公式爲何？
2. 決定觀測時刻之抽查方式爲哪些？

得 分

工作研究

學後評量

CH 12 時間公式與標準數據法

班級：＿＿＿＿＿＿＿＿

學號：＿＿＿＿＿＿＿＿

姓名：＿＿＿＿＿＿＿＿

一、選擇題

(　　) 1. 方法時間衡量（MITM）系統中，MTM 的時間單位為 TMU，1TMU 等於 (A) 0.001 分　(B) 0.00001 小時　(C) 0.1 分　(D) 0.0001 小時。

【109年第一次工業工程師考試—工作研究】

(　　) 2. 方法時間衡量（MTM）制度，乃由下列何人所創設？　(A)泰勒（Taylor）　(B)吉爾伯斯（Gilbreth）　(C)梅哪得（Maynard）　(D)納爾遜（Nelson）。

【109年第一次工業工程師考試—工作研究】

(　　) 3. 方法時間衡量（MTM）中，手握鉛筆向下搬動 18 公分放在桌子的筆套中 MTM 符號為：　(A) M18C　(B) M18B　(C) M18A　(D) AP188

【109年第一次工業工程師考試—工作研究】

(　　) 4. 在方法時間衡量（MITM）系統中影響搬運時間的因素除了搬運距離和重量等條件外，還考慮哪個因素？　(A)搬運物品之大小　(B)搬運物品之材質　(C)搬運物品之溫度　(D)搬運物品之動作形態。

【109年第一次工業工程師考試—工作研究】

(　　) 5. MTM（Methods-Time Measurement）的抓取（Grasp G）中 G1（Pick up grasp）可細分為幾個等級？　(A) 1 個　(B) 2 個　(C) 3 個　(D) 4 個。

【109年第一次工業工程師考試—工作研究】

(　　) 6. 標準資料法（Standard data）和一般時間研究方法比較有的特色為？　(A)成本低　(B)一致性高　(C)可信度高　(D)以上皆是。

【109年第一次工業工程師考試—工作研究】

(　　) 7. 成衣廠每件成衣縫鈕釦需要時間方程式為（T = 2.5 + 2.6 A+ 0.78B 分；A= 兩袖鈕釦 數；B=前後部鈕釦數）今有件衣服袖子共要 4 顆鈕釦，前後部鈕釦數共要 5 顆鈕釦，問每件成衣縫鈕釦需要時間要？　(A) 10.4 分　(B) 16.8 分　(C) 18.8 分　(D) 19.8 分。

【109年第一次工業工程師考試—工作研究】

(　　) 8. 下列何者不是標準資料法的必要條件？　(A)適當的作業規範　(B)碼錶　(C)相似的方法　(D)相似的設備。

【108年第一次工業工程師考試—工作研究】

（請沿虛線撕下）

(　　) 9. 在方法時間衡量中，下列何者不是基本動作？ (A)移物（Move） (B)抓取（Grasp） (C)釋放（Release） (D)速度（Speed）。

【108年第一次工業工程師考試—工作研究】

(　　) 10.若理髮店洗頭 1 次需時 25 分鐘，整備時間為 0.5 小時，則洗頭師傅在一天 8 小時的工作中，處理此操作的整備工作並完成 20 位客人之洗頭，請問他的操作效率為？ (A) 96.6 % (B) 105.6 % (C) 111.1 % (D) 121.6 %。

【106年第一次工業工程師考試—工作研究】

(　　) 11.某電子裝配廠接到一份供應三年的大訂單，該項產品有手機、MP3 與平板，預估至少可 佔現有總生產能量的四成。該廠準備生產時，該用以下列何種方法預測操作所需的標準時間？ (A)碼錶測時法 (B)計畫評核術 (C)工作抽查法 (D)模特排時法（MODAPTS）。【105年第一次工業工程師考試—工作研究】

(　　) 12.標準數據可細分成三個等級，不包括： (A)作業（Task） (B)程序（Process） (C)單元（Element） (D)動作（Motion）。

【104年第一次工業工程師考試—工作研究】

(　　) 13.MTM 中的 1000TMU 相當於： (A) 16 秒 (B) 26 秒 (C) 36 秒 (D) 46 秒。

【103年第一次工業工程師考試—工作研究】

(　　) 14.若 mR20B 之時間為 7.1 T.M.U，且若 R20B 之時間為 10.0 T.M.U，則 mR20Bm 之時間為 多少 T.M.U： (A) 2.9 T.M.U (B) 7.1 T.M.U (C) 4.2 T.M.U (D) 5.8 T.M.U。【103年第一次工業工程師考試—工作研究】

(　　) 15.向固定於電腦桌上之螢幕伸手30公分的動作，在方法時間衡量（MTM）的符號記法為何？ (A) R30A (B) R30B (C) R30C (D) R30。

【102年第一次工業工程師考試—工作研究】

二、簡答題

1. 方法時間衡量（MTM）時間量度單位的單位為TMU（Time Measurement Unit）單位值為何？

2. 方法時間衡量法的基本動作要素為哪些？

得　分

工作研究

學後評量

CH13　工作管理與獎工制度

班級：＿＿＿＿＿＿＿＿

學號：＿＿＿＿＿＿＿＿

姓名：＿＿＿＿＿＿＿＿

一、選擇題

(　　) 1. 公共場所之逃生門的高度設計規劃，應該要採用：　(A)平均值設計　(B)極端值設計　(C)通用設計　(D)情感設計。
【106年第一次工業工程師考試—工作研究】

(　　) 2. 下列哪一項警示訊號是無方向性的，人對於此種訊號的反應時間最短：　(A)文字警示訊號　(B)色彩警示訊號　(C)聽覺警示訊號　(D)圖形警示訊號。　【106年第一次工業工程師考試—工作研究】

(　　) 3. 關於控制/反應比（Control-response ratio），下列何者為眞？　(A)定義為反應移動量除以控制器移動量　(B)低的 CR 比表示高的敏感度　(C)高的 CR 比表示高的敏感度　(D)總共移動時間最小化的最佳 CR 比則視控制器的種類及工作條件而定。
【106年第一次工業工程師考試—工作研究】

(　　) 4. 在操作上，當控制器與顯示器之間的關係與使用者的認知期望一致時，稱為？　(A)相容性　(B)一致性　(C)相關性　(D)正確性。
【106年第一次工業工程師考試—工作研究】

(　　) 5.下列何種分析方法能有效協助決定自製或外購（Make or buy）之分析？　(A)損益平衡分析　(B)線性規劃　(C)迴歸分析　(D)等候理論。　【105年第一次工業工程師考試—工作研究】

(　　) 6. 在生產線平衡中，將不同的作業（操作單元）劃分成工作站的目的為何？　(A)降低閒置時間　(B)減少作業人數　(C)增加搬運距離　(D)增加製程彈性。　【104年第一次工業工程師考試—工作研究】

(　　) 7. 在績效評比計劃係數表中，僅從事必要工作的表現，符合那種屬性？　(A)工作環境　(B)靈巧度　(C)生理應用　(D)工作效果。
【102年第一次工業工程師考試—工作研究】

(　　) 8. 生產力（Productivity）之概念？　(A)產出 / 投入　(B)生產要素投入量 / 生產量金額　(C)勞動量(時間) / 生產量(金額)　(D)產出 / 投入。

（請沿虛線撕下）

( ) 9. 日常的生產活動管理上，分為兩類管理對象，依QCD目標作為第1次管理對象，下列何者不是第1次管理對象？ (A)品質 (B)成本 (C)交期 (D)生產力。

( ) 10. 第1次QCD管理對象，下列何者是交期、數量的管理項目？ (A)不良內容 (B)交期延誤天數及產量工時 (C)抱怨件數 (D)實績時間。

( ) 11. 一家工廠每月生產價值1,000,000美元的電視，所有員工總共投入工作800小時。生產力公式？ (A)$ 1,250 /小時 (B)$ 2,250 /小時 (C)$ 0,250 /小時 (D)$ 1,150 /小時。

( ) 12. 影響生產力的因素有很多，可以使生產力提高。何者為非？ (A)如生產方法改善 (B)作業方法之提升 (C)簡化製程 (D)為其方便性，增加工時中的作業。

( ) 13. 豐田生產方式認為，不產生附加價值的一切作業都是浪費，因為原材料、零件、作業過程的半成品過多而產生的浪費？ (A)加工本身的浪費 (B)庫存的浪費 (C)搬運的浪費 (D)動作的浪費。

( ) 14. 方法設計不良導致生產困難所發生的無效作業（工時），代表該為： (A)價值效率 (B)方法效率 (C)推動效率 (D)勞動效率。

( ) 15. 下列何者是勞動生產力？ (A)設備生產力 (B)原材料生產力 (C)附加價值勞動生產力 (D)成本達成率。

二、簡答題

1. 請說明作業績效分析與管理（Performance Analysis & Control, PAC）制度。
2. 效率管理有哪三個基本活動？

得 分

全華圖書（版權所有，翻印必究）

工作研究

學後評量

CH14　間接工作的時間標準

班級：＿＿＿＿＿＿＿＿

學號：＿＿＿＿＿＿＿＿

姓名：＿＿＿＿＿＿＿＿

一、選擇題

(　　) 1. 下列敘述何者爲正確？　(A)在工作檯上符合動作經濟原則的半圓球範圍，是以工作人員的肩部爲軸心　(B)碼錶時間研究適用於生產週期之間有較小時間變異之操作　(C)若是操作員的學習進度位於學習曲線的陡峭部分時，該作業員的作業績效就可成爲制訂標準資料之依據　(D)速度評比是以「正常速度」爲評估基準（一般設爲100%），在相同工作情況下，其 速度較「正常速度」快時，則其評比系數小於100%，以得到較短的時間。

【104年第一次工業工程師考試—工作研究】

(　　) 2. 適合間接人工的標準工時設定應採用：　(A)碼錶測時　(B)工作抽查　(C)方法時間衡量　(D)工作因素分析法。

【102年第一次工業工程師考試—工作研究】

(　　) 3. 賣場內工作種類繁多且不一致性偏高，如此作業的工作衡量方法較適合採用？　(A)工作抽查法　(B) MTM法　(C)評比法　(D)持續觀察法。

【102年第一次工業工程師考試—工作研究】

(　　) 4. 若以「準時到貨率」、「到貨品不良率低於5%之次數」及「每年以5%降價之品種率」等三者來評估採購人員之總體表現，則採購員A之歷史資料顯示，所得實績爲「90%」、「80%」及「80%」，而採購員B爲「85%」、「90%」及「70%」。因此，若附予各項目合理權數「1.4」、「2.0」及「3.0」則　(A) A之總體表現值爲3.26　(B) B爲2.09　(C) B比A之表現佳　(D) A與B之表現值和爲10.35。

(　　) 5. 若以派工單條件、指示、商談、管道等的不足，導致重工與錯誤，浪費分類爲　(A)溝通說明不足　(B)硬體設施不足　(C)欠缺有效新法　(D)軟體系統不佳。

(　　) 6. 工作的份量未能確實掌握或權責分配不均，個別人員浪費時間且整體的工作效益低落，浪費分類爲　(A)溝通說明不足　(B)工作均衡性差　(C)欠缺有效新法　(D)軟體系統不佳。

（請沿虛線撕下）

(　　) 7. 未能充分發揮現場改善能力及其效果、未導入先進的工作方法，目前效率較差的作業方式，無法達成縮短工時的目標，浪費分類為　(A)溝通說明不足　(B)硬體設施不足　(C)欠缺有效新法　(D)軟體系統不佳。

(　　) 8. 群體平衡及干預兩者所引起的不可避免之遲延，成為間接工作的浪費項目中之主要問題，改善方式，何者為非　(A)標準化（Standarization）程序　(B)流程（Process）　(C)找出間接工作重複性之作業要素　(D)進行硬體系統。

(　　) 9. 研發管理，間接作業及其工作內容　(A)總經理、經理、課長、會計、人事、總務等　(B)翻譯、實驗、設計、製圖、分析等　(C)警備、警衛、安全、工程、維護、電氣、技術等　(D)打字、撰稿、製表、蒐集、整理、文書、電腦等。

(　　) 10. 打字、撰稿、製表、蒐集、整理、文書、電腦及其工作內容　(A)物料管理　(B)資訊管理　(C)資訊管理　(D)設施相關。

(　　) 11. 發貨、接貨、運送、搬運、倉儲、保管等，作業性質是　(A)總經理、經理、課長、會計、人事、總務等　(B)翻譯、實驗、設計、製圖、分析等　(C)警備、警衛、安全、工程、維護、電氣、技術等　(D)打字、撰稿、製表、蒐集、整理、文書、電腦等。

(　　) 12. 隨著工業4.0智慧自動化及資訊社會的來臨，商業行為更加擴大之際，細分工作與分權負責，將因協調不足使整體工作效率滑落。「?」，提出各種解決實例，引導出其共同的解決特性。　(A)再造工程（Reengineering）　(B)全面品質管理（TQM）　(C)豐田生產方式（TPS）　(D)及時方式（JIT）等。

(　　) 13. ______，是針對企業的整個程序中之各工作的內容，大都屬非重複且間接性的工作，針對此類工作進行標準化，強調流程整合及流程內聚力。　(A)及時方式（JIT）　(B)全面品質管理（TQM）　(C)豐田生產方式（TPS）　(D)再造工程（Reengineering）。

(　　) 14. 透過追求什麼流程，能明確問題的重心及掌握解決後所產生之績效，相關人員得以確定改善方向及目標。　(A)群體平衡（Crew Balance）　(B)全標準化（Standardization）　(C)群體平衡（Crew Balance）　(D)再造工程（Reengineering）。

(　　) 15. 意識改革過程，下列何者不是？　(A)進行全公司改善活動　(B)建立企業生產共同體之認同感　(C)衡量此流程的指標性產物　(D)促進尊重人性，顧客滿意之觀念）。

二、簡答題

1. 請說明IE七大改善手法為哪七種？
2. 建立標準的實施步驟為何？

NOTE

NOTE

（請由此線剪下）

讀者回函卡

掃 QRcode 線上填寫 ▶▶▶

姓名：＿＿＿＿＿＿ 生日：西元＿＿年＿＿月＿＿日 性別：□男 □女

電話：（　）＿＿＿＿＿＿ 手機：＿＿＿＿＿＿

e-mail：（必填）＿＿＿＿＿＿

註：數字零，請用 Φ 表示，數字 1 與英文 L 請另註明並書寫端正，謝謝。

通訊處：□□□□□＿＿＿＿＿＿

學歷：□高中・職 □專科 □大學 □碩士 □博士

職業：□工程師 □教師 □學生 □軍・公 □其他

學校／公司：＿＿＿＿＿＿ 科系／部門：＿＿＿＿＿＿

・需求書類：

□ A. 電子 □ B. 電機 □ C. 資訊 □ D. 機械 □ E. 汽車 □ F. 工管 □ G. 土木 □ H. 化工 □ I. 設計

□ J. 商管 □ K. 日文 □ L. 美容 □ M. 休閒 □ N. 餐飲 □ O. 其他

・本次購買圖書為：＿＿＿＿＿＿ 書號：＿＿＿＿＿＿

・您對本書的評價：

封面設計：□非常滿意 □滿意 □尚可 □需改善，請說明＿＿＿＿＿＿

內容表達：□非常滿意 □滿意 □尚可 □需改善，請說明＿＿＿＿＿＿

版面編排：□非常滿意 □滿意 □尚可 □需改善，請說明＿＿＿＿＿＿

印刷品質：□非常滿意 □滿意 □尚可 □需改善，請說明＿＿＿＿＿＿

書籍定價：□非常滿意 □滿意 □尚可 □需改善，請說明＿＿＿＿＿＿

整體評價：請說明＿＿＿＿＿＿

・您在何處購買本書？

□書局 □網路書店 □書展 □團購 □其他＿＿＿＿＿＿

・您購買本書的原因？（可複選）

□個人需要 □公司採購 □親友推薦 □老師指定用書 □其他＿＿＿＿＿＿

・您希望全華以何種方式提供出版訊息及特惠活動？

□電子報 □ DM □廣告（媒體名稱＿＿＿＿＿＿）

・您是否上過全華網路書店？（www.opentech.com.tw）

□是 □否 您的建議＿＿＿＿＿＿

・您希望全華出版哪方面書籍？＿＿＿＿＿＿

・您希望全華加強哪些服務？＿＿＿＿＿＿

感謝您提供寶貴意見，全華將秉持服務的熱忱，出版更多好書，以饗讀者。

填寫日期：　/　/

2020.09 修訂

親愛的讀者：

感謝您對全華圖書的支持與愛護，雖然我們很慎重的處理每一本書，但恐仍有疏漏之處，若您發現本書有任何錯誤，請填寫於勘誤表內寄回，我們將於再版時修正，您的批評與指教是我們進步的原動力，謝謝！

全華圖書　敬上

勘誤表

書號		書名		作者	
頁數	行數	錯誤或不當之詞句		建議修改之詞句	

我有話要說：（其它之批評與建議，如封面、編排、內容、印刷品質等・・・）